Mal
eben
kurz den
Chef
retten

Katharina Münk

MAL EBEN KURZ DEN CHEF RETTEN

Die heimlichen
Führungskräfte im
Vorzimmer

Campus Verlag
Frankfurt/New York

ISBN 978-3-593-50742-2 Print
ISBN 978-3-593-43695-1 E-Book (PDF)
ISBN 978-3-593-43769-9 E-Book (EPUB)

Umschlaggestaltung: Andrea Ruhland, info@andand.de
Satz: Campus Verlag GmbH, Frankfurt am Main
Gesetzt aus: Scala und Scala Sans
Druck und Bindung: Beltz Bad Langensalza GmbH
Printed in Germany

www.campus.de

»Was ich mache?
Na ja, ich bin ein bisschen Mädel für alles
und sehe zu, dass der Laden läuft.«

Alexander Gerst
Deutscher Commander der internationalen Raumstation ISS

INHALT

A + K = E
ODER WARUM ICH DIESES BUCH GESCHRIEBEN HABE

»Sekretärin? Was macht ihr da heutzutage eigentlich genau? Gibt's euch denn überhaupt noch?« Kommt Ihnen diese Frage bekannt vor? Sie ist nicht gerade eine Unverschämtheit und hat heute durchaus eine gewisse Berechtigung, aber man kommt sich da schon herausgefordert vor. Würde man diese Frage auch unseren Vorgesetzten stellen? »Manager? Was macht ihr da heutzutage eigentlich genau?« Vielleicht möchte man das Wort »Sekretärin« erst einmal durch einen zeitgemäßen, internationalen und geschlechtsneutralen Begriff ersetzen, um zu verhindern, dass beim Gesprächspartner ein Kopfkino abläuft, das gegebenenfalls nichts mit der heutigen beruflichen Wirklichkeit zu tun hat.

Nehmen wir zum Beispiel den Begriff »Office-Manager«. Vielleicht kann man damit ganz individuell und ganz spezifisch sehr gut auf obige Frage antworten, mal mehr, mal weniger wortreich, mal mit, mal ohne Verbal-Aufhübschung. Aber bei einer gemeingültigen, treffenden Berufsangabe für uns wird es bereits schwieriger. Auch meine Antwort ist meistens durchaus wortreich: »Ja, es gibt uns zuhauf! So circa 400 000 Mal in Deutschland, darunter schätzungsweise 6 000 Männer, also 1,5 Prozent. Wir sind ausspähsichere Wächterinnen und Koordinatorinnen der analogen und der digitalen Unternehmenswelt. Persönliche Daten-, Kommunikations- und Mobilitätsmanager. Kurzum: Wir sind die Manager der Manager. Noch Fragen?« Weil ich dann so schön in Schwung bin und um es etwas anschaulicher zu machen, wage ich gegebenenfalls noch die Anmerkung, dass das prominenteste Beispiel – noch dazu ein echter Quotenmann –

Georg Gänswein sein dürfte, Privatsekretär bei Papst Franziskus und Papst Benedikt, also ein wahrer Teamassistent mittlerweile. Meine Gesprächspartner sind dann nach kurzer Sprachlosigkeit mehr oder weniger spontan überzeugt. Ziel vorerst erreicht – auch wenn ich bei der Beantwortung der Frage mindestens sechs Berufsumschreibungen verwendet habe. Unser Problem ist nicht, dass uns die Worte fehlen, sondern dass wir zu viele Worte aufwenden müssen, um uns zu erklären. Wir sollten eine Ausschreibung für die ultimativ passende Berufsbezeichnung machen, die das breite Spektrum, das wir bedienen, auf den Punkt bringt!

Sie ahnen: Ein Buch über die Frauen, die im Grunde schon immer für die Frauenquote auf den Führungsetagen gesorgt haben und es noch tun, ist nicht »mal eben kurz« geschrieben. Denn ihre Geschichten und Profile sind heute so vielfältig wie die Flora und Fauna des mittleren Amazonas. Mit uns lassen sich alle Bereiche der heutigen Arbeitswelt exemplarisch beleuchten: Wie unser Job aussieht und ob er uns gefällt, ist eine Frage des Stellenprofils, der Personalauswahl, der Führung, der Kommunikation, der Motivation, der Entwicklung und vor allem der Menschen selbst – auf beiden Seiten des Schreibtisches.

Wir können Auskunft darüber geben, wie das Verständnis von Kommunikation und Führung heute in den Unternehmen gelebt oder eben nicht gelebt wird, denn nirgendwo sonst wird das so unmittelbar und deutlich spürbar wie in der »Nahkampfzone« Sekretariat – im oft unterschätzten kleinen Team »Führungskraft und Assistentin«. Insofern sind wir eine Art Microlab – oder eben die Crashtest-Dummys in Sachen Führung!

Unser Job ist glücklicherweise vor allem noch eines: Schnittstelle nicht nur für Daten, sondern für Menschen, für einen ganzen Haufen unterschiedlichster Typen, die genauso oft an ihrem Job verzweifeln wie wir an unserem! Ohne jemanden, der die Fäden zusammenhält, vermittelt, erinnert, fragt und lenkt, also ohne koordinierende Bodenstation, wäre selbst die NASA das reinste Himmelfahrtskommando. Es ist also höchste Zeit, dass wir uns das Copyright an uns selbst sichern. Befassen wir uns und andere zur Abwechslung einmal mit uns selbst und denken öffentlich darüber nach, wer wir eigentlich sind, wer wir nicht sind und welche Rolle wir in Zukunft spielen wollen.

Lassen Sie uns die Chefs aktiv einbinden, wenn es um unseren Beruf und unsere Position geht. Sicher, unsere Führungskräfte lassen sich lenken von dezenten Regieanweisungen, sprechen kokett von »meiner« oder »unserer Chefin«, lassen sich ihren breiten Rücken freihalten. »Ja«, sagt da ein Manager »sie managt mich« oder »Die kennt den Laden besser als ich«. Ein anderer sagt »She keeps me out of trouble«, was einen fast schon wieder nachdenklich stimmt. Ist er im Umkehrschluss also »in trouble«, wenn sie nicht da ist? »Being in trouble« ist keine schöne Sache für einen CEO ... Wie auch immer, der Rest der Vorgesetzten schweigt und geht in fröhlicher Selbstverständlichkeit davon aus, dass die Frau hinter ihm genau das denkt, was er auch gerade denkt, und ihm Dinge sagt, von denen er noch gar nicht weiß, dass er sie wissen wollen wird.

In meinen Coachings bemerke ich aufseiten der Führungskräfte oft eine bemerkenswerte Zurückhaltung oder Unsicherheit, wenn es um den doch eigentlich erfrischenden Perspektivwechsel »Wie geht es meiner Assistentin?« geht. Es gibt Vorgesetzte, die Personalmaßnahmen für ihre persönliche Assistentin zwar abnicken, aber nachher kein Wort mehr darüber verlieren. Nicht jeder Chef fragt nach Abschluss einer Coaching-Maßnahme: »Frau Münk, jetzt haben Sie sich ja mit meiner Sekretärin unterhalten. Muss auch ich jetzt eigentlich irgendetwas anders machen als vorher?« So manchem Fragesteller wird spätestens jetzt klar, dass es hier nicht »nur« um die Sekretärin, sondern im Grunde um die Themen Kommunikation und Führung geht. Mitunter werden dann Dinge geäußert, die eigentlich schon seit Jahren auf der Hand liegen: »Oh, das hat sie mir aber nie so gesagt«, »Nein, das habe ich ihr nie gesagt« oder »Oh, ich habe immer gedacht, das sei schon klar.«

Wie gut kennen wir einander überhaupt? Für so manche Assistentin mag der Chef jemand sein, der a) nie Zeit hat, b) immer unterwegs ist und c) völlig andere Dinge im Kopf bewegt. Für so machen Chef dagegen mag die Assistentin eine Art Windschatten-Wesen sein, das er kaum kennt, weil sie nichts sagt, wenn er nicht fragt. Vielleicht »teilt« er sich ihre Dienstleistung auch mit sechs weiteren Kollegen. Ja, dieses Buch ist wohl auch die lakonische Geschichte über zwei Personen, die tagtäglich zusammenarbeiten und sich dennoch fatalerweise irgendwie ein Rätsel bleiben. Das gilt es zu ändern, denn was immer Assistentinnen für sich erreichen möchten, es ist umso wirkungsvoller, je enger ihre Chefs eingebunden werden.

Das Thema »Führung und Assistenz« in einer sich verändernden Arbeitswelt wird nun einmal maßgeblich von den Führungskräften bestimmt, wenn es um Entscheidungen und deren nachhaltige Verankerung geht. Wir sollten sie mit ins Boot holen statt auf unzähligen Kongressen und Bildungsveranstaltungen eine reine Damenregatta zu veranstalten. Ich bin der festen Überzeugung, dass erst die Mischung aus Perspektivwechsel und Verständnis für den anderen einerseits und dem Mut zum offenen, durchaus konfrontativen Dialog andererseits das bringt, was wir uns alle so gern auf die Fahnen schreiben: Entwicklung. Meine Formel lautet A + K = E – Akzeptanz plus Konfrontation gleich Entwicklung. Auf diese Weise können Chefs und Assistentinnen Aufrichtigkeit in Worte kleiden und dies auch überleben.

Sind die Führungskräfte überhaupt noch zu retten, beziehungsweise wollen sie sich überhaupt noch von uns retten lassen? In Zeiten von Digitalisierung, Verdichtung, Zeitknappheit und unübersichtlich flachen Hierarchien ist das Schnittstellenmangement für viele Chefs unverzichtbar, um den Durchblick zu behalten. Ist ihnen das überhaupt bewusst? Eines ist sicher: Kommunikation und Aufmerksamkeitsspannen verkürzen sich, Worte werden nicht mehr ausgesprochen, sondern verschickt. Vernetztes Arbeiten und unzählige Apps sollen den Alltag effektiver und schneller machen, und man fragt sich, ob er dadurch nicht vor allem unübersichtlicher wird. All das setzt neue Kompetenzen im Daten- und Prozessmanagement voraus, und überall da, wo die Anforderungen steigen, gehen immer mehr junge Akademikerinnen in die Assistentenrolle. Bei Sekretariatsstellen dagegen wird unter dem Vorzeichen einer »schlanken Organisation« vermehrt hinterfragt, ob sie sich unter ökonomischen Gesichtspunkten rechtfertigen lassen oder nicht. Wollte ich in meinem ersten Buch noch meinen Chef umbringen, so dreht er heute womöglich den Spieß um und will mich loswerden. Effizienzstreben wohin man schaut: Macht das Umsatz, oder kann das weg? Einsparen. Outsourcen. »Die Zeit der Silberrücken mit eigener Assistentin ist vorbei. Abschirmung war gestern. Präsenz auch«, so sagt er. Wo ich doch angesichts des täglichen Informations-Tsunamis sein Rettungsring sein könnte! Mit mir gewinnt er Platz im Kopf. Ich sorge für drei Dinge, die in der heutigen Arbeitswelt Mangelware geworden sind: Zeit, Orientierung und Vertraulichkeit. Ich bin, wenn er will, ein geschlossenes System – gänzlich schnittstellenfrei, aber dafür mit Pulsschlag.

Apropos Pulsschlag: Wie nah am Menschen wird heutzutage überhaupt noch kommuniziert und geführt? Mancherorts ist das »Sekretariat« zum ausgelagerten Systemzugang, zum team- und prozessorientierten Großraumbüro ohne Gesicht geworden. Andernorts mutieren Assistentinnen mit Projekt- und Sachbearbeitung zur selbstständigen »Unternehmerin« ohne Titel und Gehaltsanpassung. Da wo noch traditionell hierarchisch geführt wird (und das ist trotz aller Lippenbekenntnisse häufig noch der Fall), gibt es auch die persönliche Assistentin noch. Aber es werden weniger. Diese Frauen scheinen zunehmend zum seltenen Luxus zu werden für analoge oder statusbewusste, privilegierte Einzelgänger am oberen Ende der Hierarchie, wie es sie nur noch auf Geschäftsführungs- und Vorstandsniveau gibt.

Die fast schon altmodisch anmutende Berufsbeschreibung, wie ich sie in meinem ersten Buch gab, scheint immer seltener zu greifen: »Topmanagement-Unterstützung an den spannenden Schnittstellen, kommunikativ orientiert, verantwortungsvoll, mit einem Schuss Diplomatie und Psychologie«. Ich wollte, dass sich mein Chef ein bisschen so fühlt, als käme er nach Hause, wenn er nach strapaziöser Reise die Unterlagen auf meinen Schreibtisch knallte und sich mit einem Kaffee in den Stuhl fallen ließ, um mich, sozusagen als Hüterin des Feuers, zu fragen: »Und? War was? Brennt es irgendwo?« Oder könnte nicht genau darin einer der Schwerpunkte unseres Jobs liegen, der den Wandel überdauert und der als eines von mehreren denkbaren Szenarien mit in die Zukunft genommen wird?

Was muss sich in unserem Beruf ändern, um ihn zukunftsfähig zu machen? Wenn vieles mit uns auch wie von selbst läuft, so heißt das nicht, dass wir Selbstläufer sind. Im Gegenteil: Bei unseren Tätigkeiten mögen sich Inhalte und Prioritäten verschoben haben, beim Image und der öffentlichen Wahrnehmung dagegen hat sich nicht viel geändert. In kaum einem anderen Beruf sind die Begriffe »Entwicklung« und »Karriere« mit so vielen Fragezeichen oder Einschränkungen versehen. Unser Job mag zunehmend sachorientiert sein, aber er wird deswegen zwangsläufig nicht weniger personenorientiert. Das Wort »Chef« ist nach wie vor das Wort, das am häufigsten fällt, wenn man sich mit Assistentinnen unterhält, und Stellenprofile geben selten Auskunft darüber, ob wir nun das Projekt nebenbei betreuen oder ob wir den Chef nebenbei betreuen. Wir sollten uns die Frage stellen: Welche Assistentinnen wollen wir in Zukunft sein? Unser Beruf braucht vor allem mehr Transparenz und Trennschärfe im Tätigkeitsfeld. Wenn wir uns nicht bald ein konzertiertes Facelifting verordnen und uns auf klare Ausbildungsinhalte, weniger Berufsbezeichnungen und die Einführung einer Laufbahnplanung konzentrieren, werden wir bald aussterben wie eine seltene Schmetterlingsart mit 400 Flügelschlägen pro Minute, die niemand wirklich gekannt hat.

Wer sitzt mit im Boot? Wir sind viele. Das schließt auch die Menschen ein, die ich hier »Stakeholder« nenne, nämlich unsere so genannte Lobby: Verbände, regionale und firmeninterne Netzwerke, Aus- und Weiterbildungsträger und schlussendlich die Personalverantwortlichen, die die Assistenzen in ihren Unternehmen immer noch verdächtig pauschal verwalten, weil sie auf den ersten Blick als Zielgruppe nicht wirklich sichtbar sind. Ihnen wird im Zweifel eher marginale Bedeutung zugewiesen, im Sinne der »zuarbeitenden« Kraft. All diese Stakeholder agieren separat statt sich in einer Art »Taskforce« zu vernetzen. Ich will sie wenigstens in diesem Buch auf eine gemeinsame Seite bringen!

Auch die Führungskräfte wird keine gesundheitsgefährdende Infektion ereilen bei der Lektüre. Im Gegenteil: All jene, die ihre Assistentin von allein selten fragen, wie es ihr eigentlich geht, bekommen vielleicht den ein oder anderen Impuls. Vielleicht wagen sie gar den Blick in den Spiegel und kommen in den Prozess des eigenen Hinterfragens. Denn Assistentinnen spiegeln Führung. Wir sind im engeren Umfeld die Ersten, die weinen, die Ersten, die kündigen oder die Ersten, die lachen und sich mit den Chefs wohl fühlen. In diesem Fall wäre mein Buch auch für die Vorgesetzten eine Art »Self Tracking App«. Umgekehrt stellt sich die Frage: Kennen wir eigentlich das Stellenprofil unserer Chefs? Auch dieser Perspektivwechsel dürfte der Sache dienlich sein. Ich werde ihn versuchen.

Drei Dinge noch ... Sehen Sie es mir nach, dass ich zwischendurch immer wieder in die erste Person Plural verfalle. Im Gegensatz zu den meisten Leserinnen, die tagtäglich in freier Wildbahn und mittendrin im Job-Abenteuer sind, aktiv als Betroffene und Sachverständige der Berufsspezies, über die ich hier schreibe, sitze ich am heimischen Schreibtisch. Ich habe keinen Chef hinter mir, der mir über meine Schulter hinweg von hinten auf den Bildschirm patscht, der mich morgens vor acht Uhr ansimst, anmailt oder anruft. Offiziell bin ich keine Sekretärin mehr. Aber in den Zentralbezirken meines Herzens bin und bleibe ich es. Das habe ich fünfundzwanzig Jahre lang gemacht. Darf ich Sie also »wir-zen«?

Es kann auch sein, dass ich gegen alle Gender-Regeln verstoße beim Schreiben und Ihre Chefin zum Chef mache und den Assistenten zur Assistentin. Das ist politisch völlig unkorrekt und eigentlich unverzeihlich, denn gerade im mittleren Management gibt es immer mehr weibliche Führungskräfte mit Assistenz. Die Männerquote im Sekretariat steigt zwar weniger schnell, aber sie ist immerhin vorhanden. Je höher man kommt in der firmeninternen Hierarchie, desto größer wird allerdings immer noch die Zahl der Männer im Chefsessel. Der Anteil der weiblichen Vorstände ist hier nur unwesentlich höher als der Anteil der Männer in unserem Berufsfeld, also im Office-Management, nämlich 6 Prozent. Sollte ich also in diesem Buch dazu neigen, die Führungskräfte zu vermännlichen und die Sekretäre zu verweiblichen, so ist das ausschließlich den realen Mehrheitsverhältnissen geschuldet. Außerdem nehme ich an, dass man heutzutage davon ausgehen kann, dass auch von Frauen die Rede ist, wenn man von »den Chefs« schreibt. Frau Merkel bleibt ja auch nicht zu Hause, wenn sich »die EU-Regierungschefs« treffen.

Und dann wäre da noch zu klären, ob ich hier ein Buch über und für Sekretärinnen schreibe oder über und für Assistentinnen. Man darf das vermeintliche Wort-Fossil »Sekretärin« ja mancherorts kaum noch aussprechen, der Begriff scheint geradezu kontaminiert zu sein. Und wenn man ihn dann doch benutzt, stört dieser ewige Schrägstrich (Sekretärin/Assistentin) oder das »beziehungsweise« (Sekretärin bzw. Assistentin). Die ständigen Formulierungs-Upgrades und Zusatzerklärungen kosten bereits beim Aussprechen enorm viel Zeit und nehmen uns Lockerheit.

Wenn die Zielgruppe für ein viertägiges »Kompakt-Seminar für die Management-Assistentin« auf dem dazugehörigen Flyer adressiert wird mit »Liebe Sekretärinnen, liebe Assistentinnen, liebe Office-Managerinnen, liebe Sachbearbeiterinnen,« dann ist die Anrede länger als der erste Satz. Weder der eine noch der andere Begriff ist offiziell geschützt und somit Auslegungssache. Anerkannte Vertreter der Szene versuchen mit viel Fantasie und angestrebter Akkuratesse eine klare Trennlinie zwischen »Sekretärin« und »Assistentin« zu ziehen. Doch das geschieht eben außerhalb einer berufsgeschützten, offiziellen Festlegung und treibt mitunter wilde Blüten – und mir den Schweiß auf die Falten meiner Stirn. Diese Trennung hat so etwas Absolutes. Sie lässt den spannenden Spielraum außer Acht, der entsteht, wenn Frauen erzählen, wie sie ihren Beruf verstehen – und leben.

Sicher klingt der Begriff »Assistentin« auf den ersten Blick zeitgemäßer. Aber bekommen wir mit diesem Wort mehr Drive, mehr Selbstständigkeit und Renommee in unseren Job? Und sind dann im Umkehrschluss alle Frauen, die sich »Sekretärin« nennen, unzeitgemäß, wo uns doch – seien wir ehrlich – die halbe Welt immer noch so nennt? Worauf es allein ankommt, ist die Selbstverständlichkeit und die Authentizität, die Sie ausstrahlen, wenn Sie sich »Assistentin« oder eben »Sekretärin« oder »Office-Manager«, »Büroleiterin« oder schlicht »PA« nennen.

Ich für meine Belange mag das Wort »Sekretärin«, weil im Wortstamm Nähe, Vertraulichkeit und persönlich maßgeschneiderte Unterstützung mitschwingen – ein Alleinstellungsmerkmal, das in Zeiten von Cybercrime und absoluter Transparenz gar nicht mehr so altmodisch ist. Die moderne Namensschwester auf den Visitenkarten und in den Mail-Signaturen heißt heute »persönliche Assistentin«. Aber wenn ich es mir genau überlege, klingt im Wort Assistenz vor allem das Assistieren durch, während ich beim Wort »Sekretärin« auch an Secret Service denken könnte. Haben Sie das schon einmal so gesehen? Vorerst werde ich also hier die Begriffe »Assistentin« und »Sekretärin« einfach ganz gelassen im Wechsel verwenden.

1. SEKRETÄRIN – VON DER IDENTITÄT DER »RECHTEN HAND«

Willkommen im Amazonas – Wer sind wir, und was machen wir eigentlich?

Unternehmen, die heutzutage Assistenz- und Sekretariatskräfte suchen, bekommen Wäschekörbe beziehungsweise Datensatzfluten von Bewerbungen – und damit die pralle Auswahl an unterschiedlichsten CVs von studierten Geistes- und Sozialwissenschaftlerinnen, Medien- und Einzelhandelskauffrauen, Kauffrauen für Büromanagement, Fremdsprachensekretärinnen, Chefsekretärinnen, die sich nach weniger Hierarchie und mehr Entfaltung sehnen oder umgekehrt, Vertreterinnen der Generation 40plus, die einfach wieder einsteigen wollen, oder von weitergebildeten Projektmanagementassistentinnen, die rauswollen aus der Zeitarbeitsfalle. Es ist ein wahrer Orientierungs- und Entscheidungsnotstand, denn wo »Assistentin« draufsteht, muss nicht unbedingt »Assistentin« drin sein – was allerdings auch für die Chefs gilt. 280 Anschläge und 160 Silben Steno pro Minute, ja selbst Fremdsprachenkenntnisse sind kein Gradmesser mehr und lassen schon längst nicht mehr aufhorchen – Steno ist heute eher ein Hobby, wie das Knüpfen von Makramée-Wandbildern. Die so genannte »Multitasking-Fähigkeit«, die »Hands-on-Mentalität« und das »Behalten des Überblicks in kritischen Situationen« (und zwar »stets«) werden dagegen wichtiger denn je, sie sind aber eben keine Serienausstattung, sondern eine höchst individuelle Angelegenheit. Wo fängt man da an mit der »engeren Wahl«? Viele Führungskräfte überkommt auf der Suche nach ihrer Assistentin die ungute Ahnung, dass sie das Terrain der hieb- und stichfesten Jobprofile des sonst zu rekrutierenden Personals verlassen müssen, um sich in das unbestimmte Reich der »Entlastung« und »Zuarbeit« zu wagen. Allein schon diese Worte können einem einen Schauer über den Rücken jagen. Und noch eine Hürde ist zu überwinden: der Blick in den Spiegel. Wer immer eine »rechte Hand« sucht, muss sich mit dem Rest seines Körpers befassen. Will heißen: Man muss sich zu allem Überfluss auch noch erst einmal mit sich selbst und mit seiner Arbeitsweise beschäftigen, um überhaupt zu wissen, was oder wen man da wollen soll neben sich.

Kai Kaiser sucht eine Assistentin

Nehmen wir einfach einmal den Fall eines jungen beförderten Chefs, dem die Personalabteilung nahe gelegt hat, sich nach einer Assistentin für sich und sein Team umzuschauen. Nennen wir ihn Kai Kaiser. Sagen wir, Kaiser unterhält sich anlässlich eines so genannten »Leadership-Forums« mit Winfried Wagner, der von einer Teamassistentin »mitversorgt« wird. Dazu gesellt sich vielleicht Gerd Gärtner, der seit acht Jahren eine persönliche Assistentin hat.

Kaiser: »Sagt mal, habt Ihr eigentlich Sekretärinnen, die was für euch machen? Komische Frage, ich weiß. Will ich auch nur so am Rande wissen.«

Wagner: »Spielverderber! Jetzt sehen wir uns so selten, und dir fällt so ein Thema ein. Also, kopieren kann ich selbst, und Reisebuchung und -abrechnung sind bei uns sowieso outgesourct.«

Kaiser: »Und du kannst das ganz alleine durchziehen?«

Wagner: »Für den Rest versorgt mich Nicole mit. Die ist zwar immer in irgendwelchen Projekten eingebunden, aber wenn ich mal was Längeres zu schreiben habe, macht sie das mal eben für mich mit.« Wagner fügt grinsend hinzu: »So viele anspruchsvolle Aufgaben habe ich ja auch wieder nicht« und versucht damit Gärtner den Wind aus den Segeln zu nehmen, der das gerade kontern wollte.

Gärtner: »Also meine Frau Beck arbeitet hauptsächlich für mich. Ihr Projekt bin sozusagen ich.«

Wagner: »Das Protzen ist ja eigentlich vorbei heutzutage, also bis auf den Dienstwagen. Kommst du dir mit deiner Frau Beck nicht ein bisschen überversorgt vor? So old school?«

Gärtner grinst: »Nö. Ich mache ja schließlich auch keinen Backpacker-Urlaub, so wie du. Ich leiste mir sozusagen den Luxus des unangestrengten Denkens dank Entlastung.«

Wagner schnappt noch Luft, während Kaiser auf seine Frage zurückkommt: »Ich soll mir jetzt jemanden für mich und mein Team suchen. Die Personalabteilung will wissen, ob ich eine ›Spezialistin‹ mit abgeschlossenem BWL-Studium haben möchte oder eher eine ›Generalistin‹, die ein bisschen jünger, flexibler und fröhlicher ist. So ein Mädchen für alles eben. Die sind sich nicht sicher und fragen mich. Aber ich bin mir auch nicht sicher und wollte eigentlich die fragen.«

Gärtner: »Mädchen für alles? Du meinst eine Bürokauffrau oder so eine von der Fremdsprachenschule?«

Kaiser: »Keine Ahnung, wie die heute alle heißen und wo die alle herkommen. Und was kann denn eine ›Office-Managerin IHK‹, was eine ›geprüfte Managementassistentin‹ nicht kann? In der Stellenbeschreibung haben die jetzt geschrieben, dass ich eine ›geistige Sparringspartnerin mit unternehmerischem Fachwissen‹ suche, die sich mit ›teambezogener Projektarbeit und Schnittstellenmanagement‹ auskennt und ›nebenbei‹ das Office-Management macht. Ich dachte, das sei mein Job.«

Gärtner: »Ja, was man eben so wollen soll, wo man doch eigentlich nur jemanden sucht, der den Laden etwas im Griff hat. Also meine Frau Beck macht das schon seit acht Jahren ganz gut für mich. Aber was für eine Ausbildung die gemacht hat oder was damals in der Stellenanzeige stand, das kann ich dir nicht sagen. Genau genommen weiß ich gar nicht mehr so genau, warum ich gerade sie damals eingestellt habe.«

Kaiser: »Ich habe doch bisher immer nur in virtuellen Teams gearbeitet. Am Ende schicken die mir noch so eine ganz Ehrgeizige mit Master-Abschluss, die mir sagt, wo es langgeht und mich vor Aufgaben stellt, die es vorher gar nicht gab! Ein Freund von mir hat auf diese Weise eine alte Kommilitonin wiedergetroffen.«

Wagner: »Sieh bloß zu, dass du wenigstens noch Zugriff auf deine Mails behältst.«

Kaiser: »Die Personalabteilung filtert die Kandidaten vor. Was will ich denn da machen?«

Wagner: »Sei doch froh. Oder willst du dich auch noch darum kümmern?«

Kaiser: »Hm. Neulich hat sich eine ›zertifizierte Management-Assistentin‹ vorgestellt, praxiserfahren. Die sagt, sie hätte Fortbildungen belegt in Betriebspsychologie und -soziologie, Kommunikations- und Präsentationstechnik, Design Thinking, Personalwirtschaft und IT.

Gärtner: »Das ist ja zum Fürchten. Ich will gar nicht wissen, was meine alles so belegt.«

Wagner: »Nicole ist glaube ich Kauffrau für Büromanagement oder wie das heißt.«

Gärtner: »Wow, du scheinst dich ja wirklich zu interessieren.«

Wagner: »Hat die mir neulich gesagt, als ich sie ›Sekretärin‹ genannt habe.«

Kaiser: »Du hast doch gerade gesagt, sie sei Projektmanagerin?«

Wagner: »Ja, auch. Die hat ja auch keine Lust mehr, uns einfach nur zu entlasten und sonst nichts. Das Sekretariat sei nur eine von zehn Wahlqualifikationen gewesen in ihrer Ausbildung, sagt sie.«

Kaiser: »Ich glaube, ich mache das erst einmal mit einer Zeitarbeitskraft.«

Gärtner: »Da blickt ja auch kein Mensch mehr durch. Such dir doch einfach jemanden, der zu dir passt.«

Wie kriegt Kai Kaiser uns jetzt zu fassen? Fangen wir mit etwas Zahlenwerk an: Würden Sie mir glauben, wenn ich Ihnen sage, dass es in Deutschland mehr Wissenschaftler gibt als Assistentinnen? Die auf den ersten Blick recht bescheiden anmutende Anzahl von 400 000 für die bundesweit im Sekretariats- und Assistenzbereich Tätigen kursiert schon einige Jahre in der Presse. Laut aktueller Auskunft des bSb, Bundesverband Sekretariat- und Büromanagement, gibt es »lediglich geschätzte Zahlen zwischen 500 000 und 600 000«. Genauere Bezifferung unmöglich. Zahlenquelle unbekannt. Auch aus dem Mikrozensus des statistischen Bundesamts in Wiesbaden ist dazu kein aktuelles, verlässliches Material zu bekommen. Die dort seit 2008 gültige »Wirschaftszweigklassifikation« lautet auf »Sekretariats- und Schreibdienste, Copy Shops« und schließt auch alle ein, die nur eine Stunde pro Woche arbeiten. Selbst große Bürotechnikhersteller scheinen eher im Nebel zu stochern, wenn es um die zahlenmäßige Bezifferung ihres Kernmarkts geht. Ich hatte Ansprechpartner, die sich bei ihrer Auskunft auf das Datennirwana von Google bezogen und mir daher eine Information weitergaben, die ungefähr so verlässlich ist wie meine Wetter-App. Fazit: Es gibt keine offizielle Zahl, mit der sich halbwegs wasserdicht arbeiten ließe. Es lässt sich auch keine »Sekretariats-Volkszählung« durchführen.

Dass es aufgrund jüngster Einsparmaßnahmen mittlerweile eher weniger Assistenzkräfte als 600 000 sein dürften, ist nicht unrealistisch. Der *Spiegel* sprach dagegen vor knapp zwei Jahren von »vier Millionen Deutschen im Sekretärinnen-Business« – anlässlich einer kleinen, etwas augenzwinkernden Berichterstattung über einen Wettbewerb, in dem in einem mutigen Unterfangen »Deutschlands beste Sekretärin des Jahres« geprüft und gekürt wurde. Eindeutig war nach meiner Einschätzung einzig, dass der *Spiegel* mal eben eine Null zu viel an die Zahl gehängt hatte. Ich schrieb ein paar Zeilen mit Bitte um Korrektur, doch Antwort und Berichtigung blieben aus. Fake News also? Nein, viel harmloser, es lässt sich offenbar Zahlenbingo spielen: Bei 400 000 nicken die Köpfe – und bei 4 Millionen auch. Niemand scheint sich die Mühe einer halbwegs verlässlichen Schätzung der Zahl der derzeit in Deutschland tätigen Assistentinnen/Sekretärinnen zu machen. Wo will man da auch anfangen? Bei der Selbsteinschätzung der Beschäftigen? Unter Auslassung all derer, die sich heute eher als »Projektassistentin« oder »persönliche Referentin« sehen? Berufsbezeichnungen, die früher klare Abgrenzungen ermöglichten, greifen heute einfach nicht mehr. Es gibt auch keine relevanten Unternehmenszahlen, die man in Bezug setzen könnte zum Humankapital der Assistenz. Dem Beruf werden keine Umsätze zugeordnet, der »Return on Investment« wird eher gefühlt als beziffert. Wir sind Königinnen ohne Reich – schon allein das ist symptomatisch für unseren Job. Feststeht, dass bei einer bundesdeutschen Gesamtbevölkerungszahl von etwa 82 Millionen Menschen nur knapp 0,5 Prozent auf die Spezies »Assistentin/Sekretärin« entfallen, wenn wir einmal die obige Zahl von 400 000 als geltende Grundlage nehmen. Da kann Kai Kaiser froh sein, wenn er überhaupt eine von uns abbekommt!

Spagat: Eine Stellenbeschreibung

Kai Kaiser wird sich immer noch fragen, was wir eigentlich so machen. Wir sollten ihm folgendes Profil an die Hand geben:

Wir sind vor allem flexibel und nahezu unsichtbar, initiativ und nahezu lautlos, diskret und kommunikativ, durchsetzungsstark und doch angemessen sensibel. Wir machen Ihr berufliches Leben oder das was Sie dafür halten angenehmer und schneller. Wir sind in der Lage, gleichzeitig vier Telefonate entgegenzunehmen, eine Powerpoint-Präsentation mit Animation in One Note einzustellen, mal eben Ihr iPad mit Ihrem Samsung-Handy zu synchronisieren, die Mailverteiler-Funktion zu überarbeiten und dabei auch gleich die letzten einhundert Nachrichten in Ihrem Postfach und dem Ihrer zwei Teamkollegen nach Prioritäten und Deadlines zu filtern. Die ersten zwei Telefonate leiten wir weiter, das dritte würgen wir freundlich, aber bestimmt ab und beim vierten sorgen wir dafür, dass die Glühbirne im Zimmer Ihrer Urlaubsloge im Krüger Nationalpark nicht mehr als 25 Watt hat und Ihr Guide auch französisch spricht. Wir selbst sprechen so gut wie alle Sprachen, haben alle Länder der Erde besucht und kennen jeden Strand und jedes Hotel inklusive Grundriss. Denn unsere Auffassungsgabe ist schnell, und wir verfügen über ein nahezu fotografisches 3-Jahres-Gedächtnis. Wir kennen alle Einreisebestimmungen für alle Nationen und Staatsbürger. Wir sind verantwortlich für das Essen im Flugzeug, für Verkehrsstaus, defekte Mietwagen, überfüllte Flugzeuge, das Wetter, eventuelle Kriege und Unruhen sowie für die Wirtschafts-

lage und eventuell ungünstige Umtauschkurse. Wir reservieren Zimmer in ausgebuchten Hotels und Plätze in überbuchten Flugzeugen und Zügen. Denn das ist nicht Ihr Problem, sondern unser Job. Außerdem sind wir in der Lage, Flugzeuge zu Ihren Wunschzeiten starten und landen zu lassen. Wir wissen auch, dass Sie, wenn Sie einen Flug für Freitag gebucht haben, in Wirklichkeit erst Samstag fliegen wollen. Es reichen uns »Einwortsätze« für eine komplette Reiseorganisation einschließlich aller dafür benötigten Unterlagen. Auch werden wir automatisch, wenn Sie einen Termin mit einem Kunden vereinbart haben und dies nicht mitteilen, einen Besprechungsraum mit Kaffee, Wasser und veganen Keksen reservieren. Wir schaffen es, Sie pünktlich in jedes Meeting zu schicken, auch wenn Sie bereits seit 11.00 Uhr vormittags dem Terminplan um zwei Stunden hinterherhinken. Denn wir erinnern, informieren, schirmen ab, kommunizieren und kontakten, überwachen und kontrollieren, organisieren und repräsentieren und sind dabei emotional äußerst ausbalanciert, nervenstark und belastbar. Wir haben im Nebenfach Psychologie und Karate belegt und wissen daher, wen Sie heute sehen sollten und wen eher nicht. Kurz: Wir verfügen über die Softskills, die Sie gern hätten. Wir denken nicht nur mit, sondern voraus. Wir erledigen Aufgaben, die es gestern noch gar nicht gab. Wir verwalten den Marketing-Etat und die Radiergummibestellungen. Wir twittern und chatten, programmieren Websites und erklären Ihrer 70-jährigen Mutter, was ein Druckertreiber ist. Wir sind fröhlich. Wir können schauspielern, singen, tanzen und den Kopierer reparieren. Wir arbeiten Ihren Trainee ein, haben den Ausbildereignungsschein und kennen uns in Erste Hilfe aus. Wir tragen unser Smartphone auch abends nach 21.00 Uhr am Körper, arbeiten gern unentgeltlich für alle möglichen Zusatzprojekte bis in die späten Abendstunden und sehen dabei aus wie der junge Morgen.

So überzogen diese Stellenbeschreibung auch ist, so setzt sie sich doch zusammen aus einzelnen Kommentaren von echten Assistentinnen, die in einem Anfall von Galgenhumor ihre Erfahrungen in dieser oder ähnlicher Weise kundtaten. Wir dürfen also annehmen, dass zwischen den Zeilen jede Menge gelebter Alltag steckt, der überwiegend fremdbestimmt und selten planbar ist. Manchmal wundere ich mich, warum die Diagnose »Schizophrenie« oder »multiple

Persönlichkeitsstörung« in unserem Berufsstand nicht öfter gestellt wird. Vielleicht zeigen sich die Symptome auch einfach nur verdeckter. Eine Assistentin sagte mir einmal: »*Je nach Situation bräuchte ich so ungefähr zwanzig verschiedene Visitenkarten.*« Fest steht, dass viele von uns die unehelichen Töchter David Copperfields sein könnten oder es ihm zumindest gleichtun im Illusionieren, Klonen, Vierteilen und Hellsehen. Was Frauen in unserem Beruf auszeichnet, ist die seltene Mischung aus fachlicher Kompetenz, Flexibilität, Selbstsicherheit und innerer Stabilität, die sie aufbringen müssen, um sich in einem immer noch mehrheitlich von Männern geprägten Berufsumfeld zu behaupten – obwohl sie doch überwiegend Anweisungen entgegennehmen und sich zugunsten der Führungskraft oder des Teams zurücknehmen. Dass dieser Spagat überhaupt gelingt, liegt wohl an der zumeist weiblichen Veranlagung, sich gern um Menschen und Dinge zu kümmern. Männer stellen sich für ein solch weites Spektrum von Anforderungen innerhalb einer einzigen Rolle kaum zur Verfügung.

Rolle: Fremdbestimmt selbstständig

Im Grunde haben wir stets zwei Arbeitsplätze: den eigenen und den der uns anvertrauten Führungskraft, also den mit der Sachbearbeitung und den mit der Rufbereitschaft. Das nahezu übergangslose Wechseln zwischen diesen beiden Welten, und zwar auf Abruf, setzt eine gute nervliche Konstitution, ein gewisses Distanzierungsvermögen und mitunter viel Humor voraus. Eine klare, längerfristige Abgrenzung zwischen Sekretariats- und Sachbearbeitungsaufgaben, gar zwischen ausführender und selbstständiger Aufgabenerfüllung, ist immer noch kaum möglich. Sie wird auch in den seltensten Fällen eingefordert.

Das Hirn braucht schätzungsweise zehn Minuten, um sich von der 360-Grad-Aufmerksamkeit, die im Sekretariat verlangt wird, wieder auf den Modus Konzentration, das heißt auf die Fokussierung einzustellen, die für gute Sachbearbeitung nötig ist. Dazwischen kann eine Menge passieren. Eine Assistentin muss somit ihr Hirn ständig und sozusagen stufenlos mal eng, mal weit stellen. Das ist neurowissenschaftlich gesehen eigentlich ein No-Go.

Stellen Sie sich das einmal im Einzelnen vor: Kaum ist der Kollege versorgt, der sich nicht sicher war, wie man »committee« schreibt, widmen Sie sich – bevor wieder irgendetwas dazwischenkommt – sofort wieder der Vertriebsstatistik, die Sie bereits seit einer Stunde vorbereiten wollen. Zwanzig Minuten später steht Ihr Chef nicht nur im Türrahmen, sondern auch vor einer schwierigen personellen Entscheidung und fragt Sie: »Was würden Sie an meiner Stelle tun?« Da haben Sie den Wischlappen noch in der Hand, denn sein letzter Gast hat mit seiner Kaffeetasse gekleckert. Wer an dieser Stelle übrigens glaubt, das Jura-Zeitalter habe allerorts begonnen und mit ihm sich selbst versorgende Kaffeetrinker, der irrt. Das Kaffeeservieren und -abräumen ist noch nicht bundeseinheitlich abgeschafft in den Sekretariaten.

Und während Sie also noch nebenbei versuchen, dem Chef im Türrahmen eine möglichst weise Antwort auf seine Frage zu geben, stehen vielleicht schon Caterer und Agentur vor der anderen Tür, um mit Ihnen das nächste Firmenevent vorzubereiten. Vorgabe der Unternehmensführung: »Lassen Sie sich mal was einfallen. Machen Sie mal.« Der Unternehmensführer selbst ist schnell schon wieder auf dem Wege von irgendwoher nach irgendwohin. Und dann ruft er Sie wenig später von unterwegs an. Sagen wir, er hat einen Gerichtstermin. Und er fragt: »In welchem Raum bin ich denn jetzt?« Diese Frage kann einen schon ein bisschen ins Grübeln bringen, sofern man sie wörtlich nimmt und sich immer noch als autonomer, analoger Mensch begreift und nicht als System in seiner Hosentasche. Sie werden vielleicht antworten: »Das steht auf Ihrer Einladung. Zimmer 135.« Und wenn er dann fragt »Wo ist das?«, kommt es Ihnen so vor, als hätten Sie einen kleinen Jungen am anderen Ende der Leitung, der vor lauter Entlastung irgendwann das eigenständige Denken eingestellt hat. Fünf Minuten später ruft er wieder an: »Ich bin jetzt da. Könnten Sie mir noch einmal eine kurze Zusammenfassung der Sachlage per SMS schicken? Habe die Unterlagen im Auto liegen gelassen und darf jetzt nicht mehr raus.« Da heißt es Zähne zusammenbeißen.

Dieses ständige Hin- und Herwechseln zwischen Wichtigem und Dringlichem, zwischen Mikro- und Makromanagement, kann einen am Ende des Tages ganz schön enthirnen. Wie weit dieser Spagat reicht, hängt von Position und Arbeitsschwerpunkten ab: Eine persönliche Assistentin auf Vorstandsebene mag weniger Projekt- und Sachbearbeitungsaufgaben haben, dagegen sind Kolleginnen auf anderen Hierarchiestufen kurz davor, zur scheinselbstständigen Unternehmerin zu werden auf den Gebieten Controlling, Vertrieb, Einkauf, IT, Personal, Medien/Event etc.. Deswegen fallen Termin- und Reisemanagement, Schriftverkehr, Ablage und letztendlich ein rufender Vorgesetzter aber noch lange nicht weg. Diese Ambivalenz gilt es auszuhalten.

Teamassistenz: Multitasking in flachen Hierarchien

Die überwiegende Mehrheit heutiger Assistentinnen arbeitet nicht für eine einzige gestresste Führungskraft, sondern für zwei, drei, vier oder mehr auftragsbefugte Patienten, die auf ihre kleinen Trommeln klopfen und Dinge »asap« erledigt haben möchten. Ständiger Input. Druck, latenter Druck, Einschmeicheleien, Hundeblicke. »Kannst du mal eben?« Das, was wir Stress nennen, kann sich im Teamsekretariat um einen x-beliebigen Faktor multiplizieren, und wir können die zuvor geschilderte Arbeitssituation noch um ein paar Umdrehungen sagen wir »lebendiger« machen. Nehmen wir den Fall einer jungen, preiswerten Zeitarbeitskraft, die auf Festanstellung hofft, und nennen wir sie Laura. Laura hat laut Vertrag Einsatzzeiten in der Projektgruppe, im Rechnungswesen und am Empfang. Nebenbei managt sie den Fuhrpark. Sie firmiert als Flexibelbetrieb unter der Rechtsform GmbH (Geh mal, mach mal, bring mal, Hol mal) für ein Team von sechs Personen, und das hört sich dann in etwa so an – mit Glück über knapp eine Stunde verteilt:

»Laura, ich bin jetzt kurz weg. Wo muss ich genau hin?«, »Laura, ich bin jetzt wieder da. War was?«, »Der Drucker ist kaputt, oder braucht der nur Papier?«, »Was tut der Praktikant an meinem Arbeitsplatz, und wer war das denn eben am Telefon?«, »Warum ist das so warm hier drin?«, »Laura, unter was ist der Kunde denn abgespeichert, und dann habe ich auch noch ...«, »Scheiß Papierkante. Ich blute! Pflaster!!!«, »Wie erkläre ich das Müller jetzt? Laura, du hast doch mal so einen Rhetorikkurs mitgemacht, oder?«, »Laura, war der Kurier schon da? Und geh' doch nochmal über das Exposé, da sind noch Fehler drin.«, »Mein Outlook ist weg! Laura!«, »Shit, die haben mir schon wieder die falsche Summe überwiesen für die Reise! Kannst du mal ...«, »Wie jetzt Meeting? Denkt hier keiner mal mit, ich muss doch mittags in Berlin sein!«, »Stehen Telko und Präsentation für morgen, und müssen wir die Budgetunterlagen dabeihaben? Check die doch mal quer.«, »Kannst du mir meine PIN schnell mailen?«, »Haben wir Kekse?«, »Der Kopierer spinnt, und wieso bin ich immer noch in diesem Mailverteiler? Wenn man nicht selbst an alles denkt!«

Sie ahnen: Laura hat noch nicht einmal Zeit zum Neinsagen, weil das Diskussionen provoziert. Jeder mithörende Arbeitnehmer würde sich an den Kopf fassen, nur bei Laura gehört das zum Jobprofil. In ihrer Firma trägt sie den Spitznamen »Kali«, mit Bezug auf die Hindu-Gottheit mit den zahlreichen Armen. Dabei ist irdisches Multitasking nachweislich ein Gerücht, eine Erfindung des Egos. Aber das dürfen wir Laura nicht sagen. Sie sollte sich besser mit keinem Neurowissenschaftler unterhalten, der ihr erklärt, dass ihr Hirn besser im Zustand des Fokussierens auf eine Sache arbeitet. Denn in dem Moment, in dem ihre Großhirnrinde (der analytische Teil des Hirns) mit großen Datenmengen überschwemmt wird, übernimmt das limbische System (Lenas emotionaler Teil des Hirns) das Kommando. Während wir also noch vage das Gefühl haben, ein bisschen viel zu tun zu haben, könnte es sein, dass Laura schon nicht mehr Wichtiges von Unwichtigem unterscheiden kann und bei ihr ständig der Papst im Kettenhemd boxt. Das kann dann entweder eine sehr emotionale Angelegenheit werden, oder Laura verfällt im Gegenteil dem Abstumpf-

Modus und entwickelt das Phlegma einer Pandabärin. Wir wissen nicht, was besser wäre.

In jedem Fall verfügen Teamassistentinnen wie Laura oft über eine Flexibilität, von der jede nordkoreanische Bodenturnerin träumt. Solche Frauen beschäftigen sich in ihrer Fortbildung mit psychologischen und kommunikationswissenschaftlichen Fragestellungen: Wie werde ich jedem Chef gerecht? Wie arbeite ich »typgerecht«? Wie kommuniziere ich bedarfsgerecht? Wie grenze ich mich ab, ohne zu verletzen? Oft sind vor lauter Teamgedanken die Hierarchien und Zuständigkeiten noch nicht einmal klar geregelt. Wenn sich umgekehrt die Chefs auch nur dreißig Sekunden am Tag ansatzweise so viele Gedanken über die Teamassistentin machen würden, wäre viel gewonnen, und sie müsste sich mindestens eine der obigen Fragen erst gar nicht stellen. Die Kunst ist wohl, hauptsächlich bei sich selbst zu sein, um sich vor lauter Spagat und weiblichem Optimierungsdrang nicht auseinanderreißen zu lassen. Um je nach Situation eine gewisse Bandbreite an Reaktionen zeigen zu können (»Hier beeile ich mich. Aber dort mache ich mir keinen Stress«), muss man sich vor allem selbst gut kennen. Man sollte wissen, welche Persönlichkeitsanteile man je nach Situation in sich selbst aktivieren könnte, damit Reaktionen und Worte authentisch und somit überzeugend sind und man sich erfolgreich abgrenzen kann. Kurzum: Bevor man sich auf andere konzentriert, sollte man sich zunächst vor allem auf sich selbst konzentrieren. Die Technik »eine Farbe für jeden Chef« reicht nicht. Elan braucht, um nicht zu verpuffen, einen (Rettungs-)Anker. Und den findet man nur bei sich selbst. Wenn man dagegen zu selbstlos ist, ist man irgendwann sich selbst los. Das waren jetzt ziemlich viele »Selbsts«, aber genau das ist in diesem Fall gut so.

Nähe und Distanz: Einsame Spitze

Pottwal und Putzerlippfischchen – dies ist das einzige Bild aus der Tierwelt, das mir einfällt, wenn es um die mitunter symbiotische Zusammenarbeit zwischen Chef und Assistenz geht. Die Herausforderung dabei: Nähe zur Führungskraft in einer räumlichen wie zeitlichen Intensität, wie sie sonst kaum ein anderer Mitarbeiter erlebt – und dies bei völlig unterschiedlichem Status. Eine persönliche Assistentin »denkt mit« und muss die Gedanken eines anderen buchstäblich erahnen. Sie arbeitet in »seiner« Welt, hat Insider-Wissen, soll klug, diszipliniert, diskret sein und somit ausgestattet mit allen Attributen der Umgebung, in der sie arbeitet. Doch sie lebt eigentlich in zwei Welten: Im Führungskräfte-Umfeld bestimmen Motive wie Wettbewerb, Status, Konkurrenz und Karriere die Verhaltensweisen. Das eigene Umfeld ist dagegen eher von Kooperation, Unterstützung und Miteinander geprägt. Sie soll Mittlerin sein, einen guten Draht zum Team haben, ist oft genug der Kummerkasten für Kollegen. Sie weiß unter Umständen Dinge, die sie in einem Fall nicht nach oben und im anderen Fall nicht nach unten kommunizieren kann – die klassische Sandwich-Position, die sie geschmeidig auszufüllen hat. Mit Pech gehört sie weder so richtig ins Team noch so richtig zur Führung. Sie hat unter Umständen ein eigenes Kästchen im Organigramm, wird organisatorisch irgendwie angehängt, ziemlich losgelöst und sozusagen »seitlich ausscherend« mit nur einer einzigen dünnen Querverbindung zum Chef. Auch Teamassistentinnen oder Schreibpools befinden sich oft im disziplinarischen Niemandsland ohne Anbindung an eine Abteilung und sind insofern führungstechnisch obdachlos. Eine Assistentin einer angelsächsisch geprägten Investmentbank brachte es auf den Punkt:

»Ich komme mit Leuten klar, deren Ego so groß ist wie die Tür einer Doppelgarage. Und ich weiß oft nicht, ob mich die anderen dafür bewundern oder ob ich sie damit eher verschrecke. Ich möchte nicht als ›eine von denen da oben‹ gelten. Ich hänge da ziemlich blöd zwischen den Hierarchien, die es unausgesprochen überall noch extrem gibt.«

Es gibt da ein Thema, das nicht unerheblich ist an dieser Stelle, über das wir aber viel zu selten sprechen: das der Sozialisation. Assistentinnen und Sekretärinnen hatten lange Zeit und haben größtenteils noch heute einen völlig anderen Werdegang und einen anderen familiären Hintergrund als die ihnen anvertrauten Führungskräfte, für die sie wiederum »Co-Manager« sein sollen. Bildungsanreize werden im Elternhaus geschaffen, und davon können auch unsere Chefs ein Lied singen: Sie kommen in der Mehrzahl aus einem akademisch geprägten Umfeld, was mit vergleichbarer Häufigkeit eben nicht für die rechte Hand gilt. Ich zum Beispiel komme aus einer Familie, in der die Mutter Hausfrau und der Vater Tischlermeister war. Meine Schwestern hatten noch die Handelsschule besucht, und dann war Ende mit der Ausbildung. Abitur? Ja, wenn die Kleine will, soll sie das machen. Aber einen familiären Fürsprecher, der Anfang der achtziger Jahre etwas gesagt hätte wie »Das Kind muss studieren«, habe ich nie gehabt. Nach wie vor erlebe ich in meinen Coachings auch jüngere Frauen mit einem ähnlichen Hintergrund. Töchter von Ärzten und Juristen wählten damals keine Sekretärinnenausbildung, nahmen keine Lehrstelle zur Bürokauffrau an. Und heute auch nicht. Nach dem Abitur wollen 80 Prozent der Schüler zunächst einmal an die Uni – und haben ganz andere Berufsvorstellungen.

Distanz ist unabdingbar. Sie ist ein Schutz. Das »Mitspielen« und das Einfühlungsvermögen auf der einen Seite und die Distanz, der Blick von außen, auf der anderen Seite sind im Office-Management eine große Stärke. Diese Mischung erlaubt es, auch in Armlängenentfernung zum Chef noch Abstand von seiner Welt zu wahren und sich somit ein autonomes, also wertvolles Urteil zu sichern. Denn schnell wird eine »PA«, eine persönliche Assistentin, zur Mitwisserin von Einspar- und Kündigungsplänen, von Hackordnungsspielchen, von Sympathien und Antipathien, unter Umständen auch von Punkteständen in Flensburg, Blutfettwerten und Krampfadern – bei letzteren Informationen kann »Nähe« auch schnell entzaubern, und der Vorgesetzte wird vollends zum Risikopatienten. Sicher, jeder im Internet und in den sozialen Medien surfende und kommunizierende Chef ist heutzutage gläsern. Aber bei uns ist er es zuerst. Einem System kann es herzlich egal sein, was es da alles an Wissen mit sich herumträgt. Es schafft kurzerhand einen Algorithmus. Aber wir machen uns ein Bild.

Soft Skills: Bin das noch ich?

Ich mag das Wort »Soft Skills« nicht. Es wird inflationär gebraucht, es wird einem um die Ohren gehauen und übergestülpt, kann zur neumodischen Worthülse verkommen, wenn es nicht mit Leben gefüllt wird, muss für alles herhalten, was auch nur ansatzweise mit so altmodischen Tugenden wie Charakter und Anstand zu tun hat. Es klingt rein phonetisch ein bisschen nach harmlosen Gummibärchen. Doch wir alle wissen, dass da vor allem eines mitschwingt: Arbeit. Soft Skills sind soziale und methodische Schlüsselkompetenzen, um auf dem Arbeitsmarkt bestehen zu können, um sich abzusetzen von der anonymen Masse anderer softskillender Konkurrentinnen und Konkurrenten. Gerade wir Assistentinnen können ein Lied davon singen: Mit den vorausgesetzten Soft Skills und dem von uns erwarteten Maß an Zurücknahme, Einfühlungsvermögen und Nervenstärke könnten wir in einer Symbiose aus Angelina Jolie und Mutter Theresa sehr tarifgünstig die Welt vor dem Untergang retten. Kleine Auswahl: Kommunikationsvermögen, Flexibilität, Pragmatismus, Selbstständigkeit, Verantwortungsgefühl, Vertrauenswürdigkeit, Loyalität, Verschwiegenheit, Diskretion, Integrität, Souveränität, Geduld, Hilfsbereitschaft, Sensibilität, Diplomatie, interkulturelle Kompetenz, Kooperation, Effizienz, Engagement, Emotionen ins Spiel bringen und sie gleichzeitig unter Kontrolle halten. Die viel zitierte »Belastbarkeit« ist streng genommen kein »Soft Skill«. Sie dürfte eher auf das Nichtvorhandensein diverser Soft Skills in der unmittelbaren Arbeitsumgebung hindeuten. Überhaupt frage ich mich mitunter, ob sich hinter den Anforderungen, die ein Chef an seine Assistentin stellt, das Prinzip »gleich zu gleich gesellt sich gern« verbirgt oder nicht vielleicht eher »Gegensätze ziehen sich an«. Bei den Chefs gibt es drei Arten von eigenen Soft Skills: solche, die sie haben, jene, die sie zeigen, und jene, die sie zu haben glauben. Überhaupt nennt man das bei ihnen alles eher die »soziale Kompetenz« – nichts mit »soft«, dafür aber mit »Kompetenz«. Die wurde früher in Elternhaus und Schule quasi nebenbei erworben. Heute ist sie Bestandteil von Leadership-Symposien mit dem Titel »Persönlichkeit und Menschlichkeit«, mit Seeblick, an zwei Tagen für knapp 4 000 Euro. Auch für Assistentinnen werden ähnliche Inhalte, etwas kostengünstiger, aufgelegt. Auf Messen und Kongressen sind solche Workshops die ersten, die ausgebucht sind. Schon längst gehen Seminar- und Weiterbildungsanbieter des Assistenzbereichs nicht mehr nur auf klassische Themen wie Dokumenten- und Zeitmanagement ein, sondern verlegen sich vermehrt auf Coaching-Kompetenzen – als hätten wir es bei unseren Vorgesetzten mit schwer erziehbaren Psychopathen zu tun oder müssten für die Kollegen nebenbei eine psychologische Beratungspraxis eröffnen.

Überfordern wir mitunter nicht auch unser Umfeld – und uns selbst – mit der geballten Ladung »Soft Skills«? Sicher, wir sprechen hier von wunderbaren Talenten und Fähigkeiten, die es zu entdecken und zu nutzen gilt, aber um welchen Preis? Wir wollen ja immerhin nicht in den gehobenen diplomatischen Dienst. Wie sieht also der Reality-Check aus? Könnte es sein, dass wir mit »12 Punkten bei Teamfähigkeit« und dem gesamten Spektrum der Feedback-Kultur und der gewaltfreien Kommunikation einen Chef verschrecken, der selbst kaum spricht und zuletzt vor zehn Jahren im Team gearbeitet hat? Killing him softly sozusagen? Er hat im Zweifel auf dem Weg ins Top-Management und während der Mutation zum Alphatier ein paar »Soft Skills« schlicht verloren, die ihm einmal behilflich waren, dahin zu kommen, wo er jetzt ist. Jetzt sind für ihn eben manche davon nur noch bedingt nützlich. Schließlich darf er ja vor lauter »Soft Soft Skills« die »Hard Soft Skills« nicht vergessen, nämlich das Führen, die Durchsetzungskraft und den Selbstschutz. Sonst bleibt er nicht an der Spitze, und andere Harte kommen in den Garten. Möchte ein Chef wirklich, dass seine Assistentin in letzter Konsequenz das an sich und an ihm umsetzt, was sie beispielsweise an zwei Tagen in »Angewandte Psychologie« vermittelt bekommen hat? Darf man dem Seminaranbieter glauben, so vermitteln die Teilnehmerinnen nach Abschluss dank ihres psychodiagnostischen Know-hows perfekt zwischen ihren Vorgesetzten, den Mitarbeitern und Kunden, motivieren ihr Umfeld und begeistern, »flirten« mit dem Stress, sind in der Lage

»lateral«, also ohne Macht, zu führen, erkennen die Ursachen von Konflikten, nutzen das »Harvard Prinzip« für ihren Dialog, wenden Deeskalationsstrategien an, kennen sich in der Mediation aus und unterstützen ihre Vorgesetzten durch konstruktives Feedback. Reibt sich da mancher Chef nicht vielleicht ein bisschen die Augen, weil er ahnt, dass seine rechte Hand sich in dem übt, was der Rest seines eigenen Körpers eigentlich selbst drauf haben müsste? Kurzum: Er traut sich gar nicht erst zu fragen, was seine Assistentin denn da überhaupt im Seminar getrieben hat.

Selbst methodische Ansätze wie »Lean Management«, »Kaizen« und »5S« (Sortieren, sichtbare Ordnung, Sauberkeit, Standardisieren, Selbstdisziplin), mit denen eine Assistentin auf den ersten Blick definitiv keinen Schaden anrichten kann, können über das Ziel hinausschießen, denn vielleicht sind sie genau das, was der eine Chef mehr, aber der andere eben weniger mag. Letzterer braucht vielleicht etwas Chaos, Freiheit und mehr Improvisation, um wirklich gut zu sein. Im Unternehmensbereich Produktion mag Lean Management theoretisch wie praktisch funktionieren, der ist mitunter ein paar hundert Kilometer entfernt vom Büro, und um die Umsetzung kümmern sich Leute, die »so etwas« studiert haben. Nichts von dem muss bis an den eigenen Schreibtisch reichen. Da ist sich Chef sicher: Lean Management am eigenen Leibe ist eher etwas für die Perfektionisten und Puristen mit viel Zeit. Und mit dem Begriff »Kaizen« verscheuchen Sie mindestens jeden zweiten nichtasiatischen Chef, sobald Sie wissen, wie man das eigentlich korrekt ausspricht. Das muss man hinnehmen als Assistentin, um sich nicht an der Tischkante zu verbeißen, wenn der Chef immer wieder das zumüllt, was man gerade freigeräumt hat, wenn er seinen Terminplan fünf Mal ändert oder wenn sein Notebook alles andere als bündig zur Tischkante ausgerichtet ist und die Tastatur vor Krümeln in den Ritzen kaum noch zu bedienen ist.

Für ein halbwegs geordnetes Miteinander reicht es ja oft schon, sich auf das Machbare zu fokussieren, mit ein paar Basisregeln und klaren Vereinbarungen, die den persönlichen Präferenzen und den besonderen Arbeitsbedingungen Rechnung tragen. Solche Maßnahmen sind unter Umständen auch ohne Aufwand und nochmalige Diskussion zu monitoren, und man riskiert nicht, dass beiden Seiten irgendwann der lange Atem ausgeht, weil die hehren Ziele an der Unternehmensrealität und am Alltag zerschellen wie Porzellan an der Betonwand und es zu enttäuschten Blicken kommt. Wir sind schließlich weder Wunderkinder noch Therapeuten.

Es ist vielmehr die Persönlichkeit, die umso wichtiger ist, je höher man kommt in der Hierarchie. Sie ist in ihren Grundzügen gottgegeben und genauso angeboren wie das Muttermal hinter Ihrem rechten Ohr, also insofern völlig gratis. Ihre Charakterzüge sind das beste »Handout«, das Sie vom Leben kriegen können und die große Stellschraube für Ihren Erfolg! Niemand, der wirklich ehrlich ist, möchte scheue, unauffällige Wesen um sich herum, die vor lauter Flexibilität gar nicht mehr sichtbar sind. Vielleicht ist der eigentliche Sinn hinter den »Soft Skills«, eben jene Essenz zu fassen zu kriegen, die uns ausmacht und die uns besser machen kann, wenn wir sie entdecken, ihre Merkmale benennen und schlicht akzeptieren können. Damit lassen sich Stärken stärken und Schwächen hinnehmbar machen. Herausragende Chefs sind vor allem herausragende Persönlichkeiten. Das gilt im selben Maße auch für die Assistentinnen – geben Sie sich Profil, erkunden Sie nicht, was »man haben muss« an Soft Skills, sondern was SIE HABEN an Soft Skills. Sie sind für sich selbst die beste Expertin! Das Beste liegt so nah. Und erinnern Sie Ihren Chef ruhig daran, dass auch er über Soft Skills verfügt. Sie sind Teil seiner Führungskompetenz und dürfen eingefordert werden. Vielleicht ist er Ihnen sogar ganz dankbar dafür, weil er sie sonst glatt vergessen hätte. Er hat ja sonst kaum jemanden, an dem er sie ausprobieren könnte.

Bewerten Sie Ihre eigenen Soft Skills doch einmal in folgender Tabelle, sagen wir auf einer Skala von 0 (nicht vorhanden) bis 10 (ist mein »A und O«). Und dann beurteilen Sie in der Spalte daneben in derselben Weise Ihren Chef. Gibt es Deckungsgleichheiten? Oder eklatante Unterschiede? Was sind Ihre persönlichen Top-5-Eigenschaften? Spannend wird es erst, wenn auch Ihr Vorgesetzter dasselbe für sich und für Sie ausfüllt. Machen wir also die Probe aufs Exempel. Trauen Sie sich, Ihrem Chef für das nächste Mitarbeitergespräch diese kleine Liste unterzujubeln? Er kann ja ruhig einmal die Hand aufs Herz (vorne links auf Brusthöhe) legen und sich ernsthaft überlegen, ob er a) selbst das vorlebt, was er erwartet und b) deckungsgleiche oder eher komplementäre Eigenschaften um sich herum braucht – und zulässt.

	Assistentin	Vorgesetzter
Analytische Stärke		
Anpassungsfähigkeit		
Besonnenheit		
Diplomatie		
Diskretion		
Durchsetzungsvermögen		
Effizienz		
Ehrgeiz		
Engagement		
Feedback-Orientierung		
Flexibilität		
Freundlichkeit		
Geduld und Ausdauer		
Hilfsbereitschaft		
Höflichkeit		
Humor		
Idealismus		
Kommunikative Stärken		
Konsequenz		
Kreativität		

	Assistentin	Vorgesetzter
Kritikfähigkeit		
Loyalität		
Motivationsstärke		
Mut		
Nervenstärke		
Neugierde		
Offenheit, Ehrlichkeit		
Pragmatismus		
Respekt		
Selbstständigkeit		
Selbstbewusstsein		
Sorgfalt und Genauigkeit		
Souveränität		
Takt		
Teamfähigkeit		
Verantwortungsgefühl		
Verbindlichkeit		
Verlässlichkeit		
und was Ihnen noch einfällt ...		

2. ABENTEUER KOMMUNIKATION UND FÜHRUNG

E-emanzipierte Chefs – die Jagd nach Informationen und das Verschwinden darin

Kommunikation und Führung. Zwei große Worte. Aber sie bringen auf den Punkt, was für uns – einmal abgesehen von allen fachlichen Qualifikationen – einen guten Vorgesetzen von einem schlechten, einen guten Job von einem schlechten unterscheidet. Das eine hängt mit dem anderen unmittelbar zusammen. Die Art oder sollte ich besser sagen das »Medium« der Kommunikation und damit indirekt auch der Führung hat sich in den letzten fünfzehn Jahren fundamental geändert. Dagegen nimmt sich die flächendeckende Einführung des Personal Computers vor mehr als dreißig Jahren noch verhältnismäßig harmlos aus. Der passte noch in keine Hosentasche. Natürlich, diese graue Kiste mit der grünen Schrift auf schwarzem Grund war immerhin der Beginn unserer Abnabelung von der Schreibmaschine. Der PC veränderte unser ganzes Berufsbild, wir mutierten allmählich von der Schreibkraft zur Office-Managerin. Aber seien wir ehrlich: Das Produzieren von Text steht auch heute noch im Mittelpunkt, Daten werden »eingepflegt«, Tastaturen werden mehr denn je traktiert. Denn heute sind wir nicht nur »eingestöpselt«, sondern voll vernetzt. Wir schweben auf Cloud 7 – nicht nur wir, sondern vor allem unser Chef. Wenn der mal nicht von unterwegs aus online ist, dann schickt er uns aus einem Büro nebenan folgende Mitteilung in unsere »Trello-Organisations- und Kooperations-Daten-Plattform« oder ins Mail-Account: »Kann ich Sie mal sprechen?« Und wir müssen uns fragen, ob er nun eine Kehlkopfentzündung oder Mundgeruch hat. Wir könnten jetzt gemein sein und zurückmailen: »Selbstverständlich. Nur zu.« Konsequenz in jedem Fall: Unser Datenreservoir wird immer größer, das des Chefs und seiner Kollegen auch. Informationen werden zu »Holschulden«. Kommunikation findet in 140 Zeichen und über gefühlte 141 Emojis statt, und wir nennen das »Fortschritt«. Führungskräfte tippen jetzt selbst – und meistens langsamer. Auch das nennen wir »Fortschritt«. Und was machen wir? Wir filtern, was die Flut mit sich bringt, schärfen den Blick für das Verwertbare und Unwesentliche, für das kurze Betreffzeilenüberfliegen, für das Anklicken, Wegklicken, Ablegen, Weiterleiten, Antworttippen. Wir tippen Termine, Meetings und Reisen ins Leben, bringen Menschen in Bewegung, zusammen oder eben nicht zusammen. Bis es wieder »Pling« macht und jemand anderes uns in Bewegung setzt. Umgekehrt mag sich auch so mancher Chef aus der Generation der »Digital Immigrants« wundern, dass es bei ihm permanent klingelt und vibriert, weil seine junge Assistentin keine App auslässt, um mit ihm zu kommunizieren und ihn auf Reisen inklusive aller Taxi- und Transferzeiten fernzusteuern.

Ehe wir uns versehen, werden wir also virtuell, leben unsere digitale Identität, die aus einer E-Mail-Signatur besteht. Und nebenan sitzt einer, dem es ähnlich geht. Wir emanzipieren uns voneinander weg, kommen uns allmählich etwas abhanden, und so mancher teilt das Schicksal von Karl Lagerfeld, von dem kolportiert wird: »Ehrlich gesagt arbeite ich nur mit mir selbst zusammen.« Hier sind bereits die beiden großen Herausforderungen zukünftigen Arbeitens: Informationsmanagement und Menschenmanagement. Das eine ohne das andere wäre in der heutigen Arbeitswelt fatal.

Wie Müller seine iSekretärin aktiviert

Eigentlich will ich gar nicht daran denken, wie Informationsmanagement ohne Menschenmanagement aussehen könnte, und doch überkommt mich manchmal eine dunkle Ahnung von »Smart Work 4.0«, in der ich als Assistentin mit Pulsschlag schon gar nicht mehr vorkomme. Manchmal muss man ja das Schlimmste vorwegnehmen, um rechtzeitig die persönliche Waffenkammer aufzuräumen und sich in Stellung zu bringen. Meine Vision sieht also wie folgt aus: Mein Chef, nennen wir ihn Marc Müller, wird von seinem autonomen Fahrzeug ins Büro gefahren. Wo ich ihn früher noch am ehesten telefonisch mit etwas Zeit zu fassen kriegte, nämlich im Auto während der Fahrt, da steht er mir heute für Telefonate nicht mehr zur Verfügung. Denn er sitzt auf der Rückbank und hackt in sein Tablet. Und nicht nur das, er führt nebenbei ein richtiges Gespräch mit Siri, mit Alexa, mit Ivanka oder welchen Namen auch immer er ihr gegeben hat, denn sie hat inzwischen eine Menge gelernt. Die Sekretärin von ebuero unter der 0800er Nummer oder die aus Osteuropa, die in drei Sprachen »Er ist momentan im Termin« sagen kann, ist schon längst keine Konkurrentin mehr. Nein, Ivanka war »auf Fortbildung« und lässt sich an eine Software anschließen, die sich LEADA nennt – Digital Leadership Assistance. Sie ist immer dabei und kann sehr viel mehr: Sie verfügt über all seine Kontaktdaten, kann Inhalt und Tonlage von Mails und Telefonaten speichern. Sie kennt aktuelle Wetterlagen und momentane Verkehrsstaus überall auf der Welt und kann ihm die neuesten Schlagzeilen vorlesen. Sie verwandelt über »Dragon Dictation« seine Sprache in Text und wird dabei immer besser. Sie verarbeitet auch seine Gesichtsausdrücke ohne jegliche emotionale Verstrickung ihrerseits und kombiniert dies mit anderen Sensordaten zu seinem Stress- oder Müdigkeitsprofil. Daraus leitet sie ab, welches Gespräch oder welche Mail sie sofort oder später anzeigt. Sie analysiert Berichte und Präsentationen zur Entscheidungsfindung. Zu übersetzende Texte schickt sie kurzerhand durch den Google Translator. Sie kann auf Kommando den kompletten Auszug seiner Firmenkreditkarte per heute abrufen aus der outgesourcten Reisekosten-LEADA in Polen. Sie passt in jede Hosentasche, arbeitet ohne zu mucken und ohne Mimik auf Kommando und lässt sich zur Not auch an die Wand werfen. Sie ist ohne Unterbrechung online, wenn er es will. Ansonsten lässt er einfach sprachlich reduziert, aber bestimmt und patriarchalisch verlauten »Ivanka stop«, und sie sagt keinen Mucks mehr. Ob sie aber heimlich weiter zuhört und aufzeichnet, das weiß er nicht so genau. Sie hält ihn fit, denn sie verfügt über folgende Dreibalken-Display-Anzeigen: 1. *Marc, your battery is low. Stop working.* 2. *Marc, watch your blood pressure. Be calm.* 3. *Marc, your Body-Mass-Index is changing. Time for jogging.* Gut, die gesamte Bandbreite dessen, was kommunikativ möglich sein könnte, ist noch nicht ausgeschöpft. Aber dafür gibt es allerlei Achtsamkeits- und Kommunikations-Apps für Herrn Müller. Die sind von einem anderen Hersteller, und damit ist er dann sozial etwas »breiter« aufgestellt. Theoretisch. Seine Work-Life-Blending-App vernetzt sich bei ihm zu Hause mit einem Assistenzsystem in Form einer Blumenvase, die Heizungsthermostate, Rollläden und Lichtschalter regelt und das Bügeleisen für die Putzfrau anstellt, sobald die den Schlüssel in die Wohnungstür steckt. Kaffee koche ich Herrn Müller schon lange nicht mehr. Das macht er selbst: Beim Betreten des Firmengebäudes aktiviert er per Remote Data Access den vollvernetzten Kaffeevollautomaten, auf dass dieser ihm das für ihn hinterlegte Kaffeerezept ausführt und in die Tasse tröpfeln lässt, just in dem Moment, in dem er die Etage betritt. Er kommt ins Büro und wischt mit seiner rechten Hand über seine Cloud-Content-Wand, um sich upzudaten, und dann marschiert er an mir vorbei in Richtung Herrenwaschraum. Dort hat er in Endlosschleife seinen Lieblingssound in Dolby Surround programmiert: Emotional Rescue von den Stones ... Und was mache ich: Ich mache ein Foto von ihm, versorge den 3D-Drucker mit seinen optimierten Datensätzen und drucke mir einen neuen Chef.

Sie ahnen: Das alles ist bereits technisch mach- und anwendbar, also bis aufs Chef-Ausdrucken natürlich. Auch LEADA gibt es wirklich. Die Entwickler wurden im Juni vergangenen Jahres in Berlin mit dem Digital Champions Award ausgezeichnet und suchen zurzeit Software-Entwickler (Achtung Stellenangebot, werte Leserinnen!). Und an dieser Stelle muss ich einfach die Internetseite von LEADA wortwörtlich zitieren, denn tatsächlich gibt folgender Text die Essenz dessen wieder, was eine Sekretärin aus Fleisch und Blut ausmacht: »LEADA ist das erste wirklich intelligente Assistenzsystem für Führungskräfte. Ein Assistent, der informiert, motiviert, misst und vernetzt, analysiert und optimiert – effektiv und zurückhaltend. Die

Führungskraft erhält konstant klare Handlungsempfehlungen für die wesentlichen Situationen im Führungsalltag. LEADA lernt mit jeder Interaktion: Je häufiger und konstanter ein Manager LEADA nutzt, desto individueller und passgenauer werden ihre Antworten und Impulse. LEADA funktioniert ähnlich wie ein Seismograph. Lange bevor Veränderungen sichtbar und erlebbar werden, zeichnet das System die Anzeichen auf und gibt rechtzeitig Rückmeldung. Sie stärkt damit die Leistungsfähigkeit von Führungskräften und fördert effektives Führungsverhalten.«

LEADA allerdings hat irgendjemand programmiert ... – da wollen wir nur hoffen, dass noch nicht allzu viele Führungskräfte mit verdächtig einheitlichem Führungsverhalten wie ferngesteuerte Zombies auf den Büroetagen dieser Welt sitzen. Wahrscheinlich kann man LEADA demnächst auch implantieren. Dann denkt der Chef an einen Anruf, und schon klingelt sein Handy, oh Schreck. Und was machen wir eigentlich, wenn LEADA gehackt wird?

Zudem gibt es Studien, die auf den ersten Blick beunruhigen: Die Unternehmensberatung Deloitte hat bereits im September 2015 zusammen mit zwei Oxford-Professoren das Automatisierungspotenzial von 702 Berufen analysiert – und wie groß die Gefahr ist, dass der Beruf künftig von Maschinen ersetzt wird. McKinsey setzte im vergangenen Jahr eine ähnliche Studie auf, um nur einige Beispiele zu nennen. Als Faustformel ergab sich: Je höher das aktuelle Gehalt und je mehr Ausbildung der Beruf benötigt, desto geringer sind die Chancen einer schnellen Automatisierung. Für sicher vor der Automatisierung halten Forscher und Unternehmensberater vor allem jene Jobs, die besondere menschliche Fähigkeiten verlangen – zum Beispiel Menschenkenntnis, Verhandlungsgeschick oder Überzeugungskraft. Und jetzt kommt es: Büro- und Sekretariatskräfte rangieren laut Studie ganz oben auf der Liste der von der Automatisierung bedrohten Berufe. Offenbar hält man bei ihnen Menschenkenntnis, Verhandlungsgeschick und Überzeugungskraft für nicht so zentral. Und wenn wir dann auch noch im Office-Management innerhalb der ebenfalls »bedrohten« Automobilindustrie, Maschinenbau oder dem Versicherungswesen wirken: Gute Nacht! Das Sekretärinnen- und

Assistentinnenportal sekretaria spricht im Angebot für einen Office-Akademie-Workshop »Assistenz 4.0« schon heute von einem »Überlebenskonzept«. Auch interessant: Wenn man den Studien glauben darf, gehören Aufsichts- und Führungskräfte gleich hinter Kinderbetreuerinnen und Pflegekräften zu den zehn am wenigsten gefährdeten Berufen. Von der Wiege bis zur Bahre werden uns also zumindest die Chefs so schnell nicht ausgehen.

»Lochen Sie mir bitte mal die E-Mail«

Sicher, wir könnten annehmen, dass mit dem um sich greifenden Stellenabbau, Zeitarbeitsverträgen und Befristungen gerade im Bereich des Office-Managements die Totalvernetzung der Arbeitswelt 4.0 und alle damit verbundenen Wegrationalisierungen bereits begonnen haben. Reines Zuarbeiten war einmal. Wir befinden uns irgendwo zwischen der IT-Arbeitswelt 3.0 und dem »Smart Working« 4.0: Unser Arbeitsalltag findet »im System« statt, auf cloud-basierten Plattformen. Wir nutzen »Content Management Systeme« (von wegen Ablage ...), »Workflows« für Personalthemen und Reiseorganisation, Web-Konferenzen, SMS oder Whatsapp. Wir skypen, scannen und streamen. STOP an dieser Stelle. Ist das denn heute alles wirklich schon so? Wie digital ist unser Office, wie »smart« sind unsere Chefs eigentlich?

Machen wir auch hier den Reality-Check. Wir befinden uns ja nicht alle im geistigen Silicon Valley einer Berliner Start-up-Bude, sondern mitunter auch im Finanzamt Castrop-Rauxel, wo noch jeden Tag höchst eigenhändig das rote Quadrat auf dem Kalender mit der Dreimonatsübersicht an der Wand einen Tag weitergeschoben wird. Wie viele Papierakten werden noch tagtäglich von Rechtsanwalts- und Notargehilfinnen, in den Ämtern, Chefarzt- und Pfarrsekretariaten bewegt? Und wie viele Chefs reichen das neue Smartphone zum Programmieren verschämt erst einmal zur Assistentin weiter: »Bringen Sie das mal ans Laufen mit dem ganzen Gedöns drauf.« Dass nicht noch Gebrauchsanleitungen ausgedruckt werden, ist alles. Auch in so mancher Großbank wird noch kräftig gedruckt, getackert, gelocht, eingetütet und abgelegt, dass es nur so staubt – und das auf hohem Niveau, kein Vorstandsbüro ist davor sicher. Ordnerklemmhebel werden auf Papier gepresst, als gelte es, das absolute Luftvakuum zu schaffen. Bloß nicht noch einen Ordner anfangen. Volle Unterschriftsmappen harren ihrer Dinge und setzen Patina an auf überfüllten Chef-Schreibtischen. Mal ehrlich, wie viele »Hochstapler« sitzen bei Ihnen im Büro nebenan? Und wie lange laufen Sie den Papierbelegen für die Reisekostenabrechnung hinterher? Die reinste Zettelwirtschaft. Präsentationen werden – in Farbe – durch den Drucker geschickt und per Handarbeit spiralisiert mit Instrumentarien, die eher nach Brotbackmaschine aussehen. Und in den Management-Meetings sieht man immer noch mehr »Mappen-Träger« mit Kugelschreiber im Sakko als »Tablet-Nutzer«. Elektronisch eingescannte Bordkarten haben sich nur durchgesetzt, weil sich niemand öffentlich die Blöße eines Papptickets in der Hand geben will und das Procedere auch denkbar einfach ist. Aber in den Aktentaschen, geschützt vor fremden Blicken, liegen noch jede Menge ausgedruckter Mails und Reisepläne in den Klarsichthüllen ... Nein, die deutschen Büros sind auch in 2017 noch verdammt analog. Wer kennt nicht diesen Satz: »Können Sie mir mal die Mail ausdrucken?« Print first and think later. Und wenn Sie Pech haben, dann hat diese Mail 20 Megabyte und besteht aus diversen Anlagen, die es vom Umfang her mit einem Ken-Follett-Roman aufnehmen können. Was machen Sie dann? Sie können Ihrem operativ beseelten Chef das gute Teil ja nicht auf seinen e-Kindle spielen, und die Dropbox hat sich auch noch nicht bundeseinheitlich durchgesetzt. Drucken heißt Drucken. Und nur wenige Assistentinnen lassen das Wort fallen, auf das ein Vorgesetzter so allergisch reagiert wie eine Heuschnupfennase in der Blümchenwiese: »WARUM?« Wo wir es doch ahnen: Irgendwie weiß er es selbst nicht so recht. Es ist vielleicht eher ein alter analoger Instinkt: Papier kann man eben fühlen, mit ihm fühlt man sich sicherer. Es ist wie mit dem Reserverad im Auto: Mit neunzigprozentiger Wahrscheinlichkeit bleibt man eher wegen eines Elektronikdefekts »liegen« als mit Reifenpanne. Aber so ein Rad im Kofferraum fühlt sich eben besser an. Es gibt zudem etwas, das sich bei Chefs seit der Grundschule nicht geändert hat: Sie wollen bunte Bilder.

Nein, beim Druckkommando steht Ihnen Ihr »Warum?« höchstens nonverbal ins Gesicht geschrieben, und Sie drucken aus – wie es übrigens laut Web-Studie des Fraunhofer-Instituts noch die überwiegende Mehrheit tut. Nur rund jeder Fünfte arbeitet ausschließlich digital mit Dokumenten. Es soll noch Chefs geben, die Mails zunächst diktieren, dann tippen lassen und sich zur Kontrolle nochmals »vorlegen« lassen, bevor die Assistentin dann auf »Send« drücken darf. Nein, wir sind nach wie vor die »Ghostbusters des Papiers«, und oft bekomme ich zu hören: »Die wichtigen Sachen drucke ich mir aus.« Es bleibt lediglich zu hoffen, dass die Chefs, das, was Sie sich da ausdrucken lassen, dann auch tatsächlich lesen. Ausdruckbefehl und Anfassen allein reicht nicht. Noch nicht.

Read! – It confuses people. Machen Sie die Probe aufs Exempel, denn Sie sollten sich im Zweifel selbst viel öfter in die Lesepflicht nehmen: Lesen Sie sich ein Dokument mal etwas genauer durch (Achtung Konzentration über 1 Minute!), und ein paar Tage später stellen Sie Ihrem Chef Fragen zum Inhalt, zum Beispiel: »In der Mail von Müller, die ich Ihnen am Freitag fürs Wochenende ausdrucken sollte, stand, dass er eine Kostenplausibilisierung über eine Schattenkalkulation durchführt und den Projektfortgang über Quality Gates überwacht. Und dann hat er diese Quality Gates erklärt in der Mail, aber das habe ich nicht ganz verstanden. Was meint er denn genau damit?« Mal sehen, wie er dann guckt.

Was smarte Chefs von Goldfischen unterscheidet

»Wir rollen gerade zum Gate. Kann noch nicht telefonieren.« Was will ein Chef damit sagen? Dass er an mich denkt? Dass er sich langweilt? Dass er den Flug überlebt hat? Oder ist er der, der im Cockpit sitzt? Sie ahnen: Was definitiv Einzug gehalten hat in unsere neue Arbeitswelt, ist das Kommunizieren und das so genannte »Führen«

über Smartphone – »Remote Leading« auf neudeutsch. Da sind wir wieder bei Marc Müller, der fast immer app-gesteuert unterwegs ist. »Wenn der sein Smartphone verliert, kann er auch gleich irgendwo ein neues Leben anfangen«, hat mir einmal eine Assistentin mit Verweis auf ihren Chef gesagt. Und dann augenzwinkernd hinzugefügt: »Nun, ich finde sein Smartphone allerdings immer wieder, keine Chance also.« Und die viel zitierte »Freiheit« durch das Arbeiten wann immer und wo immer man will, sieht irgendwie anders aus, wenn die Daumen allzeit aktiv sind, und die Augen nicht vom Display lassen können. Diese symbiotische Beziehung zu einem kleinen flachen Gerät kennen wir alle – auch von uns selbst. Und wann sehen wir uns eigentlich noch von Angesicht zu Angesicht? Immer seltener.

Die so genannte Generation Y, also die Generation, die nach 1985 geboren ist, ist auf dem Vormarsch in den Führungsetagen. Mancherorts ist heute die Sekretärin um einiges älter als ihr Chef. In einer meiner Kolumnen berichtete ich von einer Assistentin, nennen wir sie Ulla, deren Fall vielleicht symptomatisch für unsere Zeit ist: Sie hat einen Chef, der circa fünfzehn Jahre jünger ist als sie – sehr nett, sehr flott. Das ist ihr Glück. Er hält viel vom »selbstbestimmten Arbeiten«. Leider bezieht er das hauptsächlich auf sich selbst und nicht auf Ulla. Das ist ihr Pech. Sicher, sie hat als Office-Managerin ein breit aufgestelltes Tätigkeitsfeld und kann sich über mangelnde Arbeit nicht beklagen: Sie koordiniert die neue Projektgruppe, macht die Buchhaltung und das halbe Personalwesen. Management eben. Kleinkram wie Reisen buchen oder Reisepläne schreiben, Bordkarten oder Bahntickets ausdrucken fällt für sie kaum noch an. Reisende Führungskräfte arbeiten ja unbeaufsichtigt da, wo sie gerade sind – im Ausführungswahn, wie auf Speed. Der Arbeitsplatz kommt aus der Cloud, der nächste Termin, das nächste Taxi, der Mietwagen um die Ecke, jede Zugverbindung, jede Tischreservierung im Restaurant sind nur einen Tastendruck, einen »Wisch« entfernt. »See u 8pm, rgds XY«. Selbst ist der Mann. Online. Exekutiv, schnell, ohne Punkt und Komma, autonom – vielleicht noch nicht mit LEADA, aber eben mit dem Handy. Es ist schon jetzt die elektronische Erweiterung ihres Gehirns, und es managt ihr Leben. Die Zeiten, in denen ein Chef noch völlig kontemplativ und unbeaufsichtigt mit nichts als einer Zeitung und einem Papierticket bewaffnet brav im Terminal auf seinen Flieger wartete, sind definitiv vorbei. Als sich Ende der neunziger Jahre die Handys und Blackberrys durchsetzten, sagte mir einer meiner Ex-Chefs: »Frau Münk, ich habe jetzt ein Handy. Das habe ich, damit ICH Sie anrufen kann. Und nicht, damit Sie MICH anrufen können.« Heute würde ein solcher Satz schon wieder seinen ganz eigenen Charme entfalten. Er stammt aus einer Zeit, als es noch abhörsichere Stenoblöcke gab und Lachs zu Weihnachten.

An den Flughäfen und in den Zügen dieser Welt sitzen sie heute in orthopädisch bedenklicher Körperhaltung und streichen in nahezu infantiler Bindung über ihre Smartphones oder hacken in ihre Notebooks. Diese Chefs brauchen keine »Schreibkraft«. Sie sind selber eine. Gedanken werden in Windeseile zu Bits und Bytes, und manchmal frage ich mich, ob die schreibenden Operativen bald vollends die denkenden Strategen abgelöst haben werden. Spätestens im Flieger bei »Switch off all electronic devices« sitzen sie da wie amputiert. Und die Assistentin in der Bodenstation atmet auf, denn ihr Chef ist vorübergehend offline. Vorübergehend wohlgemerkt, denn bei Aufsätzen der Landeräder werden triebgesteuert die Handys wieder angeschaltet, dass es blinkt, gongt, ploppt und plingt wie am Automatenflipper im Spielerparadies. Alle versichern sich der eigenen Bedeutsamkeit, wenn es bei ihnen piept.

Hirnforscher haben herausgefunden, dass bei Menschen, die ihre Smartphones streicheln, dieselben Hirnareale aktiv sind wie bei Verliebten, und dass vibrierende oder piepende Handys, die gerade eine Nachricht empfangen, das Gefühl von Status und sozialer Nähe erzeugen. Und es piept ständig. Viel Erfolg also, Ihren Chef oder Ihren Partner außerhalb seiner Flugzeiten von seinem Smartphone wegzukriegen!

Zurück zu Ulla: Sie kommt sich immer öfter irgendwie isoliert vor, abgeschnitten vom Informationsfluss, während ihr Chef wie ein aufgedrehter Duracell-Hase transatlantisch unterwegs ist und versucht, die Welt im Großen und fatalerweise auch im Kleinen zu retten. Mit Arbeitsteilung hat er es nicht so. Die ist ihm zu strikt und dauert viel zu lange. Er ist irgendwie flüchtig, flatterhaft – und ein bisschen empfindlich. Feedback und Augenhöhe sind ihm wichtig – vor allem von unten nach oben. Von oben nach unten kriegt er das noch nicht so richtig hin. Er übt noch. Er sieht sich eher als »virtuelles Teammitglied« – während auf Ullas Visitenkarte »Executive Office Manager« steht.

Seien wir ehrlich: Manchmal duzen wir unsere Chefs, aber wir waren noch nie so weit entfernt von Ihnen wie heute. Da sagt Ihr Chef »Nur zu, ich höre Ihnen zu« und lässt dabei nicht für einen einzigen Augenblick den Blick vom Display in seiner Handfläche. Konzentration sieht anders aus. Seine Aufmerksamkeitsspanne dürfte mit durchschnittlich acht Sekunden geringer als die eines Goldfisches hinter der Aquariumscheibe sein. Der schafft es nämlich, sich immerhin für neun Sekunden gänzlich einer Sache zu widmen – jedenfalls laut einer Studie, die Microsoft Kanada Mitte 2015 veröffentlichte. Seitdem ist es ja nicht besser geworden mit der Fokussierung. Sollten also Goldfische »Meetings« veranstalten unter Wasser, könnten die konzentrierter ablaufen als unsere über Wasser. »Ich kann heute nicht länger als zehn Minuten Aufmerksamkeit am Stück voraussetzen«, sagte mir neulich ein Marketing-Mensch, der ins Meeting ging, um ein neues Produkt-Launch vorzustellen. Dass sich die Führungskräfte heutzutage oft genug in einer seltsamen Parallelwelt befinden, brachte einmal recht anschaulich die Sekretärin eines Partners in einer nicht unbekannten deutschen Unternehmensberatung auf den Punkt. Sie sagte: »Wenn ich wissen will, welchen Flieger ich für meinen reisenden Chef buchen soll, weil es Terminänderungen gab, dann schreibe ich ihm eine Mail, mit dem Wortlaut ›Willst du den Flieger um 16.40 Uhr oder den um 18.10 Uhr nehmen?‹ Seine Antwort: ›Ja.‹«

Da ist der Weg nicht weit zum Supercomputer aus *Per Anhalter durch die Galaxis*, der auf die Frage nach dem Sinn des Lebens schließlich »42« antwortet. Und es soll Assistentinnen geben, die bereits von acht Sekunden Aufmerksamkeit am Stück träumen, weil sie mit Menschen arbeiten, die die Konzentrationsspanne einer Fruchtfliege zu haben scheinen.

Wussten Sie, dass jeder dritte Bundesbürger kurz vor dem Schlafengehen – und damit meine ich nicht vor dem Zähneputzen, sondern eher vor dem Ausknipsen der Nachttischlampe – noch seinen E-Mail-Eingang checkt? Ja, wir beenden den Tag mit einem Tastendruck. Meine Freundin ist Assistentin einer der wenigen weiblichen Vorstände dieser Republik. Auch sie liegt abends im Bett und checkt Mails. Es ist ihr sozusagen in Fleisch und Blut übergegangen. Ihre Chefin liegt dann nämlich zeitgleich im Bett, und der ist das »Senden« in Fleisch und Blut übergegangen. Das liegt daran, dass es dem Chef der Chefin ähnlich ergeht, weil es auch dem Aufsichtsratsvorsitzenden so geht. Ja, diese Kette ließe sich gegebenenfalls bis an die Spitze dieser Republik fortsetzen, Frau Merkel! Bleibt eine Mail länger als zwei Tage unbeantwortet, machen wir uns Sorgen um den Geistes- oder Gesundheitszustand des Adressaten, vermuten ihn auf dem Meeresgrund oder unter der Schneelawine. Wir erwarten zumindest »Alles klar«- oder »Ich kümmere mich«-Nachrichten, irgendeine Resonanz. Mit Leerstellen und Stille können wir kaum mehr leben. Wer nicht mailt, hat verloren. Auch unsere Chefs werden da plötzlich erstaunlich feedback-orientiert. »Haben Sie meine Mail/meine SMS bekommen?« dürfte sich unter den Top 10 der am häufigsten ausgesprochenen Sätze befinden.

Und je mobiler die Führungskräfte werden, desto mehr wird das »Sekretariat« zum ausgelagerten Systemzugang – stets zu Diensten, auch um 19 Uhr in der Schlange bei Aldi an der Kasse. Da hilft kein Steckerziehen. Ein Drittel der Arbeitszeit geht mit Mail-Checken drauf, und nach Büroschluss bleiben wir im Check-Modus. Arbeits- und Lebenszeit entgrenzen sich. Nicht jeder arbeitet bei Volkswagen, wo die Server zwischen 18.15 Uhr abends und 7.00 Uhr morgens einfach ausgeschaltet werden. Oder bei der Deutschen Telekom, wo eine Richtlinie den Chefs untersagt, außerhalb der Arbeitszeit Mails an Mitarbeiter zu schreiben. Die Mitarbeiter müssen in ihrer Freizeit und am Wochenende keine Mails beantworten. In Frankreich ist bei Unternehmen mit mindestens 50 Mitarbeitern jetzt das »droit à la déconnection« wirksam. Eine Assistentin darf nach dieser gesetzlichen Regelung ihr Handy abends abschalten. Da kann ihr Chef simsen, was er will. Wenn sie mutig ist, wird sie ihn nach einer Weile durch Nicht-Reaktion konditioniert haben, und er wird seinen Reflex unterdrücken. Es ist wie beim Pawlowschen Hund, der irgendwann nicht mehr gleich nach Futter sabbert, nur weil die Hundehüttentür aufgeht. Das hofft man jedenfalls in Frankreich. Es könnte tatsächlich funktionieren. Selbst im pflichtbewussten Deutschland sagen laut einer Studie der Gesellschaft für Konsumforschung nur 16 Prozent der Gesamtbevölkerung, dass es ihnen wichtig sei, »immer und überall erreichbar« zu sein. Das ist gerade im internationalen Vergleich erstaunlich wenig, und wir dürfen sicher sein, dass unter den 16 Prozent definitiv eine Mehrzahl unserer Chefs ist – sowie wir selbst. Je jünger wir aber sind, desto mehr legen wir Wert auf ständige Erreichbarkeit, und wir geben unser Handy ja nicht nach Feierabend an der Drehtür ab. Sekretärinnen schalten vielerorts sogar gleich mehrere Leitungen auf ihr Handy und nehmen das Büro damit quasi mit in den Feierabend – auch um ihre Ohren zu verschonen von diesem Satz, den wir alle kennen: »*Es ging niemand ans Telefon!*« Und somit haben der Chef und die, die ihn per Festnetz zu erreichen suchen, auch nach 18.15 Uhr noch Glück und erwischen eine Ansprechpartnerin. Was er und andere Spättelefonierer dabei unter Umständen in Kauf nehmen müssen, sind Hintergrundgeräusche aus den Kinofoyers, Kinderzimmern und Umkleidekabinen dieser Republik.

Muss man eigentlich für seinen Vorgesetzten rund um die Uhr erreichbar sein? Nach geltendem Recht darf die wöchentliche Arbeitszeit 48 Stunden nicht überschreiten. Zwischen den Arbeitstagen ist eine ununterbrochene Ruhezeit von mindestens elf Stunden »vorgeschrieben«. Die Krux: Sekretärinnen arbeiten immer noch vorwiegend als »rechte Hand« für »obere Führungsebenen« – also Geschäftsführer, Prokuristen oder leitende Angestellte –, für die diese Beschränkungen des Arbeitszeitgesetzes nicht gelten. Sie ahnen, was das für Folgen hat. Die Dunkelziffer derer, die gegen das Arbeitszeitgesetz verstoßen, dürfte hoch sein – denn kann die »rechte Hand« offline sein, wenn der Rest des Chef-Körpers online ist?

In unserem Berufsbereich kommt noch das hinzu, was ich gern auch die »Krankenschwester-Rufbereitschaft« nenne: Die Assistenz ist im Grunde immer noch definiert als »die, die da ist«. Teilzeit und Home-Office gelten ab einer gewissen Hierarchieebene als praktisch nicht realisierbar – für kinderlose Assistentinnen erst recht. Auch andere Möglichkeiten des flexiblen und mobilen Arbeitens stehen vielen Assistentinnen immer noch nicht offen. Auch wenn es vorbildliche Gegenentwürfe gibt, so geraten wir in diesem Job für allgemeinhin schnell an die Grenzen des angesagten »Work-Life-Blendings«. Ich selbst habe zwei Jahre Überzeugungsarbeit gebraucht für die 4-Tage-Woche. Das Argument, das nicht zog, war: »Wenn der Weg über mehr Verantwortung, mehr Arbeit nicht funktioniert, dann funktioniert es vielleicht eher über weniger Arbeit? Ich könnte an 4 Tagen schwungvoller arbeiten als an 5 Tagen, und Sie würden mich am 5. Tag jederzeit erreichen können.« Antwort: »Wenn das alle so machen würden!« Das Argument, das am Ende ausreichte, obwohl ich im Freundeskreis eine gute Flasche Rotwein dagegen gewettet hatte, war das folgende: »*Mein Mann braucht mich.*« Mein Mann war damals nicht etwa emanzipatorisch gestört, pflegebedürftig oder krank, sondern »in verantwortungsvoller Stellung« tätig, wie man so schön sagt. Termine »mit Anhang« kamen vor, waren aber eher selten. Doch siehe da – plötzlich war die 4-Tage-Woche möglich. Und ich konnte mit etwas mehr Freizeit weiter verdeckt Bücher schreiben. Eigentlich ganz schön traurig.

Was machen wir nun an 5 Arbeitstagen und Arbeitsabenden in der Woche mit der Erreichbarkeit? Das Prinzip des Pawlowschen Hundes gefällt mir. Auf die Erreichbarkeit übertragen, würde das heißen: Reichen Sie nie den kleinen Finger. Sie sagen ja auch (hoffentlich) nicht »Ist noch was?«, wenn Sie Feierabend machen, sondern »Ich bin jetzt weg« (wobei das rein faktisch ja nicht so ganz stimmt, denn in diesem Moment sind Sie ja noch da). Lassen Sie schon rein sprachlich keinen Raum für allzu lange Inanspruchnahme. Das gilt auch für Ihre Reaktionszeiten auf eingehende Nachrichten: Je seltener oder zumindest später Sie abends auf E-Mails oder SMS antworten, desto weniger davon werden Sie bekommen. Ständige Erreichbarkeit ist kein Schicksal, sie entsteht aus der Erwartung, dass Sie ständig da sind. Steuern können das nur Sie selbst. Zählen Sie nicht auf die Gnade anderer. Nie. Die sind reflexgesteuert und drin im Automatismus, sie merken nicht einmal, wie egoistisch das im Grunde ist. Erst wenn Sie Erwartungen nicht mehr bedienen, wird sich auch das Verhalten der anderen schrittweise verändern. Statt ständig den Ball zurückzuspielen, behalten Sie ihn einfach etwas länger. Sie müssen das nicht schweigend tun. Was halten Sie davon, wenn Sie das kommunikativ schonend und ohne allzu große Nebenwirkungen verpacken? Dazu später mehr.

Sie können auch Ihren Chef mit ins Spiel nehmen, denn der ist ja auch nicht aus purer Lebensfreude ständig erreichbar. Meine Freundin und ihre Chefin haben sich jetzt vorgenommen, drei Mal am Tag mit Menschen zu telefonieren, denen sie sonst eine Mail geschickt hätten. Das gilt auch für die Kommunikation der beiden untereinander. Sie telefonieren jetzt miteinander, und je mehr sie miteinander telefonieren, desto weniger bedonnern sie sich gegenseitig mit Mails. Und sie wissen: Die Hemmschwelle, um 23 Uhr noch einmal kurz anzurufen, ist ein kleines bisschen größer, als eine Mail zu schicken. Es ist ein Anfang.

Davon träumt die Kollegin meiner Freundin, deren Chef neulich bereits morgens um sechs virtuell aktiv war und simste. Betreff: Die bevorstehende Notfallübung bei Feueralarm in der Firma an diesem Tage. Sein System hatte für ihn im Wortvorschlags-Modus geschrieben: »Achten Sie darauf, dass auch jeder im Nachbargebäude ejakuliert ist, falls das Feuer überspringt.« Sie und ihr Mann haben sich lachend zurück in die Kissen geworfen.

Sturmflut im Mail-Account

»Mein Zeitmanagement habe ich im Griff. Aber die E-Mails killen mich.« Dieser Stoßseufzer mag Ihnen bekannt vorkommen. Ein befreundeter Banker saß neulich in unserem Wohnzimmer und hatte, als er nach drei Stunden wieder ging, 123 neue Mails in seinem Postfach. Wir haben ihn nur schweren Herzens gehen lassen, weil wir dachten, man könne ihn damit nicht einfach wieder so in die Welt schicken, den Armen. 100 Mails täglich öffnet und verschickt jeder durchschnittliche Büroangestellte heute. Da dürften die Assistentinnen dieser Republik locker mithalten können. Denn hier reden wir nicht nur vom eigenen Postfach. Nein, das ist etwas für sich unterfordernde Langweiler. Assistenzen managen stereo Postfach und Terminkalender des Chefs und oft genug noch das Datenreich von zwei bis drei weiteren Spielteilnehmern – sie durchpflügen den Datenozean wie die Walhaiinnen auf der Suche nach Plankton ... Mal eben kurz die Mails checken. Und die Frage aller Fragen ist: »Wer hat wann wieder mit wem Termine hereingenommen, von denen ich nichts weiß?« Also suchen, sichten, checken. Und es ist wahrscheinlich, dass Assistentinnen zu den 41 Prozent der Deutschen gehören, die während der Arbeitszeit auch private Mails lesen und senden und in ihren sozialen Netzwerken unterwegs sind. Das kommt dem Mitteilungs- und Feedback-Bedürfnis entgegen und erleichtert die Seele. Mit oder ohne erleichterte Seele bleibt es dabei: Das sisyphoshafte Abarbeiten von Mails kann einen in den Wahnsinn treiben. Am Ende hat man nicht viel weniger Ordner als Mails. Na toll. Dem Chef geht es im Zweifel auch nicht besser: Er muss die Unternehmensentscheidung »Produktlinie kippen oder nicht« per Mail treffen und kann sich höchstens freuen, dass nur drei andere Personen in CC stehen. An die BC-Leute will er gar nicht denken. Und seine Sekretärin bekommt zeitgleich eine Mail vom Aufsichtsratsvorsitzenden Seeler. Betreff: »ich muss erdmann sprechen aber sofort«. Mit CC an Herrn Erdmann. Sie fragt sich, warum er nicht gleich den Hörer in die Hand nimmt. Das Telefon ist ja NOCH nicht abgeschafft. Es ist wahrscheinlich, dass sie fast zeitgleich eine Mail ihrer Kollegin im Büro links erreicht. Diese schreibt einfach nur »Huhu! Bald ist Freitag.« Mit Winke-Smileys. Löschen. Sofort löschen die Mail, denkt die Sekretärin. Aber vorher noch rasch antworten. Die Kollegin könnte ja irritiert sein, wenn sie keine Antwort bekommt. Also: »Huhu! Ja. Gott sei Danks.« Es wird zurückgemüllt, sorry – gemailt. Und das »s«

hinter Dank sieht sie erst kurz nachdem sie auf »Send« gedrückt hat. Und da kommt auch schon die Mail von Herrn Erdmann: »seeler will mich sprechen. durchstellen.« Sie mailt zurück: »Jetzt gleich?« Er: »nein schreibe ihm doch erst mal 1 mail.«

Das muss alles nicht so bleiben, sagt man. Mittlerweile hat sich ein Kult darum entwickelt, wie man sein Postfach in den Griff bekommt. Mails sind die neuen Kalorien, man muss sie zählen und vernichten. »In zwei Wochen bin ich von 12 869 Mails in meinem Postfach auf null gekommen – so funktioniert es«, titelte die *Washington Post* vor einiger Zeit. Wie eine Frauenzeitschrift im Diät-Wahn. Besonders beliebt ist die Radikallösung: Alle während des Urlaubs eingehenden Mails automatisch ungelesen löschen oder das Mail-Programm zwischendurch einfach ausschalten. Andernorts schlägt man vor: »Jeden Abend ein leerer Posteingang« oder »Mails nur einmal anfassen«. Hallo? Haben die schon mal etwas von Office-Management – vorausdenken, mitdenken, nachdenken, terminieren, ablegen, wiedervorlegen, ausdrucken – gehört? So einfach ist das nicht – vor allem, wenn Herr Erdmann abends um 23:24 Uhr mailt: »ich muss seeler morgen anrufen!« Was macht man als Assistentin damit? Legt man so etwas in den To-do- oder in den Termin-Ordner? Löscht man es? Oder behält man es im Posteingang bei den anderen 587 Nachrichten, über die man glaubt, einen Überblick zu haben – also zu dem Newsletter, den man noch »unsubscriben« muss, zur Mail von der Kollegin aus dem Büro rechts, die mal eben eine Frage hatte, zur Mail mit dem Protokoll der Konferenz von gestern oder der mit der Agenda der Konferenz von heute, zur LH-Online-Check-in-Mail und der Kantinenspeisekarte für die nächste Woche. So geht das den ganzen Tag und zack, hat eine von den eingangs erwähnten 400 000 Assistentinnen gefühlte fünf Milliarden Mails im Postfach und muss in Kur.

Selbst LEADA würde kurz vor ihrem Absturz irgendwann melden: INFORMATION OVERFLOW! Da hilft selbst das beste Seminar mit dem Titel »Schneller lesen – mehr behalten« nichts – denn es ist ein Widerspruch in sich. In besonders schweren Fällen tippt man im Affekt seine Kündigung runter, vergisst vor lauter Arbeit die angefangene Mail und drückt dann unbedacht nach Feierabend auf »Entwürfe verschicken«. Und schon ist der Gedanke, höchstens ein vager Plan, umgewandelt in eine manifeste Nachricht. Mit der Briefpost war das einfacher.

Wann haben Sie sich zuletzt mit Ihrem Chef ganz analog hingesetzt und ihn gefragt: Wer hat welche Rechte in welchen Postfächern? Wie verhält es sich mit den Leserechten und der Ablage von privaten Mails? Wer von uns darf überhaupt Termine machen beziehungsweise einstellen? Wie sieht die »Lizenz zum Löschen« aus? Was wollen wir noch lesen, was wollen wir nicht mehr lesen? Wie viele Mails werden einfach weggeklickt, ohne sich vom Verteiler nehmen zu lassen, ohne sich »unzusubscriben«? Wenn Sie jetzt sagen: »Für so etwas habe ich keine Zeit! Und mein Chef schon gar nicht«, dann ist das ein bisschen so, als würden Sie und Ihr Chef sagen: »Ich weiß nicht, wie spät es ist, weil ich keine Zeit habe, meine Armbanduhr zur Reparatur zu bringen.« Der Mail-Flut können Sie nur mit funktionierenden Absprachen beikommen! Sicher, Sie können morgens für eine Stunde oder länger die Push-E-Mail-Funktion ausschalten, damit nicht alle neuen Mails automatisch, also nahezu ständig, mit akustischen Pings und Plongs angezeigt werden. Und ja, Sie können sich sogar demonstrativ kurzfassen beim Schreiben Ihrer Mails – optimalerweise passt Ihre Reaktion in eine Betreffzeile, sodass Ihren Kontakten irgendwann die Lust vergeht, Ihnen in epischer Breite zu antworten. Aber jetzt kommt es: Das verpufft alles, wenn Ihr Chef zeitlich parallel in seinem Postfach wildert, mailt und löscht und hin und her schiebt wie der Elefant im Freigehege und Sie das entnervt mit ansehen müssen, weil Sie nicht alle Rechte an seinem Postfach haben und somit praktisch von der Außenwelt abgeschnitten sind. Sicher, Mails sind die neuen Kalorien, aber Mails sind auch die einzige Möglichkeit, noch halbwegs up to date zu sein, statt den Informationen hinterherrennen zu müssen, die der Chef schon längt angeklickt hat. Ich habe andererseits Assistentinnen kennen gelernt, deren Chefs nur mittags und dann noch einmal abends in ihr Mail-Fach gucken – und da dann vornehmlich in den Ordner »Nachrichten Sekretariat«, wo sie alle von der Assistentin vorgefilterten, vorstrukturierten Mails vorfinden, die sie für ihn als relevant erachtet. Für den Rest gibt es ein gemeinsam genutztes elektronisches Dokumentenmanagement in der Cloud. Diese Chefs selbst schreiben Mails a) eher selten und b) nur an einen ausgewählten Kreis von Empfängern – und bekommen somit langfristig auch weniger Mails. Ihr E-Mail-Fasten hat damit für alle Seiten eine geradezu befreiende Wirkung – die Schrothkur 4.0 sozusagen. Bekommen sie Terminanfragen direkt, so sind sie darauf konditioniert zu sagen: »Machen Sie den Termin bitte mit Frau Kramer. Die weiß, wann es passen könnte und trägt es dann ein«. So sieht Vertrauen, Delegieren, Effizienz, Motivation und Konzentration aufs Wesentliche aus. Sehr souverän. Vielleicht kommen diese Chefs in Wirklichkeit aus dem 3D-Drucker.

Die App aus Fleisch und Blut

Kommen wir zurück auf Marc Müller vom Anfang dieses Kapitels, und nehmen wir an, dass es bei Ivanka oder bei LEADA einen Systemausfall gab. So etwas soll ja ganzen Fluggesellschaften passieren. Es könnte reichen, dass irgendwo zwischen Grönland und Norwegen ein Tiefseeanker fröhlich analog ein Tiefseeglasfaserkabel kappt und es meinem Chef den Rest Sprache verschlägt und er nur noch zucken kann. Wenn Marc Müller dann also auf mich zurückkommt statt mich wegzurationalisieren, dann könnte ich zunächst einmal das tun, was die Sekretärin Tamara Krieger einmal so treffend im Schweizer Sekretariatsmagazin *Miss Moneypenny* vorschlug:

»Sie schicken ihm beim nächsten Mal, wenn er Sie um einen Kaffee bittet, ein jpg-Bild von einem Latte Macchiato. Wenn Sie ihm eine Präsentation ausdrucken sollen, geben Sie den Druckauftrag und lassen ihn per Mail wissen: ›Die Präsentation ist jetzt im Drucker abholbereit.‹ Bei Anfragen nach Terminen mit wichtigen Leuten lassen Sie Outlook automatisch den nächsten Termin finden, der für alle Teilnehmer passt, und versenden Sie diesen dann ohne Rückfragen für den 31.12.2022. Bei Abnutzungserscheinungen respektive Ausrastern Ihres Chefs bleiben Sie gelassen, weisen darauf hin, dass alle Punkte des Auftrags ordnungsgemäß erfüllt wurden und dass für zukünftige Aufträge klarere Eckdaten erforderlich sind. Irgendwann wird es dann soweit sein. Vielleicht direkt, nachdem Ihr Manager von einer Geschäftsreise zurückkehrt, für die Sie ihn unter Einhaltung der internen Reiserichtlinie (›immer die kostengünstigste Flugroute buchen‹) von New York nach London (Aufenthaltszeit 3,5 Stunden) über Frankfurt (Umsteigezeit 20 Minuten) zurück nach Zürich gebucht haben, wo er um 6.00 Uhr früh verschwitzt und zerknittert ankommt und direkt vom Flughafen in die Verwaltungsratssitzung muss, weil das ein Termin ist, der laut Outlook allen Teilnehmern theoretisch passte. Dann ist der Moment gekommen, wo er Sie anflehen wird, bitte endlich wieder eine normale Assistentin zu werden. Würdevoll werden Sie erklären: ›Natürlich kann ich meine mir angeborenen Zusatzfunktionen wie vernetzt denken, vorausschauend planen, diplomatisch Dialoge führen, Verschwiegenheit, Humor und physische Präsenz wieder aktivieren. Und wenn Sie bei sich die Empathie-Funktion ›verbale Wertschätzung‹ und ›angemessener Assistentinnen-Bonus‹ in Betrieb nehmen, dann garantiere ich Ihnen, dass meine Kolleginnen und ich dafür sorgen, dass die künstlichen Intelligenzen mit der piepsigen Carla-Bruni-Stimme Geschichte sind, noch bevor sie bei Apple mit ihren virtuellen Highheels vom Hof staksen können.‹«

Dem ist nichts hinzuzufügen.

Das Schweigen der Männer – Kommunikation 4.0

Kennen Sie das? Es gibt Menschen, die uns – kaum dass wir sie sehen – mit sich selbst und ihrem Leben überschütten und uns besinnungslos quatschen oder bloggen. Und es gibt Menschen, die uns betören, denen wir eine Aura des Undurchschaubaren und der Souveränität zuschreiben – ganz einfach, weil sie erst einmal die Klappe halten. Weil sie hoffnungsvolle Bilder in unserem Kopf entstehen lassen, bevor sie ein einziges Wort gesagt oder geschrieben haben. Wortloses Glück. Stille. Ruhe. Denken statt hören oder reden. Quelle der Kreativität. Keine Antworten. Und auch keine Fragen. Handlungsspielraum. Niemand, der einem dazwischenquatscht. Ja, so schön kann Schweigen sein!

Haben Sie das auch mal so gesehen? Oder fällt Ihnen dieser Blickwinkel eher schwer? Vielleicht möchten Sie schon morgens am liebsten das Kaffeepulver direkt durch die Nase ins Hirn saugen, weil Ihr Chef nichts von sich gibt außer einer SMS um 7.30 Uhr irgendwo aus seiner digitalen Cloud und um 8.30 Uhr einem hingenuschelten Laut wie aus der Tierwelt: »Morgn« (Guten Morgen). Weitere Kontaktaufnahme Fehlanzeige. Im beruflichen Kontext, gerade aus der Wahrnehmung einer Assistentin vis-à-vis ihres Vorgesetzten heraus, werden Wortkargheit und Schweigen oft vorschnell mit Ignoranz und Unfreundlichkeit gleichgesetzt, die Frau im schlimmsten Falle auch noch auf sich selbst bezieht. Das ist ein Trugschluss. Es fängt schon mit der Definition an. Männer sagen: »Ich mache wenig Worte« oder »Ich bin sehr präzise« und denken nicht weiter darüber nach. Frauen sagen augenrollend: »Er schweigt. He does not speak« und suchen grübelnderweise nach Gründen – oft für den Rest ihres Lebens.

Andere nehmen das Schweigen ihrer Chefs als Schicksal hin, naturgegeben und unabdingbar: Eine Teilnehmerin behauptete in einem Seminar, ihr Chef sei zwar physisch gesund und nicht stumm, aber er sei eben ein »Schweiger«. Da könne man nichts machen. Sie sagte das in einer Weise, als erzähle sie die Geschichte eines Fisches, den sie kaum zu fassen kriegt und der dann schnell wieder ins Wasser springt, wenn sie ihn fragt, ob sie kurz mit ihm reden könne. Ich bin mir nicht sicher, ob der Chef dieser Frau tatsächlich ein »Schweiger« war, nur weil sie ihn als solchen wahrnahm. Schließlich würde ich irgendwann auch nichts mehr sagen, wenn mir jemand nonverbal signalisiert, dass er mich mit einem stummen Fisch vergleicht, dass er das nicht gut findet, dass er überhaupt die Schublade mit der »Schweiger-Sammlung« darin schon ganz weit aufgezogen hat – und im Übrigen demzufolge selbst schweigt. Und fertig ist das Schweige-Ping-Pong-Spiel. Irgendwann grüßt so ein Chef noch nicht einmal mehr, vielleicht weil er gerade viel im Kopf hat. »Das kann ich auch«, denkt seine Assistentin, und zack, grüßt sie auch nicht mehr. Erst werden die Lippen schmaler, und irgendwann kommen überhaupt keine Worte mehr. Sie macht dicht. Innere Immigration. Abends sitzt sie dann schweigend in der U-Bahn mit vielen anderen schweigenden Menschen im vergleichsweise miesepetrigen Deutschland. Und der Chef sagt zeitgleich zu seiner Frau: »Meine Sekretärin kriegt den Mund nicht auf.«

Simple Missverständnisse, an denen sich die Worte oder das Schweigen hochschaukeln, sind wohl das Minenfeld schlechthin. Die Beschäftigung mit mangelnder oder falscher Kommunikation und den daraus resultierenden Problemen kann eine Arbeitsstunde und mehr pro Tag kosten. Wenn Sie sich fünf Minuten über etwas aufregen, kann es Sie unbewusst noch bis zu sechs Stunden beschäftigen. Die Reibungsverluste, die dadurch allein schon rein betriebswirtschaftlich entstehen, werden kolossal unterschätzt. Dabei ist die Kommunikation an und für sich doch ein geniales Werkzeug der Verständigung, über das die Tierwelt nicht in derselben Bandbreite verfügt. Und trotzdem haben wir es in den Büros und Sekretariaten dieser Welt immer noch mit stummen Fischen, bellenden Dobermännern, scheuen Rehen oder heulenden Wölfinnen zu tun. In Sachen Kommunikation wird den deutschen Führungskräften immer noch ein eher schlechtes Zeugnis ausgestellt. Wir sind heute so mit dem digitalen Wortschwall um uns herum beschäftigt, dass für darüber hinausgehende, verbal geäußerte Worte keine Kapazitäten mehr zu Verfügung stehen. Da sagt ein Chef: »Eigentlich bin ich ganz sympathisch, wenn ich allein bin.« Das lässt tief blicken.

Schreiben ist das neue Reden

Hierarchien und Autoritäten mögen heute zunehmend aufgeweicht sein, es scheint weniger cholerische oder launische Vorgesetzte zu geben. Aber liegt das daran, dass wir Büromenschen etwa edler und feiner geworden wären, oder nicht eher an der mangelnden räumlichen Nähe? Ein befreundeter Key-Accounter bei einem Beratungsunternehmen arbeitet »non-territorial«, er hat innerhalb der Firma keinen festen Arbeitsplatz. »Wie soll mein Chef mich da auch finden?«, gibt er zu und merkt an: »Wir kommunizieren elektronisch. Ich könnte den Ebola-Virus haben, und er würde sich nicht anstecken.« Und wer brüllen möchte, tut das mitunter in geschriebenen Großbuchstaben, Ausrufezeichen und wütend blinkenden Emojis. Das, was wir uns sagen wollen, pressen wir in die Betreffzeile einer Mail, in die Vorschau einer SMS, in eine WhatsApp-Nachricht. Der Rest ist dann ein Smiley oder ein Herzchen, Pünktchen, Pünktchen, Fragezeichen. Die absolute Wortverknappung. Es gibt nichts, was es nicht auch als Emoticon oder als digitales Bild gibt. Schreiben ist das neue Reden, beziehungsweise – in Zeiten von Instagram und Snapchat – Senden ist das neue Reden.

Beim Absetzen einer SMS verfallen manche Chefs in den Stummelduktus eines Viertklässlers oder bedienen sich einer Verschlüsselungstechnik, deren Dechiffrierung allein mehr Zeit benötigt als das Ausschreiben: »Brauche Ula ftl für bggespräch.« Und man fragt sich: Meint der jetzt mich oder eine fremde Galaxie? Nein, er braucht die Unterlagen ganz schnell (faster than light) für das Background-Gespräch. Manchmal muss man die Chefs direkt daran erinnern, dass man mit der aktuellen Version ihres Smartphones auch telefonieren kann. Auch dann wäre der Fortbestand unserer Sprachkultur noch nicht gesichert, aber es könnte immerhin zu ausgesprochenen Wortfragmenten kommen. Wer braucht heute noch Subjekt, Prädikat und Objekt?

Fazit: Wir kriegen beim Kommunizieren immer seltener den Mund auf. Die Flüchtigkeit und Kürze der geschriebenen Kommunikation überträgt sich auf die gesprochene. Es gilt: Logistik vor Inhalt. Fragen wie »warum?« oder »wie?« halten auf. Stattdessen geht es um Fakten (wer, wann und wo). Und wir selbst? Mit einem Chef, der sprachlich im Rollstuhl sitzt, schwenken wir auch lieber um auf das geschriebene Wort. Teils wird sogar noch mit analogen Post-its gearbeitet, mit darauf niedergeschriebenen Auswahlmöglichkeiten zum Ankreuzen: ›Neuer Termin auf a) 29.01., 15h00 – 16h00 oder b) 02.03., 13h30 – 14h30?‹. Genauso gut könnte man Schilder in die

Luft halten. Solange Chefs nur ein Kreuz machen oder zwei Buchstaben liefern müssen, werden sie ihren Mund nie aufkriegen, denn es wird ihnen beigebracht, dass sie mit zwei Kreuzchen auf einem Post-it auch weiterkommen. Damit folgen sie lediglich den Gesetzen der klassischen Konditionierung und haben noch nicht mal selbst Schuld, wenn sie weiter schweigen. Und wir? Selbst wenn wir mit Spuckvirus zu Hause bleiben, schreiben wir dem Chef eine Mail statt den Hörer in die Hand zu nehmen. Wir wollen ja nicht stören. Wer wird schon gleich anrufen? So vermeiden wir lästige Rückfragen oder gar weitere Arbeitsaufträge im Sinne von »Wenn Sie wieder da sind, müssen wir mal ...«.

Wer zuerst etwas sagt, hat verloren

Wie jemand kommuniziert, ist nicht nur charakter- oder gewohnheitsabhängig, sondern vor allem situationsbedingt. Maßgeblich dabei ist die Rolle, die wir tagsüber bekleiden oder meinen bekleiden zu müssen. Wir sitzen fest in einer Hierarchie wie fette Kinder im Rettungsring, winden uns in den uns zugedachten Rollen als Führungskraft mit »natürlicher Autorität«, Dynamik, Dominanz und Durchsetzungsvermögen, fähig zu »klarer Kante« und einsamen Entscheidungen auf der einen Seite und auf der anderen Seite als Assistentin mit Flexibilität, Geduld, Anpassungsvermögen und sozialen, insbesondere kommunikativen, Kompetenzen. Optimalerweise schafft man es als Team, diese Rollen mal für einen Moment oder zwei zu verlassen, vertrauensvoll und hinter verschlossenen Türen sozusagen. Aber oft ist das eben auch über die Probezeit hinaus nicht der Fall, und jeder bleibt aus Unsicherheit oder Bequemlichkeit in seiner Rolle. Erwartungen bleiben dieselben, Reaktionsmuster bleiben dieselben. Begreifen wir es als ein Spiel, als weit verbreiteten Zeitvertreib in der Kombo Chef und Assistentin: Wer zuerst redet, hat verloren. Ausnahme: Chefs können sehr wohl ihren Mund aufkriegen und mutieren plötzlich zum charmanten Dampfplauderer, wenn sie sich auf derselben oder gar höheren Hierarchiestufe bewegen und/oder ein klar definierter Mehrwert, ein strategisches Ziel hinter dem Gespräch steht. Es kommt nur darauf an, a) mit wem sie sprechen und b) was sie damit erreichen wollen. Je höher die Hierarchiestufe und je wertvoller der Mehrwert, desto geschliffener werden die Worte. Wenn der Chef von seiner Geschäftsreise in Südostasien heimkehrt, erntet die Assistentin – im schlimmsten Fall – vier Worte: »1.) Hier 2) sind 3.) meine 4.) Reisebelege«. Seine Kollegen und erst recht sein Chef bekommen spannende Berichte, alle Informationen zu überraschenden Meetings und neuen Deals, die aktuellsten Restaurant- und Freizeittipps für Bangkok und Hongkong und überhaupt wie man sich da so fühlt momentan. Ach, Mann könnte ja noch so viel erzählen – vielleicht bei einem Dinner oder auf einen Wein einmal? Ja, das Schweigen der Männer ist äußerst relativ. Und wir stehen daneben und staunen Bauklötze.

Klaus Austermann lernt sprechen

Kommunikation umgibt uns überall. Ein viel zu großes Thema für nur ein Kapitel. Ich könnte an dieser Stelle so viel schreiben über die unterschiedlichsten, wunderbaren Möglichkeiten, die Reise eines Wortes zu beeinflussen von einem Mund in das Ohr eines anderen. Da wäre ich aber nicht die Einzige. Es gibt die pralle Auswahl von informativen, praktischen, unterhaltsamen, humorigen, nachdenklichen Büchern der unterschiedlichsten Genres allein zu diesem Thema, von wahren Spezialisten und großen Romanautoren. Wenn wir glauben, dass vieles von dem, was die Fachleute und unerschütterlichen Optimisten in Sachen Kommunikation in diesen Büchern behaupten und empfehlen, in den Niederungen des Alltags wohl kaum funktionieren kann (»Der soll mal zu uns kommen«), so täuschen wir uns. Sicher, wir reden in unserem speziellen Fall nicht nur von der Kommunikation zwischen Chef und Assistentin (Hierarchiegefälle trotz großer Nähe), sondern letztendlich ja immer noch oft genug von der Kommunikation zwischen Mann und Frau (die Gespräche schon mal gern völlig unterschiedlich führen und interpretieren).

Das kann zum kommunikativen doppelten Salto werden. Aber es gibt Mittel und Wege, auch dem verstocktesten Zeitgenossen noch ganze Sätze zu entlocken!

Was ich an dieser Stelle bieten kann, ist eine Geschichte, ein Dialog. Ich mag Dialoge – in meinen Büchern und im richtigen Leben. Denn darin kommt es auf das richtige Wort zum richtigen Zeitpunkt an. Man kann dann mit Reaktionen spielen. Technik: schnell und klar sein. Wechsel zwischen Reden und Zuhören, zwischen Nähe und Freiraum. Raum nehmen und Raum gewähren. Überraschen und mal so reagieren, wie der andere es nicht erwartet. Höhen und Tiefen hereinbringen. Ein bisschen auf der Klaviatur der Möglichkeiten spielen und sich vorher genau überlegen, welche Worte man verwenden möchte. Gar nicht so einfach, wenn man als Assistentin für offizielle oder selbst ernannte Anführer und Mitschwimmer im Haifischbecken arbeitet. Wie könnte ein Dialog überhaupt aussehen in einem Büro, wo Zeit, Aufmerksamkeit und eben Worte Mangelware sind?

Stellen wir uns einen männlichen Protagonisten vor und nennen ihn Klaus Austermann, Kürzel KA (und da haben Sie bitte Ihren ganz persönlichen Austermann vor Augen). Die weibliche Protagonistin könnte Helen Wagner heißen, Kürzel HW. Sie bietet Ich-Perspektive, das heißt wir nehmen Teil an ihrer Gedankenwelt. Welche Zumutungen des Lebens warten nun auf unsere zwei Protagonisten? Ganz einfach: Die beiden arbeiten seit sagen wir knapp zwei Jahren zusammen – als Chef (KA) und Assistentin (HW). Um welche typische Situation könnte es sich handeln? Nehmen wir einmal zwei völlig altmodische Themen der analogen Welt, die heute besonders mühsam »an den Mann zu bringen« sind, aber in 90 Prozent aller Büros noch zum gelebten Alltag gehören: Sagen wir also, HW möchte endlich mit KA die Rahmenbedingungen und das Budget der nächsten Weihnachtsfeier checken, um in der Planung weiterzukommen, und ihm möglichst parallel noch zwei Unterschriftenmappen entlocken, die seit Wochen bei ihm Patina ansetzen und deren Inhalt drängt. Mit beiden Themen kann man Chefs jagen, sie finden immer etwas, das wichtiger und/oder dringender ist und haben damit die besseren

Argumente auf ihrer Seite. Weihnachtsfeiern kommen ja mit regelmäßiger Beiläufigkeit daher (wie Unterschriftenmappen) und entwickeln dann doch bisweilen ein spektakuläres Eigenleben (wie Unterschriftenmappen). Seien wir gnädig mit KA und schicken auch voraus: Die Unterschriftenmappe an und für sich ist für einen Chef ein in Pappe verpacktes Symbol des Leids, ständig etwas anschauen, bewerten und freigeben zu müssen, das doch eigentlich schon den Status des Fertigen hat und im Kopf sozusagen bereits verschickt ist. Kurzum: Beide Vorgänge sind völlig unsexy.

KA rauscht an HWs Büro vorbei und raunt ein »Bin da« in die Atmosphäre, als eigentlich überflüssige Unterstreichung eines physischen Zustands.

HW atmet tief durch, streckt den Rücken, reckt ihr Kinn nach oben und sagt »Guten Morgen, Herr Austermann« zu ihrem PC. Bloß nicht die imaginäre Krone vorzeitig herunterfallen lassen, nur weil sich da jemand auf dem Flur an zwei Worten verschluckt. Und so ein für sich selbst ausgesprochenes »Guten Morgen« besiegelt ja mitunter die nächsten vierundzwanzig Stunden. HW ist heute beim Aufstehen fünf Sekunden auf der Bettkante sitzen geblieben und hat dabei den Entschluss gefasst, sich selbst einen halbwegs guten Tag zu bescheren. Das ist ein kühner, aber nicht unmöglicher Plan, wenn man für KA arbeitet.

HW lässt im Kaffeeautomaten eine Tasse für KA durchrauschen und geht damit in sein Büro. Auch bei KA gilt die altmodische, aber auf gefühlt 90 Prozent aller Bundesbürger zutreffende KVK-Regel (Kaffee vor Kommunikation). Die einzige Chance, einen kommunikativen Raum mit der Möglichkeit eines Augenkontakts aufzutun, ist es, sich ihm mit einer Tasse Kaffee in der Hand zu nähern, denn die assoziiert er nicht mit Arbeit. Für HW dagegen ist Kaffee in diesem Moment nicht nur ein Getränk, sondern vor allem ein Werkzeug. Über die Zeit hat sie KA darauf konditioniert, dass er nicht mehr abwinkt oder schnell den Hörer in die Hand nimmt, wenn sie schon einmal vor seinem Schreibtisch steht. Denn manchmal sagt sie auch einfach nur »Trinken Sie erst mal was« und verlässt dann wieder sein Büro. Heute hat KA weniger Glück. Sie bleibt. Und mehr noch: Sie setzt sich auf den Stuhl auf der anderen Seite seines Schreibtisches. HW mag diesen Stuhl. Er ist ihr Heiligtum, denn er bietet Augenhöhe (falls der Chef sitzt) und Präsenz. Er nimmt ihr das »Flüchtige«, das sie am Anfang hatte, wenn sie durch sein Büro huschte wie ein laues Lüftchen oder gleich nur im Türrahmen stehen blieb, irgendwo zwischen »rein« und »raus«, also irgendwo im Nirgendwo.

Mittlerweile reagiert KA nicht mehr allergisch darauf, wenn sie sich gleich hinsetzt, weil er befürchtet, dieses könnte eine längere Sitzung werden. Unbewusst weiß er, dass HW genauso schnell, wie sie sich auf den Stuhl setzt, auch wieder aufstehen kann, wenn sie ihre Botschaft losgelassen hat. Das hat er jedenfalls bisher so erlebt.

Derweil macht KA drei Dinge simultan: trinken, seine Mails checken und reden. Er sagt zu seinem Display: »Muss jetzt gleich wieder weg.«

HW weiß, dass es mehr neuronale Verbindungen zwischen Augen und Hirn gibt als zwischen Ohren und Hirn. Blickkontakte steigern die Chance, Inhalte nachhaltig im Hirn des anderen zu verankern. Es gilt jetzt also, einen »Augen-Blick« im wahrsten Sinne des Wortes zu kriegen – bei ihr kein Problem, bei KA schon. Er hat Blickkontakt zur Cloud, und von der muss sie ihn jetzt irgendwie herunterholen. HW sagt: »Ich habe eine gute und eine schlechte Nachricht für Sie. Welche wollen Sie zuerst hören?«

KA bestreicht weiter sein Smartphone ohne aufzublicken und sagt: »Hm, die schlechte.«

HW: »Okay. Es wird Sie nicht gerade erfreuen, befürchte ich.« In den Bauch sprechen, Spannung aufbauen und Leerstellen aushalten können, denkt sich HW, sitzt da und schweigt.

KA blickt nun doch auf und HW in die Augen: »Hm, was ist es?«

HW: »Sie müssen mit mir heute kurz die Weihnachtsfeier durchsprechen. Zeitdauer: 3 Minuten.« Dabei reckt sie ihm ihre Handinnenfläche mit drei gespreizten Fingern entgegen, als wären sie beim Sehtest. Zeit ist das kostbarste Gut heutzutage, und das gilt es mit konkreten Angaben herauszustellen. HW weiß natürlich, dass sie eigentlich zu diesem Thema mehr Zeit mit KA braucht, aber es geht hier erst einmal nur um die Sprechbereitschaft. Und wie lange das Gespräch dann im Endeffekt dauert, ist nebensächlich. Es ist wie beim Dialog mit dem netten Typen abends an der Bar: Man muss erst einmal einsteigen, ins Gespräch kommen. Der Rest ist Kür.

Doch mit dem Einstieg ist es im Büro mit dem eigenen Chef wie mit dem netten Typen an der Bar: nicht einfach. »Hm. Jetzt nicht«, sagt AS und widmet sich wieder seinem Display. Er ziert sich. Aber neugierig ist er doch: »Und die gute?«

»Wir sprechen heute über die Weihnachtsfeier!« HW reibt sich hörbar die Hände: »Ich brauche ein Ja oder ein Nein von Ihnen und eine neue Zahl für das Budget. Den Rest mache ich.«

KA blickt wieder auf: »Was ist denn mit Ihnen los? Nun lassen Sie mich erst mal in Ruhe.«

HW lässt sich nichts anmerken. Ihre Botschaft hat sie verbal und visuell jetzt mal anders verankert als sonst. Den finalen Dolchstoß wird sie HW kurz nach der Mittagspause geben. Das fast tägliche neutrale Hinweisen auf zu erledigende Dinge hatte bisher wenig Wirkung gezeigt, auch nicht das »Einstellen« eines Gesprächstermins mit ihr in seinen Terminkalender, denn dieser fiel stets als erster den diversen Verschiebungen zum Opfer. Sie hatte es irgendwann aufgegeben – immer mehr vom Selben macht die Dinge ja meistens nicht unbedingt aussichtsreicher.

In solchen Momenten findet HW, sie könnte sich auch als Animateurin in irgendeinem Club bewerben, als Psychologin eine eigene Praxis aufmachen oder zur Not als Staubsaugervertreterin Karriere machen. Sie beschließt, sich nicht weiter aufzuregen. Es ist ein Spiel, nichts weiter. Sie wechselt erst einmal sofort das Thema: »Müller hat Feedback gegeben.«

»Feedback?« KA wiederholt das Wort, als hätte sie gerade etwas ganz Schlimmes gesagt.

»Ja, er hat den Termin bestätigt«, sagt HW.

»Warum sagen Sie das nicht gleich so?« fragt KA.

HW seht auf und sagt: »Feedback ist doch ein schönes Wort.« Das wollte sie mal so unverbindlich in KA's Unterbewusstsein verankern. Als Wort. Und als Einladung, es damit selbst mal zu versuchen.

Dann sagt sie: »Sie müssen jetzt weg.« HW guckt demonstrativ auf ihre Armbanduhr, denn das macht KA auch. Botschaft: Ich habe die Zeit im Blick, so wie Sie. Und es ist ja nicht so, dass ich selbst nichts zu tun hätte! »Und ich muss mich auch noch um Ihre Unterschriftenmappen kümmern«, sagt HW.

KA ist irritiert: »Wie, jetzt noch mehr?«

HW steht auf und sagt im Gehen: »Nein, im Gegenteil, ich versuche vorerst, aus drei Mappen eine Mappe zu machen.« Sie versucht, etwas Humor in die Stimme zu legen: »Ich will Ihnen das Leid portionieren.« HW hat sich abgewöhnt, zu lächeln, wenn ihr nicht danach ist und sie Gefahr läuft, so unecht und überzeugungsschwach wie ein Ganzkörperplacebo herüberzukommen. Doch der guten Atmosphäre wegen, versucht sie es manchmal mit einer Art freundlichen Ironie.

KA dagegen lächelt nicht und ist auch nicht ironisch, aber er spricht immerhin ein bisschen: »Nun hauen Sie hier aber mal nicht so auf die Sahne.« Er erhebt sich und geht: »Bis später.«

Am Nachmittag geht HW zum Angriff über und checkt erst einmal den emotionalen Ladezustand von KA. Interesse bekunden kann ja nie schaden: »Wie war Ihr Gespräch?«

KA: »Na ja.«

HW: »Sie gucken gerade so, als hätten sie drauf verzichten können.«

KA: »Na ja, ich hatte schon mal spannendere Gesprächspartner.«

HW unvermittelt: »Darf ich Sie um einen Rat fragen?«

AS blickt auf: »Ja?« Jeder halbwegs normal sozialisierte Mensch mag das Gefühl, gebraucht und offenbar geschätzt zu werden, wenn man ihn um Rat fragt. Erstaunlicherweise scheint KA tatsächlich dazuzugehören. Seine Reaktion liegt beruhigender Weise im erwarteten Normbereich.

HW fragt also: »Ich habe da auch gerade einen unspannenden Gesprächspartner. Müller will seinen Vertrag haben, und ich muss ihn noch hinhalten. Ich komme da langsam an meine Grenzen. Was würden Sie ihm an meiner Stelle sagen?«

KA: »Ich denke, das ist schon längst durch?«

HW: »Wie? Das soll ich ihm sagen?«

KA: »Nein, herrje, das war meine Frage an Sie.«

HW deutet auf eine der Unterschriftsmappen, die sie auf dem Besuchertisch nahe an der Tür so positioniert hat, dass KA sie im Vorbeigehen

streifen müsste: »Ja, der liegt in der Unterschriftenmappe hier. Können
Sie nebenbei kurz checken. Was würden Sie ihm also sagen?«
KA rollt die Augen: »Ich verstehe ...«
HW: »Sie sind morgen in Frankfurt, nicht?«
KA: »Ja.«
HW: »Und am Freitag nehmen Sie den Brückentag?«
KA: »Ja.«
HW im selben Tonfall wie die zwei Fragen, die sie vorher stellte: »Können
wir eben kurz die Weihnachtsfeier checken? Drei Minuten.« HW guckt
noch einmal auf ihre Uhr.
KA: »Herrje, dann lassen Sie uns kurz darüber sprechen.«
Und wenn KA nicht gestorben ist, dann redet er noch heute.

Was für ein kommunikativer Aufwand, um ein Drei-Minuten-Gespräch und eine Unterschriftenmappe an den Mann zu bringen, nicht wahr? Mehr Strategie hat wohl auch die eiserne Lady Margret Thatcher nicht gebraucht für ihren Einzug ins Unterhaus. Doch Sie, lieber Leserinnen und Alltagsheldinnen, haben die Wahl, das, was Sie bei jemandem erreichen wollen, jeden Tag wieder mit der alten Methode zu versuchen oder einmal anders als sonst. Zwischen den Zeilen werden Sie vielleicht den einen oder anderen Impuls bekommen haben, wie Sie in Ihren eigenen alltäglichen Wortwechseln einmal anders reagieren könnten. Es geht nicht darum, eloquent oder schlagfertig zu sein, es geht lediglich darum, die Dinge zunächst einmal aus der Chefperspektive zu sehen, dessen Erwartungen und Reaktionen zu antizipieren, um sie anschließend über kleine Kommunikationskniffe mit den eigenen Vorhaben in Einklang zu bringen. Picken Sie sich nur die Tricks und Kniffe heraus, die bei Ihnen beziehungsweise bei ihm funktionieren könnten. Und lassen Sie alle anderen im Trial-and-Error-Verfahren fallen! Wenn Ihr Chef – wie so viele andere Chefs – keine Unterschriftenmappen mag und sein Futter nicht anrührt, schaffen Sie die Teile ab, oder versuchen Sie es zumindest mit anderen Mitteln. Trennen Sie Vorgänge, bei denen es um Entscheidungen geht, von denen, bei denen es nur um Unterschriften geht. Es gibt dünne Mappen, die nicht so verdächtig nach Arbeit aussehen!

Oft wird ja nicht das Ansetzen des Stifts vor sich hergeschoben, sondern die Entscheidung dahinter! Bieten sie ihm so genannte »Quick Wins«. Vielleicht wenden Sie ja unter anderem auch einmal die »Ja-Fragen-Kaskade« an, die HW ganz am Ende vom Stapel gelassen hat. Sie basiert auf der schönen psychologischen Regel, dass die Wahrscheinlichkeit »Ja« zu sagen, überproportional zunimmt, wenn man das Wort »Ja« direkt vorher schon zwei Mal ausgesprochen hat. Sie merken, auch das Hirn Ihres Chefs arbeitet bisweilen erstaunlich vorhersehbar, und das können Sie ausnutzen. Es könnte eine Gesprächszeit von drei Minuten und mehr dabei herauskommen. Und damit heißen wir uns wieder einmal willkommen im Club der Hobby-Psychologinnen, Clubanimateurinnen, Staubsaugervertreterinnen und wahren Führungskräfte!

Die Toolbox gefahrloser Kommunikation

1. Schau mir in die Augen, und ich gebe dir mein Ohr
Da überlegen wir, wie wir dem Chef möglichst umstandslos eine neue App nahebringen oder wie wir SMS und Mails so aufsetzen, dass sie tatsächlich zu Ende gelesen werden – und vergessen dabei völlig, uns auf die naheliegendsten »Devices« rückzubesinnen, die wir ständig mit uns herumtragen, die wir nicht verlieren können, ganz einfach weil sie dank Mutter Natur angewachsen sind: Augen, Mund und Ohren. Fragen Sie Ihren Chef mal nach seinen »AMO-Features«. Da sei der letzte Schrei sozusagen!

Es gibt Teams, in denen sich Kommunikation je nach Medium, in dem sie stattfindet, fatal aufteilt: 70 Prozent per E-Mail, 25 Prozent per Telefon und eben nicht selten lediglich 5 Prozent mit Augenkontakt. Das dürften dennoch immerhin zwei Stunden Augenkontakt pro Woche sein, theoretisch. Selbst darauf kommen nicht alle. Dabei ahnen wir, dass gerade Körper und Mimik den Löwenanteil ausmachen, wenn es um den Wirkungsgrad von Kommunikation geht. Haben wir überhaupt ein Gespür für uns selbst? Ist uns bewusst, wie wir gerade gucken? Ahnen wir, wie präsent wir eigentlich sind, wie viel Raum wir einnehmen, wenn wir ein Büro betreten? Verschwenden wir einen bewussten Gedanken daran, wo und wie wir gerade stehen oder sitzen, was mit unseren Oberarmen und Händen beim Sprechen passiert, ob wir uns durch die Haare fahren oder nicht, wie schnell oder wie langsam wir reagieren?

Körper schlägt Sprache – das haben wir alle schon in zahllosen Seminaren eingebläut bekommen, und es ist erstaunlich, wie wenig davon wir dann doch in der Praxis anwenden. Dass das menschliche Gehirn pro Sekunde nur sieben Wörter denken kann, glauben wir aufs Wort, wenn wir an unsere Chefs denken. Aber dasselbe Hirn bekommt in derselben Zeit auch elf Millionen weitere Informationen über die Sinnesorgane vermittelt, wo es dann zu Nervenimpulsen kommt, die 274 Stundenkilometer erreichen. Sagen Sie das Ihrem Chef lieber nicht. Er wird damit prahlen. Vor den Neurobiologen, die so etwas herausgefunden haben, kann man ein bisschen Angst kriegen. Die Faustformel, die dieselben schlauen Leute ebenfalls wissenschaftlich hinterlegt haben, ist da etwas überschaubarer: Innerhalb von zwei bis sieben Sekunden entscheiden wir, wie wir mit jemandem umgehen wollen – allein aufgrund von dessen Körperhaltung und Mimik. Sinneseindrücke durch Körper und Mimik haben einen Wirkungsgrad von sage und schreibe 55 Prozent in der Kommunikation. Stimme und Tonfall schlagen mit 38 Prozent Wirkungsgrad zu Buche, während beispielsweise der Inhalt einer SMS auf schlappe 7 Prozent kommt. Auch wenn wir uns im Arbeitsalltag viel zu selten wirklich sehen, so gilt im Zweifel doch: Was immer wir unseren Chefs an wichtigen Dingen mitteilen wollen, wir sollten es mit Augenkontakt und mit viel Bewusstsein für Mimik tun. Ansonsten könnten 55 Prozent Wirkung mit einem Schlag verpuffen. Die Formulierung »auf Augenhöhe miteinander sprechen« kommt nicht von ungefähr! Bringen wir also das Gesagte mit dem Nichtgesagten in Verbindung. Bei unserem Gegenüber. Und bei uns selbst. Wir haben ein Gesicht mit 10000 möglichen Gesichtsausdrücken, darunter feingetunte Mikroexpressionen von mitunter nur 0,04 Sekunden Dauer. Das ist selbst bei Männern so. Und die müssen dazu noch nicht einmal anwesend sein: Viele Teams kommunizieren heute skypenderweise, während unten rechts im Bildschirm die zu besprechende Unterlage leuchtet. Hauptsache mit Gesicht. Dagegen können Siri & Co einpacken. Noch.

Kleiner Tipp: Vor wichtigen Gesprächen umgebe ich mich mit netten Leuten, die ich schätze und die mich im Zweifel sogar zum Lachen bringen. Essenzen ihrer Energie werden noch in meiner Mimik liegen, wenn ich ins Gespräch gehe, und ich muss noch nicht einmal etwas dafür tun – meine AMO-Features arbeiten neuroautomatisch!

Gehören Sie auch noch zu diesen altmodischen Menschen, die per Telefon kommunizieren? Es soll noch Sekretärinnen geben, die Sätze sagen wie: »Telefon? Das klingelt circa 50 Mal am Vormittag. Wahnsinn.« Nein, das ist nicht Wahnsinn. Das ist wunderbar beruhigend. Denn da scheint noch jemand eine Sehnsucht nach einer echten Stimme zu haben, mit der sich der Wirkungsgrad der Kommunikation immerhin auf 38 Prozent schrauben lässt. Mitunter reicht ein Anruf, um sich drei Mails mit fünf Smileys zu sparen.

2. Aktives Zuhören

Mal ehrlich, wie selten leihen wir einander das Ohr? Gelungene Kommunikation besteht hauptsächlich aus Beobachten und/oder Zuhören – zwei Angewohnheiten, die bei vielen Chefs, aber auch bei uns selbst, aus der Mode gekommen sind. Oft haben wir den Luxus, einander in Armlängenentfernung gegenüberzustehen und gucken uns trotzdem nicht ins Gesicht. Dabei lassen sich Informationen doch zeitsparend mittels hochgezogener Augenbrauen, dem Hin- und Herwiegen des Kopfes oder schlicht durch Nicken vermitteln. »Zwei Minuten lang seinem Gegenüber zuhören« ist zur »Achtsamkeitsübung« beziehungsweise zum »Mindful-Based-Stress-Reduction-Tool« mutiert, wofür mitunter viel Geld bezahlt wird.

Kabat-Zinn und andere Meditationsgurus, die unter anderem auch das Zuhören lehren, sind nur für ein stattliches Sümmchen zu haben. Man findet ihre Jünger im Silicon Valley oder in Davos, mit Glück auch als günstige Ableger zwei Mal in der Woche mittags im heimischen Besprechungsraum. »Search Inside Yourself« steht dann auf der Digitalanzeige neben der Tür. Doch wer traut sich da schon hin? Und wieder angekommen in den Niederungen des Alltags, ohne Yoga-Matte, ohne Anleitung, ohne Parklandschaft im Fenster scheint das alles nicht mehr so recht zu funktionieren. Dabei ist die eigene Assistentin das beste »Achtsamkeitsobjekt«. Sie erwartet noch nicht einmal, dass man ihr drei Minuten einfach zuhört, auch wenn sie diese »Airtime« durchaus mit Themen füllen könnte. Stattdessen vertiefen sich Vorgesetzte ins Display, surfen, zählen Kleingeld, suchen Autoschlüssel oder den Lottoschein und verweisen stolz auf ihre angeblichen Multitasking-Fähigkeiten: »Reden Sie. Ich bin ganz bei Ihnen.« So mancher ist zwar mitten im Gespräch, bleibt aber mental in seinem kleinen Mikrokosmos, und dann wundert man sich, wenn eine Unterredung so ausgeht wie das Hornberger Schießen oder so langweilig ist wie eine Talkshow mit Jörg Pilawa. Das liegt daran, dass es kaum jemanden gibt, der nicht lieber an das dächte, was er tun oder sagen will, als genau auf das zu reagieren, was man ihm gerade sagt.

Apropos Ohr: Sehr hintersinnig fand ich die Werbung eines Unternehmens für Hörgerätetechnik (»Mit uns können Sie über 400 000 Schallquellen differenzieren!« und daneben abgebildet ein männliches Model um die 40 mit Hörgerät) auf der Karriereplattform Xing – platziert mitten im Diskussionsforum der ANID-Gruppe, dem online-Netzwerk deutscher Assistentinnen. Bevor Sie sich also beschweren, dass Ihr Chef ein »Schweiger« ist oder auf Fragen nicht oder falsch reagiert, sollten Sie vielleicht checken, ob er sich vielleicht einfach nur nicht zum Ohrenarzt traut!

3. Können Sie sich deutlicher ausdrücken?

Wie kriegt man einen nachhaltigen Informationsaustausch hin, wenn man sich noch dazu geschätzte 2 000 Kilometer voneinander entfernt aufhält und beim Wort »Augenkontakt« nur müde lächeln kann? Ich weiß nicht, wie es Ihnen geht, aber auch von meinem Mann (dem zu Hause) höre ich bisweilen: »Was willst du mir eigentlich sagen?«, nachdem ich ihm für meine Verhältnisse klipp und klar eine Situation geschildert habe, unter Einbeziehung aller angenommenen Ursachen und eventueller Folgen, die sich daraus ergeben könnten. Mitunter rede ich dann sehr spontan, und noch während ich rede, wird mir vieles klar – und darüber rede ich dann auch gleich noch.

Wie viel Zeit geben wir eigentlich den Worten, bevor wir sie aussprechen und in die Welt hinaussenden? Manchmal sind Leerstellen kostbarer als Erklärungen. Das bringt uns fast schon wieder zum Schweigen der Männer ... Gerade im Job, gerade in Stresszeiten, tappen wir oft genug in die Erklärungs-, Interpretations- und/oder Höflichkeitsfalle und dekorieren das, was wir sagen wollen, mit allerlei Blümchen und Schleifchen. Das kann sich – zugespitzt ausgedrückt – so anhören: »Ist es in Ordnung, wenn ich es für möglich halte, unter diesen Umständen heute mal etwas früher zu gehen?« oder »Ich hätte gern einen Tag Urlaub, aber wenn das gar nicht geht, ist das auch okay«. Was soll ein Chef darauf antworten? Und rechtfertigen wir nicht viel zu viel und fallen damit in den Problem- statt in den Lösungsmodus? Warum sagen wir »Ich habe die Arbeit nicht fertiggemacht, weil das Kind krank wurde« und fühlen uns schlecht dabei? So gucken wir dann auch. Das ist der reinste Seelenstriptease. Braucht Ihr Chef überhaupt einen Grund, oder genügen ihm nicht einfach die Tatsachen und optimalerweise eine Lösung? Die Alternative könnte lauten: »Heute setze ich mich dran, am Dienstag können Sie damit rechnen.« Chef weiß, es ist in der Mache und auch, wann er das Ergebnis hat.

Seine Kommunikation ist im Zweifel eher sachorientiert, er hört auf dem »Sach-Ohr«. Wir Frauen sind eher appellorientiert und verpacken unsere Botschaft gern mit Satzanfängen wie »Man sollte«, »Wir könnten vielleicht überlegen, ob«, »Jemand müsste«. Männer reagieren auf diese indirekten Formulierungen nicht. Und anschließend wundern wir uns und beschweren uns wie folgt: »Der hört mir gar nicht richtig zu!« Bereiten Sie für ein Rücksprachegespräch mit Ihrem Chef bereits Vorschläge vor, was aus Ihrer Sicht zu tun ist. Geben Sie ihm Antworten statt Fragen. Auf Antworten wird er schneller eingehen. Und, wie die Angelsachsen sagen: »Never complain. Never explain.« Halten Sie Ihre Begründungen so knapp wie möglich, weil sie sonst aussehen wie Rechtfertigungen – und deren Glaubwürdigkeit sinkt mit steigendem Textumfang.

Überhaupt sind wir uns oft der Macht der Worte nicht bewusst. Wie fühlt man sich, wenn ein Chef sagt: »Ich brauche Sie!« oder »Entlasten Sie mich!«? »Entlastung«, was ist das bloß für ein Wort. Sind wir Packesel? Und ist Ihnen andererseits jemals bewusst geworden, was das Wort »beschweren« mit einem macht? Sie können sicher sein, dass Sie sich nicht gerade erleichtern, wenn Sie sich beschweren. Im Positiven lässt es sich netter mit Worten spielen: Ich selbst bin in der Versuchsreihe »mündliche Kommunikation mit einem männlichen Vorgesetzten« dazu übergegangen, mein Gesprächsbedürfnis in technologisch-dynamisches Vokabular zu verpacken, und konnte mit den Begriffen »Quick-Check« oder »Update« durchaus positive Resultate erzielen.

4. Vom Unterschied zwischen Nicht-wissen-Können und Nicht-wissen-Wollen

»Das weiß ich auch nicht.« Dieses Bekenntnis hört man oft am anderen Ende der Telefonleitung. Es kommt ohne Einleitung, ohne Erklärung und setzt dem Dialog ein Ende, noch bevor dieser richtig begonnen hat. Die Aussicht auf eventuell anfallende Arbeit wird postwendend an den Absender zurückgeschickt. Natürlich ist ein »Keine Ahnung« durchaus angebracht bei Fragen wie »Wo habe ich zu Hause meinen Schlüssel liegen gelassen?« oder »Wie ist der Rhesusfaktor meiner Frau?« Es gibt immer noch Dinge, die man nicht mal eben googeln kann. Gott sei Dank. Für alle anderen Wissenslücken des Lebens funktioniert das Internet durchaus, sodass allgemeinhin wohl immer weniger Fragen gestellt werden und das spontane Auskunftgeben zusehends aus der Mode zu kommen scheint.

Es gibt dann auch Sekretärinnen, die das verbale Rollgitter mit der Aufschrift »Weiß ich auch nicht« bereits bei der Frage nach der E-Mail-Adresse des Produktionsleiters im Nachbarort herunterfahren, wo sie doch seine Telefonnummer haben. Kein »Ich rufe da mal eben an«, »Ich kläre das«, kein »Vielleicht kann ich Ihnen anders helfen« oder »Aber ich kenne da jemanden ...«, stattdessen: »Das können Sie googeln.«

Natürlich, wer nichts sagt, sagt auch nichts Falsches, wer nichts macht, richtet auch nicht viel an. Wer nichts durchliest, besteht den

Lügendetektor-Test bei der Frage »Ja, haben Sie das denn nicht gewusst, konnten Sie da nichts machen?«

Es kommt noch etwas anderes hinzu, was vielleicht noch stärker wiegt: Wenn man ständig nach Vorgabe arbeitet, immer nur den Ball auffängt, der einem zugeworfen wird, verlernt man irgendwann das Werfen und richtet sich in einer kleinen überschaubaren Welt ein, ohne dass es besonderer Initiative bedarf – die dann im Übrigen auch niemand mehr von einem erwartet. Man verliert den Blick auf das große Ganze, sucht dem Chef Unterlagen heraus, ohne zu wissen, wofür er die eigentlich braucht, ohne sich zu fragen, was er sonst noch wissen sollte oder was man selbst wissen möchte. Damit entmündigt man sich selbst, und das ist ganz schön traurig, da doch der Chef glaubt, ein Macher zu sein, der natürlich einen Macher um sich herum braucht.

 Umwandlung gesundheitsgefährdender Sätze:
»Da muss ich aber erst mal schauen.« → *»Ich melde mich.«*
»So schnell geht das aber nicht.« → *»Ich melde mich spätestens übermorgen dazu.«*
»Wie soll ich das denn machen?« → *»Ich schau mal, wie man das hinkriegen kann.«*
»Ich weiß nicht ....« → *»Da ist nur noch ein offener Punkt: ...«*

5. Das verbale Lieblingsreich

Ein weiteres Wortspiel: Wenn mein Gegenüber immer gern ein bestimmtes Wort verwendet, dann verwende ich es auch in der Kommunikation mit ihm. Er hat ja kein Copyright darauf. Ich gehe mit ihm sozusagen eine sprachliche Allianz ein und begebe mich damit in sein verbales Lieblingsreich. Wenn er nachmittags sagt: »Das machen wir jetzt ruckizucki«, dann sage ich ihm abends: »Ich bin jetzt ruckizucki weg«. Sie können auch ein bisschen Bullshit-Bingo spielen, indem Sie – da wo es wirklich passt – Worte in Ihre Sätze streuen, auf die viele Chefs positiv konditioniert sind: *Herausforderung, ergebnisorientiert, sich schlau machen, zielführend, Ball zuspielen, einstielen,*

Lernkurve, unterm Strich und so weiter. Merke: *Es nützt nichts, dem Wasserbüffel Geige vorzuspielen. Es sei denn, er spielt selbst Geige.*

6. Ehrlich sein und das Wörtchen »Nein«

Sagen wir immer ohne Umschweife, was wir wirklich meinen und wollen? Im Alltag ist das nicht so einfach und gerade im Office-Management auch nicht immer angemessen, in einer Welt, in der freundliches, zuvorkommendes und »angemessenes« Verhalten angesagt ist. Es gibt aber auch Situationen, in denen es angebracht ist, klar und direkt Position zu beziehen, statt zu beschönigen. Das hat viel mit Selbstwert und Zielsetzung zu tun. Das Ich-sein-Dürfen ist ja zum seltenen Luxus geworden. Wenn es aber eines gibt, das auf den Managementetagen umso mehr Mangelware wird, je höher man kommt, dann ist es eines: Ehrlichkeit. Echtheit. Und wer sollte die eigentlich besser liefern als die Frau in nächster Nähe, die dem Alphatierchen nicht wirklich gefährlich werden kann? Die Ehrlichkeit ist eine Marktnische, die es zu besetzen gilt. Sie ist nicht programmierbar und mit Geld nicht zu bezahlen. Gut, manchmal ist sie eine Frage des Mutes. Womit könnte man also ganz simpel anfangen, ohne gleich eine Beleidigungsklage am Hals zu haben oder sich zumindest unbeliebt zu machen?

»Darf ich jetzt mal ehrlich sein?«: Wenn Sie der festen Überzeugung sind, dass sich Ihr Chef gerade unklug verhalten hat und sich niemand sonst traut, ihm das zu sagen oder dass er schlicht Ihrer Ansicht nach auf irgendeinem Holzweg ist, dann könnten Sie das, was Sie sagen möchten, einläuten mit einer Frage wie »Darf ich jetzt mal ehrlich sein?« Das geht zur Not auch, wenn sein Krawattengeschmack kurz davor ist, öffentliches Ärgernis zu erregen. Mit Ankündigung die Ehrliche, die Mutige herauszulassen, nimmt der Situation die Schärfe.

Vom Unterschied zwischen freundlich und scheißfreundlich: Wenn Sie es etwas vorsichtiger angehen wollen, besteht die Möglichkeit, einfach das allseits empfohlene Lächeln etwas sparsamer zu verwenden, damit Ihr Chef merkt, was Sie gut finden – und was Sie nicht gut finden. Damit stärken Sie Ihre Authentizität und Ihre innere Stabilität. Wenn das verbale oder nonverbale Verhalten nicht mit der Emotion übereinstimmt, ist das ungeheurer Stress. Hören Sie einfach auf, in die Freundlichkeitsfalle zu tappen oder schlimmer in den Lächelreflex zu verfallen. Ich weiß, es gibt Frauen, die das perfekt beherrschen: Das langsame Breitziehen der Oberlippe, bis die obere, oft blendend weiße Zahnreihe zum Vorschein kommt, dann das Nachziehen der Unterlippe, sodass der Mund ein perfektes, strahlendes Lächeln entsendend, noch bevor der erste Laut herauskommt. Dass diese Frauen damit auch töten könnten, das ahnt nur, wer genau hinschaut. Man darf es damit nicht übertreiben.

Auf einer Skala zwischen 1 und 10 sollten Sie sich, was die Freundlichkeit angeht, bis zur 7 hocharbeiten. Damit lässt es sich am ehesten natürlich wirken. Alles Weitere ist kostbar und kostet Energie, sollte daher wohl dosiert und ehrlich (!) angewandt werden. Wenn Sie das nicht tun, riskieren Sie es, den Unterschied zwischen »freundlich« und (sorry) »scheißfreundlich« zu verwischen. Wenn Sie vor lauter Freundlichkeit ständig und bedingungslos verfügbar sind, ignorieren Sie den Umstand, dass schließlich die Dinge und die Menschen als besonders wertvoll gelten, die schwer zu bekommen sind.

Nein sagen: Das Leben ist eine ziemliche Baustelle, man ist ständig damit beschäftigt, irgendwo Brücken zu bauen und anderswo Grenzen zu setzen.

Das Wort »Grenze« mag einen negativen Beigeschmack haben, aber im Sekretariat ist es überlebenswichtig. Kennen Sie auch diese Sicherheitslücke im System, irgendwo zwischen dem spontan gefühlten »Nein« und dem, was einem dann über die Lippen geht und sich wie ein »Ja« anhört? Sicher, wenn ein Kollege direkt vor Ihrem Schreibtisch steht, den Ich-bin-nett-Du-bist-nett-Blick aufsetzt und wieder einmal etwas »bitte, bitte« sofort erledigt haben möchte, dann können Sie ihm nicht unbedingt aus einer Sprühflasche Wasser ins Gesicht sprühen und bestimmt »Nein« sagen. Das klappt bei Hunden, aber leider nicht bei Menschen. Sie könnten ihm aber stattdessen ein Angebot machen und sagen: »Nein. Du möchtest, dass ich die Präsentation heute noch für dich erledige. Damit würde das Reporting für morgen liegen bleiben, und, ehrlich, damit fühle ich mich nicht gut. Mein Vorschlag: Du fragst heute Britta, oder ich erledige das am Mittwoch für dich.« Also a) Sagen, was Sache ist, b) Sagen, was die Konsequenz wäre, c) Sagen, wie es einem damit geht und c) ein Angebot machen. Das Wörtchen »Nein« hört man heutzutage so selten, dass sich manche insgeheim danach sehnen! Chefs eingeschlossen.

Focusing is about saying No.
Steve Jobs

7. Die Faustformel

Machen Sie sich immer und in jeder Kommunikation klar, wo Sie selber stehen, was Sie denken und was Sie vermitteln möchten. Nur dann kann Ihre Kommunikation so überzeugend sein, dass Sie auch erreichen, was sie wollen. Wie oft fangen wir erst einmal an zu reden, weil wir befürchten, dass wieder irgendetwas dazwischenkommen könnte, eine Mail, ein Klingelton, ein Kollege im Büro. Also schnell die Airtime ausnutzen. Nachteil: Unter Umständen wissen wir erst, was wir denken, wenn wir hören, was wir sagen. Stellen Sie sich vor jeder Äußerung, ob schriftlich oder mündlich, die Frage, was Sie selber zu der Sache denken (Achtung Meinung) und was Sie bewirken möchten (Achtung Nutzen).

Machen Sie sich auch klar, ob Sie die Situation Ihres Gegenübers verstehen und nachvollziehen können. Greifen Sie seine Aussagen auf und beziehen Sie sich darauf (Achtung Verständnis für den anderen). Sich selbst treu bleiben, bei sich bleiben, dennoch auf den anderen zugehen und am Ende vor allem den Nutzen für beide oder gar fürs Unternehmen herausstellen, ist sozusagen der schwarze Gürtel der Kommunikation.

Stellen Sie sich vor jedem wichtigen Gespräch folgende Fragen:

1. Die ICH-Frage: Wie geht es mir? Was soll der andere von mir wissen? Was ist meine Meinung? Was will ich erreichen?
2. Die DU-Frage: Ist der andere gerade »empfangsbereit«? Wie geht es ihm? Was ist seine Perspektive und sein Interesse?
3. Die ES-Frage: Um welches Thema, um welches übergeordnete Ziel geht es eigentlich? Was hat das Unternehmen davon?

Speziell als junge Assistentin im toughen Vorstandsbüro werden Sie jetzt denken: Einfacher gesagt als getan. Und damit treffen Sie einen Punkt. Aber ich halte mit folgender Erkenntnis dagegen: Alles, wirklich alles auf der Welt, ist einfacher gesagt als getan!

Ich bin nicht wir, ich bin ich – Wertschätzung

»Wertschätzung« – ein Begriff, der mir in fast jedem Coaching, in jedem Seminar und Workshop begegnet. Spätestens nach dreißig Minuten hat ihn irgendjemand ausgesprochen. Zack, dann steht er im Raum, und viele Köpfe nicken kräftig oder weise und manchmal auch in reduzierter Erwartungshaltung ein bisschen traurig, nicht selten durchmischt mit einer Prise Frust oder zumindest Abgeklärtheit. Andere winken gleich mit einer geradezu sarkastischen Handbewegung ab und sagen Dinge wie »Mein Chef hat gar keine Ahnung, was ich ›mal eben schnell‹ alles mache«, »Der nimmt mir selbst im Fahrstuhl den Vortritt, ohne es zu merken«, »Niemand kennt all die Unterbrechungen, die ich so am Tage habe!« Oder: »Mein Chef schätzt vielleicht noch, was ich alles mache. Aber schon ein Zimmer weiter bin ich wieder ›nur‹ die Sekretärin« oder ›unser Büro.‹« Das sind typische Kommentare. Es lässt sich auch nichts schönen – wenn man im Käfig sitzt, hat die Welt nun mal Streifen. »Wertschätzung« ist ein Wort, das gerade in der Assistentinnenszene auf fast allen roten und grünen Knöpfen im Kopf steht und auf der Zunge liegt. In der Bedürfnispyramide steht es übrigens bei jedem Menschen ziemlich weit oben – und da reden wir nicht vom monetären Aspekt, obwohl wir das auch sollten. Ignoranz gilt als die größte Kränkung. Erstaunlich also, dass die Wertschätzung im Unternehmensalltag immer noch ein völlig unterbelichtetes Führungstool ist.

Das Lillifee-Rad oder von Theorie und Praxis

Die Unternehmensberatung Rochus Mummert hat im November 2016 rund 100 HR-Führungskräfte aus meist größeren mittelständischen Unternehmen befragt und dabei herausgefunden, dass der »Erfolgsfaktor Wertschätzung« in jedem zweiten Unternehmen Fehlanzeige ist – obwohl doch neun von zehn Managern bejahten, dass eine wertschätzende Unternehmenskultur eine eindeutig ökonomische Größe ist. Von der Theorie zur Praxis, vom Lesen zum Anwenden und Aussprechen, scheint es ein weiter Weg zu sein. Selbst Führungskräfte in der Personalbranche haben vis-à-vis der eigenen Assistenz plötzlich kommunikative Störungen, wenn es um das Aussprechen von Wertschätzung oder Feedback im weitesten Sinne geht, um Personalarbeit also. Da machen oft auch die feedbackverwöhnten Generation-Y-Chefs keine Ausnahme. Es ist ein bisschen so wie mit dem Schuster, der selbst in alten Schlappen herumläuft. Selbst Kritik im Sinne von »Es liegt mir daran, dass Sie noch besser werden« kommt längst nicht jedem Chef über die Lippen, denn gute Kritik macht ein bisschen Arbeit, und niemand will »ein Fass aufmachen«. Husch, da kommt ja auch schon die nächste Baustelle. Also »Schwamm drüber« und weiter.

In meinen Coachings erlebe ich, wie selten überhaupt ehrliche Worte – meinetwegen im Vorübergehen – seitens der Vorgesetzten wirklich ausgesprochen werden und wie oft Gespräche und Motivation an mich delegiert werden – obwohl die Stellschrauben so einfach zu bedienen sind und nur aus ein oder zwei richtigen Worten zur richtigen Zeit bestehen, die den Bann brechen können. Mit einem unerwartet ausgesprochenen Satz wie »Das haben Sie echt gut gemacht!« kann man Gesichter anknipsen, und das Licht brennt manchmal noch Tage danach.

Sind die Führungskräfte »eingefahren«, »unsensibel« oder gar »eindimensional« unterwegs? Das würden sie sich nie vorwerfen lassen! Sie schweigen nicht mit Absicht. Aber sie tun es trotzdem. Dabei könnte es so einfach sein. Ein kleines Beispiel: Stellen wir uns einen Chef in seiner Freizeit vor. Sagen wir, er fährt mit seiner kleinen Tochter auf dem Fahrrad durch den Stadtteil. Die Kleine mit dem großen Helm ist im Besitz eines Prinzessin-Lillifee-Rads mit einem großen Wimpel, der am Ende einer langen, flexiblen Teleskopstange vom Gepäckträger aus in die Höhe ragt. Sie fährt unsicher. Aber sie fährt schnell. Auf dem Bürgersteig. Und sie schafft noch gerade so eine Vollbremsung, bevor sie in die Kniekehlen der Fußgänger fährt und der Wimpel in deren Augen landet. Die Fußgänger springen vor Schreck zur Seite. Und Papa ruft von hinten: »Toll hast du das gemacht, Clara!« Wir stellen uns lieber nicht vor, wie Clara fünfzehn Jahre später Auto fahren wird. Aber wir würden uns gern vorstellen, wie ein solcher Satz mal im Job aus Papas Munde kommt. Sein Rollenwechsel vom Vater zur Führungskraft mag ihm einiges abverlangen, aber dafür muss er ja nicht das über Bord werfen, was auch im Job funktioniert – noch dazu, wenn es um wirklich lohnenswerte Leistung geht.

Cherchez la femme – Sichtbarkeit

Wertschätzung ist immer auch eine Frage der Interpretation und der Sichtweise. Wenn sich unsere Chefs irgendwo vorstellen, geht es Ihnen mehr um Position, Image und Vergütung, weniger um die Identität. Bei uns ist es genau umgekehrt. Wir wollen gesehen werden, wie wir sind und wie wir arbeiten. Es geht uns um die eher ideelle Anerkennung von Leistung, intern wie auch offiziell. Denn unsere »Dienstleistung« folgt mitunter folgender Regel: Was ich mache, fällt nicht auf. Was ich nicht mache, fällt auf. Menschen, die immer die gleichen Handgriffe machen, verlieren auf Dauer an Sichtbarkeit, weil diese Handgriffe als »Kleinigkeit« empfunden werden, auf die man nicht extra eingehen muss. Ihr unverzichtbarer Beitrag zur Gesamtleistung wird nicht gesehen. Das ist umso öfter der Fall, je mehr kreative, neue, spannende und imagefördernde Aufgaben von Routineaufgaben überlagert werden, was im Sekretariat eben noch überwiegend der Fall ist. Koordinierung, Reibungslosigkeit und Willkommen-Sein-Gefühle sind dagegen »nur« fühlbare Resultate unsichtbaren Wirkens und stehen in keinem Umsatzbericht.

Wenn ein Berater meinem Chef sagt, er könne um so viel effektiver sein, wenn er »nicht wertschöpfende Tätigkeiten« an mich delegiert, dann stimmt das zwar, ist aber ein bisschen gemein formuliert, finde ich. Seine Wertschöpfung ist immerhin direkt an mich gekoppelt. Man hockt ja schon recht eng aufeinander in diesem Abhängigkeitsverhältnis – auch wenn sich mein Chef gerade 5000 Kilometer entfernt aufhält. Da reicht ein einziger Anruf, und er ist drin in meinem Kopf. Und ich in seinem. Das Team »Führungskraft und Assistenz« funktioniert wie ein »Einzeller« – und das geht meistens auf Kosten der Sichtbarkeit für die Assistenz. Man wird in einer seltsamen Bio-Synthese plötzlich zur »rechten Hand« einer anderen Person, greift unter fremde Arme und hält im »Back«-Office fremde Rücken frei. Am Ende ist man zu nah dran, um gesehen zu werden – außerhalb des Blickwinkels. Wir sind Windschattenwesen. Da kann Individualität, Raum für sich selbst und die eigene Entwicklung, schon mal verloren gehen. Selbstbestimmung herrscht dann nur, wenn der Chef um zehn kommt, um zwölf wieder geht und sein Smartphone vergisst. Nein, man möchte mit der Fahne schwenken und rufen: »Hallo, hier bin ich. Ich bin nicht Sie. Ich bin auch nur teilweise wir. Ich bin ICH!«

Cherchez la femme – auch von außen betrachtet kennen viele bestenfalls unsere Stimme, aber wissen nicht, wie wir aussehen, denn das Ergebnis unseres Wirkens – eine pünktlich auftauchende, vorbereitete Führungskraft mit gerade sitzender Krawatte – hat eben ein anderes Gesicht.

»Unsere Frau Kramer macht das schon«

Aufgabenbereiche des Sekretariats gehen oft nahtlos über in die Aufgabenbereiche der Chefs oder des Teams. Wir leben in einer Zeit der Glaswände, der offenen Türen und Großraumbüros – Leistung wird zur »Gesamtleistung«. Aus Frau Kramer wird »unsere« Frau Kramer. Zielvereinbarungen für Assistentinnen, also das Monitoren von Leistung, Mehrwert und Entlohnung finden so gut wie nie statt, denn ihre Ziele sind »seine« Ziele oder »unsere« Ziele. Ein Hineindenken in die Befindlichkeiten der Assistenz scheint schwierig, wenn man annimmt, ihre Welt sei die eigene Welt, da sie mit dem beschäftigt sei, was einen selbst beschäftigt. Da spricht ein Chef in der ersten Person Plural: »Toll haben wir das gemacht!« Oder er sagt ohne jegliche Adressierung etwas dahin, als rede er mit sich selbst, und es fällt schwer, einen Arbeitsauftrag darin zu erkennen: »Wir müssten diese Akte doch noch irgendwo haben ...«. Manchmal sind es auch nur Gedanken, die ihm aus dem Mund fallen: »Ähm, dieser Typ von Dingsda, den wir neulich, na Sie wissen schon, wo wir neulich drüber gesprochen haben ...«, und er behauptet fest: »Das habe ich Ihnen doch gesagt!« – Nein, er hat es gedacht, aber nicht gesagt. Hellsehen oder zumindest ähm, dingsda, »Mitdenken« ist angesagt. Teilhaben an seinen Gedanken – aber nicht an seinem Bonus. Die so nebenbei benutzten und sicherlich gut gemeinten Wendungen »UNSERE Frau Kramer schickt Ihnen das zu« oder »MEIN BÜRO weiß Bescheid ...« gehen in dieselbe Richtung und lassen einen zum »Inventar« werden. Da wird die Hose hochgezogen und mit vollem Mund gesprochen, weil die Frau im Büro eben »zu einem« gehört. Und ja, Höflichkeit ist schön, macht aber viel Arbeit. Da werden am Ende des Jahres individuelle Prämienbriefe mit Dank für den Einsatz an die Mitarbeiter des mittleren Managements diktiert und geschrieben. Auch die Assistentin bekommt eine kleine Prämie. Aber keinen Kommentar, keinen Brief. Wer hätte ihn auch schreiben sollen?

Wechselt der Chef, wird unter Umständen sofort alles völlig anders, Mondlandung. Der ganze Prozess beginnt von vorn, und nichts ist mehr sicher – erst recht nicht die Wertschätzung, die in beispielloser Unmittelbarkeit plötzlich da oder weg ist. Denn wie viel wir »wert« sind, wird immer noch primär dadurch bestimmt, für wen wir arbeiten und nicht durch das, was wir tun und wie fachlich exzellent und eigenverantwortlich wir es tun. Nein, unser Status hängt in erster Linie von dem des Chefs ab. Das mag ungerecht sein, ist aber wahr.

Wie lässt sich Wertschätzung aktivieren?

Jetzt bin ich einmal etwas ketzerisch: Ja, Wertschätzung ist wichtig und Motor der Leistungssteigerung. Lebensqualität pur sozusagen. Aber es ist auch ein Begriff, der uns – sobald wir ihn aus einer Erwartungshaltung heraus aussprechen – passiv macht, ja fast schon in eine Opferhaltung bringt und uns klein hält. Wie löst man sich von dieser abwartenden, lähmenden Position und bekommt am Ende dann doch das, was man selbst ganz persönlich unter Wertschätzung versteht?

Erste Option: Machen Sie sich selbst sichtbar. Erzählen Sie mehr von sich. Ja, vielleicht sollte man den Führungskräften einfach eine pragmatische »Advanced Leadership App« vorstellen, die sie anwenden können, ohne auch nur einen einzigen Moment die Augen und Finger von Ihrem Smartphone lassen zu müssen: ein digitales Vergrößerungsglas, zoomfähig und mit Taschenlampe – nicht nur für Leute über vierzig, die Probleme mit dem Kleingedruckten haben. Und man möchte den Chefs zurufen:

»Aktivieren Sie einfach dieses Teil auf Ihrem Smartphone, gehen damit ganz physisch durch die Tür zu Ihrer Assistentin beziehungsweise zu der Frau, von der Sie annehmen, dass sie für Sie zuständig ist. Halten Sie jetzt drauf. Erkennen Sie was? (Er-)kennen Sie sie, die Frau in Ihrem Windschatten? Man muss schon genau hingucken. Viele von uns sind gut getarnt. Manche werden komplett eingespart oder aufgeteilt auf zehn Chefs. Schwierig. Wenn Sie nun aber Ihre Assistentin ausgemacht haben, sind Sie

in der Lage festzustellen, wie es ihr geht? Können Sie die drei Kernkom-petenzen dieser Frau identifizieren, ihre Geschichte, ihre Ausbildung und die letzten zwei Stationen ihres Lebenslaufes?«

Wenn Ihr Chef das nicht tut und es auch nicht weiß, liebe Leserin-nen, dann erzählen Sie es ihm kurzerhand mal nebenbei. Rufen Sie ihm Dinge in Erinnerung, die er seit dem Vorstellungsgespräch vor drei Jahren längst vergessen hat, weil er so viele andere Dinge im Kopf bewegt.

Zweite Option: Betteln Sie nicht um Worte, die von anderen sowieso nicht zu erwarten sind. Sie haben es nicht nötig, der Wertschätzung durch andere hinterherzulaufen, auch nicht in Gedanken! Wenn Ih-nen aber Anerkennung durch Worte wichtig ist, dann nehmen Sie diese erst einmal selbst in den Mund. Zeigen Sie Ihrem Chef, wie es geht. Holen Sie ihn heraus aus seinem schädelgroßen Königreich und führen Sie ihn kurzerhand selbst ins gelobte Land der Wertschät-zung – mit den Worten, die Sie eigentlich von ihm erwartet hätten. Springen Sie über Ihren Schatten. Ja, ich weiß, das alles sollte ER tun, denn dafür wird er ja auch bezahlt. Aber ebenso können Sie am Flughafen auf das nächste Schiff warten. Menschen, die immer daran denken, was andere von ihnen denken, wären sehr überrascht, wenn sie wüssten, wie wenig die anderen über sie nachdenken!

Loben Sie sich also einfach selbst in seinem Beisein. Statt sich an den Erwartungen, die Sie an ihn stellen, abzuarbeiten, stellen Sie ein-fach Ihr ICH in den Vordergrund: Reden Sie über Dinge, die Ihnen gelungen sind, über Ihre Erfolge. Machen Sie sich nicht abhängig von Worten, die niemand anderes sonst ausspricht. Frauen in an-deren Berufen innerhalb der Firma mögen es da einfacher haben: Sie nehmen unter Umständen regelmäßiger an Meetings teil, haben mehr Außenkontakt, treffen Kunden, präsentieren Projekte vor ei-nem größeren Kreis von Kollegen und haben damit eher die Gele-genheit, sich mit ihren Leistungen und Meinungen öffentlich zu po-sitionieren. Wir Sekretärinnen haben für unser Eigenmarketing eine begrenzte Bühne und müssen uns daher umso mehr überlegen, für welche Qualitäten und Talente wir stehen und wie wir die auch verbal vermitteln.

Loben Sie sich – und loben Sie Ihren Chef. Halten Sie ihm kurzerhand selbst die Möhre vor die Nase. Denn die fehlende Wertschätzung ist nicht nur von oben nach unten zu beobachten, sondern auch von unten nach oben. Lassen Sie Ihren Chef in seiner Rolle nicht emotional verhungern – auch wenn Sie selbst, um im Bild zu bleiben, bereits künstlich ernährt werden müssten. Und Achtung: Sollte er sich postwendend mit einem Lob an Sie nach vorne wagen, sagen Sie bitte eines nicht mit gespielter Beiläufigkeit: »Das ist doch nicht der Rede wert«, »Das habe ich doch gerne gemacht« oder gar »Ach, das war doch selbstverständlich!« Damit machen Sie das Lob wieder klein. Sagen Sie einfach ganz souverän: »Das freut mich. Danke!« Es gibt auch Menschen, die gar kein Lob brauchen, weil sie einfach mehr Selbstsicherheit haben und Ihnen ein wohlwollendes, leicht angedeutetes Kopfnicken schon reicht. Ein Lob kann viele Erscheinungsformen haben und muss ja nicht gleich verbal daherkommen.

Bilden Sie Ihre Ich-AG, machen Sie sich Ihre eigenen Werte bewusst und lernen Sie, diese auszusprechen! Was allein zählt bei der Wertschätzung, ist das gute Gefühl! Das setzt voraus, dass Sie sich Ihrer selbst sicher sind und Ihre Fähigkeiten und Talente einschätzen und möglichst konkret benennen können. Können Sie die Top 3 Ihrer ganz persönlichen Werte nennen, jetzt in diesem Moment, wo Sie dies lesen? Was ist Ihnen besonders wichtig im Job, und wann sind Sie am besten, in dem, was Sie tun? Vielleicht glauben Sie, dass Ihr Organisationstalent (dahinter stecken die Werte Struktur, Pragmatismus und Kommunikation) nicht genügend gewertschätzt wird. Vergewissern Sie sich zur Not bei einer vertrauten Kollegin, bei Ihrer besten Freundin, ob diese Ihre Stärken ähnlich sieht und was ihr sonst noch zu Ihnen einfällt, denn ein Urteil von außen kann nie schaden. Dann lassen Sie die Worte Struktur, Pragmatismus und Kommunikation bitte auch fallen im Gespräch mit Ihrem Chef. Alle Wertschätzung fängt mit Selbstwertschätzung an. Und dabei sind zunächst einmal nur Sie allein gefragt.

Das kleine Einmaleins des Feedbacks: Wir reden immer viel von »Einbindung«, von der »situativen Führung«. Das klingt nach Arbeit, aber was steckt eigentlich im Grunde dahinter? Theoretisch wissen wir natürlich alle, dass Feedback viel bewirken kann. Würde im Cockpit des Fliegers, in dem Ihr Chef vielleicht drei Mal wöchentlich sitzt, eine fehlerhafte Feedback-Kultur herrschen, könnte er Opfer eines Flugzeugabsturzes werden. Das ist nicht schön. Sie sollten es ihm trotzdem sagen. Doch oft geht es beim Thema Feedback um viel einfachere, vor allem angenehmere Dinge. Und hier möchte ich die Führungskräfte im größeren Büro gern direkt adressieren, denn es geht um ein Tool, mit dem sie ohne Aufwand viel bewegen können: Feedback ist wohl ganz profan das Interesse am Menschen, die Fähigkeit, sich in die Welt des anderen zu begeben, nahbar zu sein, etwas erfahren zu wollen, etwas Neues in die eigene Birne lassen zu wollen. Die Bildung reklamiert immer gern jeder für sich, aber was ist mit der Herzensbildung? Führung ist eine Frage der Haltung, und die ist nicht unbedingt mit Zeit- und Finanzinvestition verbunden! Wir reden nicht vom »Emotional High Performance Leadership Workshop« in den Schweizer Alpen, wo der EQ zum Vorzugspreis ermittelt wird. Nein, es ist viel trivialer, so trivial, dass die meisten noch nicht einmal selbst darauf kommen: Eine Frage, eine einzige Frage an einem ganz normalen Mittwoch um 15.45 Uhr, ohne Termin und einfach so: »Was treibt Sie um?«, »Geht es Ihnen gut?«, »Brauchen Sie noch eine Information von mir?« Die Auswahl umsatzfördernder Fragen ist mannigfaltig, und der eigenen Eingebung sind keine Grenzen gesetzt. Für alle Runabouts kommt hier eine kurze Übungsanleitung für unauffälliges Loben, ohne dass Mann sich emotional allzu sehr erschöpft. Denn mit ein wenig Übung lässt sich ein Sprachgebrauch unter Verwendung positiver Worte ohne Zeitaufwand antrainieren. Die Anzahl der gesprochenen Worte bleibt dabei mehr oder weniger überschaubar. Die Regeln sind einfach.

Was beim Lob nicht geht:

a. die Verneinung

   »Blöd sind Sie nicht.«

   »Hätte nicht gedacht, dass Sie das so schnell hinkriegen« oder »Hätte gedacht, dass Sie das nicht so schnell hinkriegen.«

   »Ich habe wirklich nichts am Text auszusetzen.«

   »Sehr gut, da muss ich ja gar nicht lange suchen.«

b. die neutrale Formel

   »Ja, durchaus.«

   »Geht doch.«

   »Da kann man nichts sagen.«

c. die großzügige Benutzung der ersten Person Plural

   »Na, das haben wir ja gut hingekriegt.«

   »Wir sind schon zwei, was!«

d. die Ja-aber-Methode

   »Sie haben das gut gemacht. Aber das nächste Mal sollte man noch Fußnoten einbauen.«

   »Das Hotel haben Sie super ausgesucht, aber das war hier ja auch nicht schwer.«

Die daraus resultierende Übung ist jetzt einfach: Chefs haben einfach das, was sie sagen wollen, ins Positive zu übersetzen, das heißt per Nicht-Benutzung der Worte »nicht«, »kein«, »nirgendwo«, »aber« – und das möglichst unter Einbeziehung der zweiten Person Singular (direkte Ansprache).

 Beispiel zum Üben:

»Daran habe ich wirklich nichts auszusetzen.«

Das könnte ergeben:

a) »Sie, ich habe daran ganz wenig auszusetzen.«

b) »Ich finde das gut, Frau Müller.«

c) »Sie haben das wirklich fehlerfrei und gut hingekriegt, Frau Müller.«

richtiges Lob: c)

Sollte auch diese Anleitung nicht kompatibel mit den eigenen Verhaltens- und Kommunikationsnormen sein, dann lassen sich Zeichen der Anerkennung durchaus auch ohne Worte setzen. Es gibt Mimik. Es gibt Geburtstage und Weihnachtsfeste. Es gibt Gehaltsauszahlungen. Es gibt zusätzliche Verantwortungsbereiche.

Leistung allein genügt nicht.
Man muss auch jemanden finden, der sie anerkennt.
Marcel Mart

Vom Führen und Geführtwerden

Über das Thema Führung zu schreiben, ist in etwa so, als wolle man den Ozean abfotografieren. Gibt man das Wort »Führung« als Suchbegriff bei Google ein – und ich stelle mir lieber nicht vor, wie viele Führungskräfte das auf der Suche nach Orientierung bereits taten – so erhält man knapp 38 Millionen Ergebnisse, teils mit Bildern unterlegt, die Männerhände mit Taktstöcken zeigen, Pinguingruppen oder Pferdeherden, Räderwerke oder Schachspielbretter, mitunter auch einfach nur achselzuckende Menschen. Kein Wunder, dass für viele Vorgesetzte die Führung an und für sich und die Personalführung im Besonderen eher lästige Zusatzverpflichtung oder gar ein Buch mit sieben Siegeln ist. In Zeiten flacher Hierarchien scheint sich zudem niemand mehr zu trauen, das Wort »Führung« in den Mund zu nehmen. Es herrscht eine unzeremonielle Unverkrampftheit vor, aber nur weil wir uns alle duzen, heißt das noch längst nicht, dass eben nicht doch subtil beeinflusst und bevormundet wird in den Teams. Es hört sich nur netter an. Will heute also überhaupt noch irgendjemand offiziell »führen«? In der Start-up-Bude mag man ohne dieses Wort auskommen, aber in größeren Strukturen braucht es eben auch Führungsstruktur, Titel, Abgrenzung und Weisungsbefugnisse, damit nicht alle 2 000 Mitarbeiter auf einmal loslaufen oder gruppendynamisch und selbstregulierend per Kollaborations-App über den nächsten Auftrag abstimmen.

Das Verzwickte an der Führung ist die Tatsache, dass sie eine verdammt persönliche Angelegenheit ist: Je größer die Führungsaufgabe, desto mehr gewinnt das »WIE« an Bedeutung, nämlich das Verhalten und die Kommunikation. Führung tangiert so individuelle Werte wie Authentizität, Offenheit, Disziplin, Empathie, Idealismus, Ehrgeiz, Mut. Sie steht und fällt mit dem Menschen, der führt. Eine gute Kinderstube reicht nicht allein, und als »Quick Fix« oder »Add on« lässt sich Führung (noch) nicht implantieren oder »aufladen«.

Das Thema Führung und hier insbesondere die Entwicklung von Führungskräften ist auch ein Milliardengeschäft und für viele Personalabteilungen eine prestigeträchtige Kernaufgabe, deren durchschnittliche Ausgaben pro Jahr und Teilnehmer international zwischen 2000 und 11000 Dollar liegen. Das haben Führungsforscher (ja, so etwas gibt es) in Harvard und Stanford beziffert. Von »High Impact« oder wahlweise »Mindful Leadership« bis zum »Nordwand Prinzip« ist alles dabei. Es gibt aktuell circa 90000 Bücher zum Thema, vom *Dschungelbuch der Führung* über *Führen wie ein Samurai* bis zu *Führen, Leisten, Leben – wirksames Management für eine neue Welt*. Haben wir uns eigentlich mal gefragt, wie es den Führungskräften damit geht und ob ihnen bei dieser prallen Auswahl an geforderten Leadership-Tools nicht ganz schwindelig wird? Wo genau sollen sie eigentlich anfangen, die Welt zu verändern, ausgestattet lediglich mit einem Kästchen mehr oder weniger weit oben im Organigramm und umgeben von Mitarbeitern weiter unten, die Führung höchst unterschiedlich interpretieren und höchst unterschiedliche Bedürfnisse haben? Antwort: bei sich selbst. Wer bei sich selbst »alle beisammen« hat, hat es vielleicht auch in seinem Team. Führung ist ja auch etwas sehr Persönliches, eher eine Haltung, eine Mischung aus Bildung und Herzensbildung, aus Mut und Menschenkenntnis, das, was man eben hat – oder nicht. Wie kommt man sich jetzt sozusagen selbst auf die Schliche als Chef – ohne dass das gleich das Fortbildungsbudget der ganzen Abteilung auffrisst?

Wie Führung auf den Chefetagen alltäglich und je nach Persönlichkeitsstruktur angegangen und gelebt oder nicht gelebt wird, ist kaum erforscht. Es gibt keine neutrale Beobachtungsstelle von außen, niemanden der im Rahmen eines Qualitätsmanagements »Führerscheine« ausstellt, der beurteilen könnte, wie Chefs den Spagat hinbekommen zwischen Orientierung geben und Freiraum gewähren, zwischen Ausbremsen und Motivieren, zwischen Alpha- und Kuscheltier – oder ob sie die Führung als Aufgabe nicht vielleicht sogar wieder zurückgeben nach unten. »Help yourself« sozusagen. Wir haben uns selbst zu führen, ob mit Vereinbarung oder ohne, und es gibt Programme und Instrumente, das muss reichen. Der Aufsichtsrat ist zu weit weg, und die Mitarbeiter wagen kein Wort außerhalb der Kaffeeküche und anonymen Internetforen.

Doch es besteht Hoffnung: Ein Microlab in Sachen Führung gibt es tatsächlich, sozusagen direkt am Tatort, zu dem der Täter regelmäßig zurückkehrt. Es besteht zumeist aus einer oder mehreren zumeist weiblichen Laboranten, die das Kunststück vollbringen, nahezu unsichtbar hinter dem Gegenstand ihrer Versuchsreihen zu agieren. Sie haben einen mikroskopisch feinen Blick auf die Führung und sind zugleich – quasi im Selbstversuch – Zielobjekt für Führung.

Ja, ich würde so weit gehen zu sagen, dass die Sekretärinnen, von denen hier die Rede ist, Crashtest-Dummys in Sachen Führung sind. Wer sonst kann aus nächster Nähe Beschleunigung, Bremsmanöver, das Vor-die-Wand-Setzen und das Einlegen des Rückwärtsganges besser beurteilen als die Assistentin auf dem Beifahrersitz? Ihre Reaktionen oder Verrenkungen (um im Bild zu bleiben) sind unmittelbar und kontinuierlich wahrzunehmen. Sie ist diskret. Und sie hat in der Regel keine sofortige Fluchtmöglichkeit. Ihre Gemütslage und ihre Leistung spiegeln Führung wider: Wenn er spät dran ist mit den Unterlagen, ist sie noch später dran mit den Unterlagen. Wenn er sich häufig im Ton vergreift, verliert sie ihre Fröhlichkeit umso häufiger. Man muss ihr dabei nur ins Gesicht gucken. Ihre Motivation hängt zu 90 Prozent davon ab, ob sie gut geführt ist. Und oft genug ist sie noch nicht einmal angeschnallt.

Der bewegte Mann oder die Kunst, Vorgesetzte zu lenken

Führung ist nichts anderes, als jemanden dazu zu bringen, einem zu folgen. Fragen Sie mal eine Sekretärin nach Führung. Sie wird sie im Zweifel nicht für sich selbst einfordern. Wer sagt schon »Würden Sie mich bitte führen?« Nein, sie wird darauf warten. Und warten. Und warten. Zweite Möglichkeit: Sie wird ihre fürsorglichen Appell-Ohren ausfahren und Führung mitunter als eine ihr selbst auferlegte Aufgabe begreifen. Die Assistentin gehört zu den seltenen Berufssparten, bei denen das Führen von unten nach oben nicht nur gewährt, sondern als Teil des Stellenprofils vorausgesetzt wird. Sie hat ihren Vorgesetzten durch die logistischen und psychischen Unwegsamkeiten der rasanten Termin- und Reisewelt von heute zu führen, sozusagen als fleischgewordenes Navigationssystem. Diese Form der Führung nenne ich gern »Unterführung«. Ein Beispiel gefällig? Was halten Sie von einem alltäglichen Dialog zwischen dem jungen Partner einer sagen wir angelsächsisch geprägten Unternehmensberatung, nennen wir ihn Jens Hirtenhuber, und einer Assistentin, nennen wir sie Birgit Fink. Es könnte sein, dass Frau Fink der Führungskraft Hirtenhuber rein organisatorisch so nahe kommt wie kaum ein anderer Mitarbeiter. Fink ist dabei für Hirtenhuber so ungefährlich und effektiv wie ein Putzerlippfischchen, das den Pottwal bis in die letzte Falte pflegt und keimfrei hält.

Folgendes Telefonat wurde mir tatsächlich so ähnlich geschildert, und wir dürfen froh sein, dass der Dialog oder das, was dabei herauskam, immerhin telefonisch erfolgte, wo wir doch wissen, dass dies heute eher selten passiert. Zudem hätte Hirtenhuber auch Siri statt Birgit anrufen können. Nehmen wir also an, er ist gerade wieder in freier Wildbahn in irgendeinem Intercity oder in irgendeinem Terminal an irgendeinem Flughafen dieser Welt unterwegs oder eben, wie hier, bei irgendeinem Kunden. Man duzt sich in diesem Telefonat, weil das der Firmenphilosophie des teamorientierten Umgangs miteinander entspricht. Es suggeriert Lockerheit und Nähe, auch wenn weder das eine noch das andere vorhanden ist. Play the game.

Fink: »Guten Tag. Büro Hirtenhuber. Birgit Fink.«

Hirtenhuber: »Fink? Wo ist Linda?«

Fink: »Ich heiße Birgit. Linda hat mich doch neulich als Urlaubsvertretung vorgestellt. Was kann ich für dich tun?«

Hirtenhuber: »Linda.«

Fink: »Linda ist nicht da.«

Hirtenhuber: »Wer bist du denn überhaupt?«

Fink: »Ich bin die nächsten zwei Wochen für dich da.«

Hirtenhuber: »Ich brauche eine Umbuchung für heute Nachmittag. Dauert länger hier.«

Fink: »Kein Problem. Welche Uhrzeit ungefähr?«

Hirtenhuber: »Herrje, das weiß ICH doch nicht so genau, wie lange dieser blöde Termin hier noch dauert!«

Fink, stereo arbeitend: »15.00 Uhr. LH 023. Landet in Frankfurt um 16.10 Uhr.«

Hirtenhuber: »Später!«

Fink: »Geht nicht.«

Hirtenhuber: »Eh?«

Fink: »Du hast um 17.00 Uhr einen Termin mit dem Chef. Das Deutschland-Meeting.«

Hirtenhuber: »Shit. Das habe ich total vergessen. Was brauche ich? Was erzähle ich da?«

Fink: »Ich schicke jetzt erst mal die Agenda nochmal durch.«

Hirtenhuber: »Shit.«

Fink: »Ich stelle Holger zur Abstimmung durch, wenn du im Terminal bist.«

Hirtenuber: »Okay. Shit.«

Fink: »Du solltest spätestens um 13.45 Uhr ins Taxi steigen. Schaffst du das?«

Hirtenhuber: »Weiß nicht. Shit.«

Fink: »Du schaffst das. Wir haben gerade die neuen Zahlen bekommen. Werde für das Meeting die Data-Sheets schon mal updaten. Habe dir alle Uhrzeiten jetzt eingestellt. Check-in-Link kommt.«

Hirtenhuber: »Scheiße! Jetzt ist meine Laptop-Tasche weg! Ich habe die doch gerade noch an die Säule hier im Foyer gestellt!«

Fink: »Hast du dich bewegt?«

Hirtenhuber: »Ich bin immer in Bewegung! Blöde Frage! Shit.«

Fink: »Geh um die Säule herum.«

Hirtenhuber (geht um die Säule herum): »Ach, da steht sie ja. Puh. Wie heißt du nochmal?«

Fink: »Birgit.«

Hirtenhuber: »Okay. Tschüss, Britta.«

So sieht Mund-zu-Mund-Beatmung in der Kommunikation aus. »Remote Leading« per Sprachsteuerung. Vielleicht werden Sie auch an David Bowie's Ground Control (Fink) to Major Tom (ferngesteuerter Hirtenhuber) denken. Kennen wir alle. Take your protein pills and put your helmet on. Und wir fragen uns: Wer führt hier nun eigentlich wen? Sicher, man kann auch sagen, dass die Kernkompetenz jeder guten Assistentin die individuelle Entlastung des Vorgesetzten und die damit verbundene Gefolgschaft ist. Ja, Sie haben richtig gelesen, Gefolgschaft. Ein seltsam aus der Zeit gefallenes Wort, nicht wahr? Die Gefolgschaft kann einem mehr abverlangen als die Führung, kann ich Ihnen sagen. Sie ist ein selten gewordenes Brauchtum geworden in einer Zeit, wo sich doch jeder gern selbst verwirklichen will. Letzteres dürfte mindestens genauso schwierig sein, ist aber populärer. Ich kannte in meiner aktiven Zeit als Sekretärin noch eine bundesweite Weiterbildungsveranstaltung, die sich »Chefentlastungskongress« nannte – eine Wortschöpfung nahe der Selbstaufgabe. Keinem Mann würde so etwas einfallen ...

Kommen wir zurück zu Birgit Fink und Jens Hirtenhuber. Der Dialog der beiden beinhaltet einige Eckpfeiler dessen, was wir unter Führung verstehen: Planung, Entscheidung, Information, Delegation, Motivation und Entwicklung. Umgesetzt durch die Assistentin wohlgemerkt. Die Kunst der subtilen Führung der Führungskraft, also die »Unterführung« bei helllichtem Tage, ist die Königsdisziplin jeder guten Assistentin. Was da teilweise vonstatten geht, passt in kein Stellenprofil hinein und geht weit über das telepathisch angehauchte »Mitdenken« hinaus. Je weiter oben man beziehungsweise frau arbeitet, desto weitreichender können vermeintlich kleine Dinge werden, und die Übergänge zwischen Ausführen und Führen sind so spannend wie schleichend. Es geht um subtile »Anweisungen«, wann der Chef am besten mit wem spricht und mit wem nicht, welche Mail er zu lesen bekommt und welche nicht, welche Einladung er annimmt und welche ihm gar nicht erst weitergeleitet wird. Es geht um das Kommunizieren und Kontaktieren, Namen fallen zu lassen oder eben nicht, Vorschläge zu wagen zum richtigen Zeitpunkt, zu schweigen zu einem anderen Zeitpunkt. Letztendlich ist es das Überwachen und Kontrollieren. Mitunter auch das Repräsentieren.

Diese Art der Führung geschieht von unten, äußerst diskret und mitunter so beiläufig und selbstverständlich, dass das Objekt der Führung das nicht als Führung, sondern lediglich als Unterstützung beim Führen ansieht. Idealerweise merkt man es kaum, öffentlich schon gar nicht. Oft fällt diese »Unterführung« erst auf, wenn sie nicht mehr da ist oder mal gerade nicht da ist. Wir kennen das: Der noch so verständnisvolle, autonome und moderne Chef wird diesen kleinen Moment des Unverständnisses und des Inderlufthängens nicht leugnen können, wenn seine »rechte Hand« gerade nicht am Ende des rechten Unterarms zu sein scheint, wenn er anruft.

Ob es ein Scheibchen mehr oder weniger Unterführung sein darf, richtet sich nach der zu führenden Kraft, ihrem unerschütterlichen Selbstbewusstsein oder ihrer fatalen Unsicherheit, danach, ob ein Chef lieber andauernd Antworten gibt oder immer nur Fragen stellt. Fordert er Struktur, Absprachen und Kommunikation ein, oder braucht er vielleicht gar nicht so viel Versicherung? Braucht er also feste Agenda-Punkte, oder mag er den kreativen Freiraum (wer spricht gleich von Chaos?) und die lange Leine bei sich und seinen Mitarbeitern? Ist er ein kommunikativer Teamplayer, oder macht er die Dinge eher mit sich alleine aus und erwartet das auch von anderen? Ja, die »Unterführung« kann verpuffen, wenn Sie nicht artgerecht vollzogen wird!

Die wirklich guten Führungskräfte lassen sich in der zunehmenden Informationsfülle und Geschwindigkeit der Arbeitswelt 4.0 ein Stück weit vertrauensvoll führen, können loslassen und abgeben und ermöglichen damit Initiative und Verantwortung auf der anderen Seite. Ob echte Mitarbeiterführung oder purer Selbsterhaltungstrieb dahinter steckt, ist im Endeffekt egal. Wir können ihnen zudem ja rein disziplinarisch und hierarchisch nicht gefährlich werden. Wir sind keine Mitspielerinnen im Ränkespiel. Der so gern verwendete Satz »Sie machen das schon« wirkt in den meisten Fällen positiv und motivierend, denn hier führt der Chef, indem er motiviert und vertrauensvoll delegiert. Hellhörig müssen wir erst werden, wenn uns dabei die dunkle Ahnung überkommt, dass Chef selbst nicht weiß, wie es gemacht werden soll und daher – bevor es jemand merkt – den Ball nonchalant nach unten durchreicht: »Die Besetzung der Projektmanagementgruppe? Och. Machen SIE doch mal einen Vorschlag. Was halten Sie davon? Sie machen das schon.«

Wie auch immer, für die meisten von uns fühlt sich das Verantworten und das Aus-führen verdammt gut an – auch wenn wir dabei nahezu unsichtbar agieren, im Zweifel unterschätzt und in leider immer noch viel zu vielen Fällen unterbezahlt bleiben.

Führen ohne Vorgesetztenfunktion – wenn die Deadline droht ...

Sicher, von einer Assistentin wird heute erwartet, dass sie unternehmerisches Fachwissen hat, die Projektmanagement-Software bedienen kann und den Überblick hat, dass sie mit Soft Skills ausgestattet ist, für die ihre Chefs auf Leadership-Circles auf Schloss Elmau weilen oder einen Think Tank in Barcelona unterhalten. Kurzum: Sie soll so genannte »Co-Managerin« sein. Doch andererseits hängt sie mit diesen Fähigkeiten irgendwie im Raum. Sie ist Teammitglied, und Ihr Chef ist Teamleader. Machtworte und Alleingänge sind angeblich out in der neuen Chefgeneration. Das macht Führung nicht einfacher. Aber so ganz ohne Führung geht es auch nicht. Dann fühlt sich die Assistentin wie an einer glatten Kletterwand ohne Steigeisen und Sicherheitshaken. Oder ihr Chef hat »den Laden im Griff« und führt autoritär aus einem Kästchen heraus, das ganz oben auf dem Organigramm steht.

Und jetzt nehmen wir an, dass der im Ausland weilende Chef mal eben kurz anruft und seiner »Co-Managerin« sagt: »Vermittel mal Brettschneider, dass ich die Unterlagen bis heute Abend brauche. Sonst wackeln hier die Wände. Sag ihm das!« Manche Männer delegieren ja selbst das Brüllen gern an die Assistentin und glauben, dass die eigene Amtsautorität wie ein kleiner Wasserfloh auf die Frau im selben Boot überspringt. Oder der Chef sagt gar nichts, und die Assistentin spürt, dass Brettschneider liefern muss. Dieses Phänomen hat einen Namen: Deadline. Und schon haben wir den Salat: Die von mir gerade viel gerühmte Führungskraft der Führungskraft, nennen wir sie wieder Frau Fink, soll jetzt mit »natürlicher Autorität« einem anderen als dem eigenen Chef sagen, wo es langgeht. Der hat im Zweifel das doppelte Gehalt. Und sie hat im Zweifel einen Teilzeitvertrag. Keine offizielle Amtsautorität. Keine Personalverantwortung. Wie funktioniert das dann mit der »natürlichen Autorität«, wenn frau in ihrer Stabsstelle ein bisschen außerhalb der Hierarchie herumschwimmt, außerhalb des verlässlichen Koordinatenkreuzes von »Wer darf mir etwas sagen, und wem darf ich etwas sagen?« Sie ist sozusagen Königin ohne Reich. Sie ist höchstens »Platzhalterin« der Führungskraft, aber nicht deren Stellvertreterin und somit schön festgeklemmt im Sandwich zwischen »dem da oben« und den Kollegen von »unten«.

Das alles mag durch Finks Kopf gehen, wenn sie Brettschneider sagen muss, was der Chef eigentlich Brettschneider sagen müsste. Und hin ist die subtile Führung. Hier ist das gefragt, was frau nicht auf Schloss Elmau, sondern beim 2-Stunden-Workshop in der heimischen Handelskammer gelernt hat: souveränes Einfordern, Widerstände selbstständig meistern und situatives Führen, gewaltfreie Kommunikation, Konfliktmanagement, Argumentieren und Führen im Kommunikationsquadrat. Denn jede Botschaft hat vier Seiten. Das sieht dann so aus:

Fink: »Hallo, Herr Brettschneider. Herr Hirtenhuber möchte Ihre Unterlagen gern bis circa 17.00 Uhr haben. Das wissen Sie, nicht wahr?« (sachlicher Appell)

Brettschneider: »Na, jetzt weiß ich es wohl.«

Fink: »Können wir uns darauf verlassen?« (sachliches Insistieren)

Brettschneider: »Wir?«

Fink: »Ohne Ihre Unterlagen wird Ihr Bereich nicht Thema beim Meeting. Dann sind Sie außen vor und haben nachher noch mehr Arbeit.« (sachliches Aufzeigen der Konsequenzen bei Nichterfüllung)

Brettschneider: »Das ist alles nicht so einfach. Kann ich direkt mit ihm sprechen?«

Fink: »Er hätte mir gesagt, wenn er das für nötig befunden hätte.« (Pistole zeigen, aber sachlich bleiben)

Brettschneider: »Hm. Geht das nicht morgen noch?«

Fink: »Nein.« (vielfach trainiertes Wort in diversen Seminaren)

Brettschneider: »Hm. Kann knapp werden.«

Fink: »Hören Sie, ich weiß doch, wie viel Sie zu tun haben. Mich setzt er doch genauso unter Dampf.« (Verlassen der sachlichen Ebene durch Selbstkundgabe zum Schmieden einer Frustrationsallianz)

Brettschneider: »Hm.«

Fink: »Ich will nur, dass er nicht wieder direkt bei Ihnen anruft und laut wird. Ich bin nur die Vorhut, das wissen Sie.« (Schmieden einer konspirativen Allianz durch Aufzeigen noch ungünstigerer Zukunftsszenarien)

Brettschneider: »Hm.«

Fink: »Super. Danke. Dann bis 17 Uhr!« (selbstverständliches Hinüberhuschen auf eine lösungsorientierte Appellebene)

Brettschneider sagt »Hm« und legt auf.

Diesem Dialog vorausgegangen sind vielleicht schon mehrere erinnernde Mails der Assistentin aus dem Postfach des Chefs heraus. Aber das konnte sich Brettschneider denken und hat sich deswegen bisher keinen Fingerbreit bewegt. Ein bockiger Teenager ist nichts dagegen. Es gibt Assistentinnen, die sich bei einem solchen Telefonat ein Stückchen Macht leihen, sich Haare auf den Zähnen wachsen lassen und nur einen einzigen Schuss abfeuern. Oder sie legen schließlich in die Entscheidungsunterlage für den Chef ein Blankoblatt mit dem Vermerk »Kein Input« an der Stelle, wo Brettschneider hätte liefern sollen. Brettschneider würde es überleben oder eben nicht (Deadline). Wenn er es überlebt, wird er das nächste Mal gehorchen, aber die Assistentin wäre noch einsamer, als sie es vorher sowieso schon war. Bei gleichbleibender Gehaltsklasse. Das nächste Mal könnte sie Ihrem Chef auch einfach sagen: »Das musst du jetzt Brettschneider selbst beibringen. Hier hört mein Job auf, und deiner fängt genau hier an.«

Die Machtfrage und die Grenzen der Unterführung

Neulich fragte mich bei einem Seminar eine Assistentin, ob ich ihr einen Rat geben könne. Der neue Chef, für den sie arbeite, sei »zu nett für die Welt«. Einfach keine Führungspersönlichkeit. Er stelle ihr, der Assistentin, »Soll-ich-Fragen«! Die Mitarbeiter seien verzweifelt, und niemand traue sich, etwas zu sagen. Vielleicht sei ihr Chef seit frühester Kindheit selbst nie geführt worden und könne es daher auch nicht. Da müsse man doch helfen! Vielleicht sei er einfach eher ein Teamplayer und kein Leader mit dem Mut, sich unbeliebt zu machen. Vielleicht liege es einfach nur am Sternzeichen. Kurzum die falsche Personalentscheidung. Sie sei kurz davor, einmal mit dem Chef des Chefs zu reden. Es traue sich ja sonst niemand.

Ja, das dürfte der Alptraum jeder Führungskraft sein – eine Assistentin, die erst verzweifelt versucht hat, ihm das Führen beizubringen, sich das Peter-Prinzip in Erinnerung ruft und dann seine bis zum Punkt der Unfähigkeit verlaufene Karriere beenden will, um das Unternehmen höchst eigenmächtig ins gelobte Land zu führen, indem sie auf personelle Entscheidungen ganz oben Einfluss nimmt. Sie tut das nicht aus Machtstreben heraus. Nein, im Gegenteil, diese Frau will einfach nur die Welt besser machen. Idealismus trifft auf Kampfgeist. Das was sich Chefs eigentlich wünschen – nur nicht gegen die eigene Person gerichtet.

Und doch gilt: Liebe Assistentinnen, diese Schuhe sind zu groß für uns. Wenn wir die anziehen, verlieren wir sie unterwegs und stehen am Ende barfuß da. Wir sind und bleiben Assistentinnen. Wir haben weder die Verantwortung noch das Gehalt, um uns die Gedanken zu machen, für die andere bezahlt werden. Unsere Aufgabe ist es nicht, als Betaweibchen das Alphatier zur Führung zu tragen. Im Zweifel bleiben nur ein offenes Feedback-Gespräch mit der betreffenden Führungskraft selbst, ein zugedrücktes Auge – oder schließlich die Flucht vor der Nicht-Führung. Spielen Sie nie Katz und Maus, wenn Sie eine Maus sind. Sie können es auch so machen wie meine Freundin Susanne, die ihren Chef ganz subtil zum Führen gezwungen hat: Sie hatte den Auftrag, ihn unter einem Vorwand (den wir alle grundsätzlich und immer aus dem Effeff parat haben) aus einem Meeting zu holen. Denn da hatte er eine Entscheidung zu fällen, die er scheute. Sie hat daraufhin schlicht »vergessen«, ihn herauszuholen und anschließend beim Schreiben des Protokolls gefragt, was sie denn jetzt genau in die To-do-Spalte zu schreiben habe. Ihr sei das noch nicht so klar. Er kam ins Grübeln und blickte auf die Uhr. Da hatte sie schon längst für ein Zeitfenster im Kalender gesorgt, die Telefone umgestellt und die Türen geschlossen.

»Hüte dich so zu strahlen wie der Leuchtkäfer bei Mondschein.«
Thailändisches Sprichwort

Um das Thema Macht kommen wir in unserem Job nicht herum. Wir arbeiten für diejenigen, denen Status und Macht oder zumindest Einfluss zugeschrieben werden, und wir sind tagtäglich Zeugin von unzähligen großen und kleinen Machtspielchen. Manchmal wird sie sogar uns selbst zugeschrieben. Aber fangen wir am plakativen Ende der Macht an: beim Chef. Seine Macht nährt sich von der Legitimation, für andere zu handeln und andere zum Handeln zu bringen, die mitunter selbst in machtvollen Positionen sind. Er hat die finale Verantwortung für das, was er selbst tut und für das, was andere tun. Mit der offiziell zuerkannten Macht ist er letztendlich derjenige, der entscheiden darf, will – oder muss. Macht ist Geschenk und Last zugleich. Davon können wir Assistentinnen ein Liedchen singen, denn wir sitzen als Zuschauerinnen in der ersten Reihe. Macht ist zentraler Antreiber und Bezugspunkt auf den Managementetagen:

ein großes Spiel für die großen Jungs, nach festen Codes und Regeln rund um eine unausgesprochene Größe, die die Chefs wie die Luft zum Atmen brauchen, weil sie mit Status, Ansehen und breiter Handlungsfähigkeit verbunden ist. Manchmal hyperventilieren sie damit. Manchmal bekommen sie mehr, als sie eigentlich wollen oder ihnen guttut. Manchmal würden sie gern ein wenig »Luft ablassen«. Wir Assistentinnen sehen an dieser Stelle ganz offiziell ziemlich arm aus. Wir übernehmen die Verantwortung für die Rahmenbedingungen, aber nicht unbedingt für den Inhalt. Wir entscheiden nicht mit, über welchen Betrag ein Geschäft abgeschlossen wird. Wir entscheiden darüber, in welcher Schriftpunktgröße die Summe im Vertrag stehen wird und ob sie eventuell gesperrt oder fett gedruckt wird. Daran hat sich auch mit wachsender Verantwortung in so manchem Sachbereich nichts geändert. Nein, beim Schleppen des Schildes, auf dem »Verantwortung« oder gar »Haftung« steht, können wir unsere Chefs wahrlich nicht entlasten. Unser Status ist ein anderer, und unsere Gehaltsklasse ist eine andere.

Wie stehen wir selbst zur Macht? »Die Macht, die mit der Rolle des Assistenten einhergeht, brauche ich eher, um meinen Chef gegen das, was außen ist, zu vertreten und abzuschirmen«, hat ein männlicher Gatekeeper mal dazu gesagt, und bei dem Wort »Macht« malte er Gänsefüßchen in die Luft. Eine seiner weiblichen Berufskolleginnen hat es etwas anders ausgedrückt: »Ich kann gestandene Männer am kleinen Finger verhungern lassen und sie ins Niemandsland der vagen Hoffnung schicken, irgendwo zwischen abwürgen und durchstellen, mit nur einem Satz: ›Ich will sehen, was ich tun kann‹. Aber: Das, was da an Macht durchblitzt, definiert sich über die Stellung in der Hierarchie – des Chefs wohlgemerkt. Sie ist insofern fremddefiniert und nur geliehen. Macht ist ja auch ein ziemlich abstrakter Begriff, der per se weder positiv noch negativ besetzt ist. Es kommt auf die Rolle an, aus der heraus man agiert und darauf, wie man mit der Macht umgeht: Für jemanden, der ein Unternehmen leitet, ist ein großes Machtbewusstsein wichtig, um authentisch und guten Gewissens Entscheidungen treffen und Verantwortung übernehmen zu können und kein verträumter Idealist zu bleiben. Wer aber in der Assistenzrolle plakativ von Macht spricht und sie wohlgemerkt für die eigene Person beansprucht oder sich in sie hüllt wie in einen fremden Mantel, versteht den eigenen Beruf falsch, der sich immer noch aus Unterstützung für andere speist und Orientierung an anderen erfordert. Einem Chef kann insofern nichts Schlimmeres passieren, als dass seine Assistentin sich ein Beispiel an ihm nimmt. Frauen, für die Macht ein Antreiber, ein Motiv, also wichtiger Teil ihrer Persönlichkeitsstruktur ist, werden nicht Assistentin, sondern Führungskraft, und zwar eine mit offiziellen Befugnissen. Macht ist auch ein Zuschreibungsphänomen: Wer eng mit jemandem zusammenarbeitet, der Macht hat, dem wird selbst Macht zuerkannt. Es ist als Assistentin gar nicht so einfach, den Pinsel, auf dem Macht steht, im Interesse des Chefs zu benutzen, ohne selbst in den Malkasten zu fallen. Die Kunst ist, ein gerader Charakter zu bleiben in einer eher krummen Welt.

Wie funktioniert die Atmung in dünner Luft, ohne dass einem schwindelig wird? Die Macht unserer Chefs ist im Idealfall überhaupt gar keine Größe für uns als Sekretärin. Wenn sie es wäre, könnten wir den Mächtigen nicht ohne Berührungsängste nahe kommen und wären womöglich starr vor Neid, Ehrfurcht oder Ekel. Das wäre wenig hilfreich, da es dem zuwiderläuft, was uns auszeichnet: Distanzierungsvermögen und Objektivität einerseits und Nahbarkeit und Loyalität andererseits. Wir sind optimaler Weise immun gegen die Macht der Chefs. Sie beeindruckt uns nicht. Es ist wie beim Hofnarren, der schert sich auch nicht um die Größe des Königs oder der Königin. Er ist der einzige Mensch mit der offiziellen Erlaubnis, Ihre Majestät mit der Wahrheit zu konfrontieren und den Mächtigen den Spiegel vorzuhalten, ohne ihnen jemals gefährlich zu werden. Er ist damit Korrektiv für beschränkte Sichtweisen und verzerrte Wahrnehmungen. Das ist sein Alleinstellungsmerkmal, dafür ist er eingestellt. Und damit hat er dann am Ende eine ganz eigene Macht: die der Immunität gegen die Macht der anderen. Auch wir sind eher Spiegel und Souffleusen der Macht, trauen uns an sie heran. Wir wissen, wann der

Vorstand wen besser sprechen sollte und wen nicht und was er lieber in überarbeiteter Version lesen sollte statt im Original. Wir wissen, welche Kritik er braucht, weil sich sonst niemand traut, sie ihm entgegenzubringen. Wir können ihm das Leben schwer oder leicht machen, seine Laune schlechter oder besser. Wir können ihm kündigen oder bei ihm bleiben.

Macht kommt im besten Fall aus uns selbst heraus und ist nicht entliehen. Warum sollten wir sie auch ausleihen? Sie ist überall, egal auf welcher Hierarchieebene, in allen Beziehungen, ob im Porsche oder im Bus nach Hause. Macht ist genau genommen ständig in uns und um uns herum: Wir haben ständig die Möglichkeit, uns selbst, die Menschen um uns und damit ein bisschen die Welt zu verändern, sobald wir uns für oder gegen etwas oder jemanden entscheiden, sobald wir schweigen oder etwas sagen, sobald wir lachen oder schmollen. Diese Macht ist uns geschenkt – eine Art Basisausstattung, die wir gebrauchen können oder nicht. Sie trägt unseren eigenen Namen, egal in welchem Job wir sind. Wir sollten sie uns nur bewusst machen und sorgsam mit ihr umgehen. Ich denke, damit lässt es sich gut leben. You feel how you name it.

Doch Obacht: »Ich bin die Vertraute des Typen, den Sie Chef nennen«, hat eine Freundin mal grinsend gesagt, als ein neuer Abteilungsleiter etwas abfällig fragte, wer sie denn überhaupt sei. Sie sehen, Frau kann auch mit einem homöopathisch dosierten Fremdmachtrest unter den Fingernägeln ein bisschen Spaß haben. Wir sind zwar nicht »mächtig«, aber auch nicht ohnmächtig. Und damit schließt sich der Kreis zur »Unterführung«.

Wie Benno Beige in mir die Sehnsucht nach Führung weckt – und ich ihn fast umbringen könnte

Wie wäre es zur Abwechslung mal damit, sich führen zu lassen? Schließlich haben sich die Führungskräfte uns gegenüber das »Sorgerecht« eingehandelt, als sie ihren Job annahmen. Wir sind zu führende Mitarbeiterinnen wie alle anderen auch, wobei wir die

Führungskräfte mehr umsorgen als sie uns. Ich persönlich mag Führung. Wie so viele andere Herdentiere hege ich eine heimliche Sehnsucht nach Eindeutigkeit, nach Struktur und Kalkulierbarkeit. Dazu muss ich weder ein Zugvogel noch eine Wölfin sein. Wenn mir der Fleischereifachverkäufer meines Vertrauens lässig über den Tresen »Darf's auch etwas mehr sein?« zuruft, dann sage ich nicht nein! Wie verhält es sich entsprechend mit der Führung, wenn es etwas mehr oder weniger ist? Oft kommt es ja auf ein paar Milligramm an, man muss wissen, wann man drauflegt und wann man es gut sein lässt. Führung ist eine Frage des Augenmaßes. Doch wer kriegt das schon so perfekt ausgewogen hin, sozusagen zwischen Lob einerseits und herzhaftem Anschiss andererseits, zwischen Zuckerbrot und Peitsche, zwischen Loslassen und Insistieren? Seien wir ehrlich: Wie viele Vorgesetzte tappen in die Machofalle (Führung durch Befehl und/oder Status) oder in die Beliebtheitsfalle (Führung durch Rudel-Duzen und Delegieren von Führung).

Wenn es um die Führung von oben geht, hilft es manchmal bereits zu wissen, wie man es wohl eben NICHT machen sollte, statt darüber nachzugrübeln, wie Führung funktionieren könnte. Sollten also Führungskräfte dies hier lesen, so ist mein Vorschlag an sie: Machen Sie einfach alles völlig anders als Herr Beige, den ich Ihnen nachfolgend vorstelle. Und es könnte etwas Gutes dabei herauskommen. Benno Beige gab beziehungsweise gibt es wirklich, aber er trägt einen anderen Namen. Vielleicht gibt es ihn sogar sehr oft, und er trägt Tausende von Namen. Ich kann sein Verhalten an dieser Stelle nur spiegeln, aus der Rolle der Geführten heraus. Sie werden auch sehen, dass ich die im vorangegangen Kapitel erwähnte Frau aus dem Seminar, die unter ihrem netten Chef litt, sehr gut verstand, denn Benno Beige machte unsere GmbH zu einer GmbF, einer Gesellschaft mit beschränkter Führung.

Benno Beige ist seit kurzem Geschäftsführer eines Unternehmens mit weltweit 2000 Mitarbeitern und mein Chef. Er ist außerordentlich freundlich und meistens um Fröhlichkeit bemüht, eigentlich ein sehr verträgliches Menschenexemplar. Er bringt mir ungefragt meine Lieblingsmarmelade aus dem Duty-Free-Shop in London Heathrow mit und schenkt sie mir. Mittlerweile könnte ich ihm jedes weitere Glas, das er mir überreicht, an den Kopf schlagen. Das hätte ich vorher nie gedacht. Ich liebe Marmelade. Wie konnte es so weit kommen?

Er spricht viel mit mir. Auch virtuell. Vierzig Mails und SMS allein von ihm pro Tag. Er spendiert trotz Klimaanlage »Eis für alle vom Chef«, wenn die Außentemperatur über 25 Grad Celsius geht. Es gibt Kuchen, bevor er in den Urlaub geht. Unser Vertrags-Taxifahrer ist in den ortsansässigen Eisdielen und Bäckereien für seine Großaufträge bekannt. Benno Beige hat sich hausintern aus den operativen Abteilungen heraus hochgearbeitet. Er ist dankbar für seine Beförderung aus dem operativen Umfeld in die Geschäftsführung, aber er hat auch ein schlechtes Gewissen, plötzlich als einer von vielen »das Sagen« zu haben, zumindest sagt er das. In Momenten, in denen er nichts zu verlieren hat, tut er in kumpeliger Manier so, als hätte sich nichts geändert. Er duzt fast jeden, und manchmal befürchte ich, dass er morgen oder übermorgen mit einem dicken, flauschigen »Du, Katharina« durch die Tür kommt. Ein »Du« gerade von diesem Chef würde mir nicht gefallen, und allein damit würde er ja nicht greifbarer für mich werden. Irgendetwas stimmt nämlich nicht mit ihm. Man kommt nicht gleich darauf, aber da ist etwas Unbestimmtes, unangenehm Unverbindliches an ihm und eine seltsame Unruhe. Er scheint nichts zu Ende zu denken. Wenn er da ist, ist er eigentlich auch gleich schon wieder weg. Er spricht von »Prozess-Etappen« und von »Sprints«. Und jetzt, mit etwas mehr Abstand, stellte ich erschüttert fest, dass ich einfach nie auch nur eine Ahnung davon bekomme, was er wann, wie und warum eigentlich langfristig mit mir, mit den Mitarbeitern, mit der ganzen Firma vorhat. Und ich muss befürchten, dass er es selbst nicht weiß. Mittlerweile verlieren meine Kollegen und ich vor lauter Fröhlichkeit und Herumgeschwimme im Freiraum langsam die Disziplin und uns selbst. Wir arbeiten im Trial-and-Error-Verfahren und stochern ansonsten im Nebel. Aber es gibt Kuchen. Also arbeiten wir weiter.

Ich kann nicht sagen, dass Benno Beige mich nicht informiert oder dass er Dinge, die er erfährt, nicht mit anderen teilen will. Da habe ich schon andere erlebt, große Schweiger und sture Geheimnisträger. Aber gibt es noch Schlimmeres als keine Information, als völlig autoritäre Führung? Ist das andere Extrem, nämlich zu viel Information und zu viel Abstimmung und Demokratie in dem, was man unter Führung versteht, genauso falsch? Ich bekomme von ihm jede Mail weitergeleitet, in der es auch nur ansatzweise um Termine geht. Die muss ich mir dann zwar erst aus zwei Seiten Reply-keep-message-Schriftverkehr herausarbeiten, aber es geht. Wenn er kurzerhand, aber mühevoll selbst Termine mit zwölf Leuten abstimmt, bekomme ich von ihm eine »Kalender-Eintragsmail«. Manchmal gewinnt man den Eindruck, er würde für mich und nicht ich für ihn arbeiten. Bei den einfachen, operativen Vorgängen erklärt er mir stets mit einem komfortablen Vorlauf, was er wann zu tun gedenkt. Er könnte es auch gleich einfach tun oder es mich tun lassen. Aber so haben wir eben auch mal darüber gesprochen. Natürlich sollte man sich als Sekretärin über jede Form von Ansprache und Dialog freuen. Aber egal wie und um jeden Preis? Ich muss mit ihm alles sofort anfangen, zumindest die kleinen, harmlosen Dinge. Ich kann keine Prioritäten setzen, weil er keine Prioritäten setzen kann. Er will aktiv sein, nur um der Aktivität willen. Also schreibe ich für ihn, schreibe neu, buche, cancele, buche neu, cancele erneut, sitze zappelnd am PC und laufe unruhig über die Gänge wie er selbst, alles mehrmals am Tag – und ich bin damit wohl ein unmittelbarer Gradmesser für das Chaos im Kopf meines Chefs. Mails an Kollegen und Externe, die von seiner chaotischen Terminplanung betroffen sind, betitele ich im Betreff mit »Und schon wieder anders« – es ist ein Hilfeschrei, den aber niemand hört.

Es könnte alles noch halbwegs schadenfrei verlaufen, wenn Benno Beige wenigstens ansatzweise die hohe Kunst des Delegierens beherrschen würde. Ich finde, es gibt ein Basis-Instrumentarium des souveränen Loslassens, es spart Zeit und Lauferei: das Ausgangskörbchen. Gibt's auch in virtuell. Wer hat so was noch? Man muss es schätzen und großzügig benutzen, denn es ist genial – reinknallen, machen lassen, weg vom Schreibtisch, raus aus dem Kopf, fertig! Man muss loslassen können. Wenn Delegieren noch nicht einmal am Ausgangskörbchen funktioniert, wo dann? Ich wünschte, ich hätte auch eines. Das von Benno Beige ist stets leer. Der dazugehörige Schreibtisch dagegen biegt sich vor ganz alten, alten, neuen und ganz neuen eiligen Vorgängen – eine einzige verwahrloste Spielwiese mit Schubladen, eine künstlerische Installation mit dem Titel »Information frisst Mensch«. In seinem Büro herrscht stets Durchzug. Er muss auf seinem Tisch stets schwere Gegenstände, Briefbeschwerer, Kaffeetassen, Steine von der Küste Dänemarks, platzieren, denn jeder Windstoß verursacht einen Papier-Tsunami. Vor seinem Mail-Eingang habe ich mittlerweile kapituliert. Zuletzt zählte das System dort 1 800 Mails im Eingang. Es werden immer mehr, denn er selbst ist so gut wie nie am Platze, sondern auf aktionistischen Streifzügen durch die Firma oder sonst wo in der Welt unterwegs. Es gibt Chefs, die überqueren häufiger den Atlantik als den Firmenrasen. Benno Beige bringt es in beiden Disziplinen zur Meisterschaft. Er ist für alles und jeden dauernd präsent und erreichbar, weil er irgendwann überall und bei jedem vorbeikommt und dort Duftmarken setzt, was wiederum neue Mails an ihn generiert. Er kann unangemeldet zwei Stunden zu Tisch gehen, ohne vermisst zu werden, weil wir dann endlich einmal in Ruhe arbeiten können. Für eine simple Terminbestätigung an die Holding lässt er alles stehen und liegen und rennt kurzerhand selbst zwei Treppen höher. Und hier vollzieht sich seine Art des Delegierens: Er delegiert nicht Aufgaben, sondern die Führung selbst – alles was auch nur ansatzweise etwas mit Strategie und finanziellem Commitment ab einer vierstelligen Summe zu tun hat, wird zur Kenntnis und Vorabprüfung erst einmal nach oben weitergereicht. Als Bergsteiger würde mein Chef vor lauter Sicherheitshaken nicht mehr aufrecht gehen können.

Er mag es, wenn Dokumente seinen Namen tragen, und er meint, er müsse sie dafür auch selbst verfassen. Bei all dem muss ich ihn unterstützen, hilflos und ohnmächtig, denn ich bin Teil des Prinzips. Wenn die große Kunst der Motivation darin besteht, Aufgaben zu delegieren, die uns weder unter- noch zu sehr überfordern und an denen wir unsere Talente abarbeiten oder vielleicht sogar erst entdecken können, dann erlebe ich mit Benno Beige das genaue Gegenteil. Mit ihm gibt es nur zwei Szenarien: Entweder habe ich über Tage einen leeren Schreibtisch und komme mir vor wie ein Möbelstück fürs Sägewerk, oder ich bin völlig überfordert, weil er mir plötzlich Aufgaben zuteil werden lässt, die er selbst nicht lösen konnte (»*Frau Münk, machen Sie mir doch mal so eine Checkliste für jeden Tag, damit ich das Risk-Management im Währungs- und Devisengeschäft im Griff habe.*«). Letztere würde ich vielleicht trotzdem versuchen anzugehen, mich der Überforderung stellen. Vielleicht ist es das, was man so modisch als »Empowerment« bezeichnet. Aber so etwas fällt schwer, wenn der Chef nichts von dem vorlebt, was er verlangt. Nichts mit Power. Sein Risk-Management besteht im Balancieren einer vollen Kaffeetasse auf dem Weg vom Automaten in sein Büro.

Es ist paradox zu sehen, dass wir Mitarbeiter durch andauernd auf uns abgefeuerte, kumpelhafte Freundlichkeit und theoretisches Verständnis genauso verkümmern, wie wir es mit einem despotischen und unausstehlichen Chef tun würden. Seine Freundlichkeit hat ja auch einen konkreten Grund: Mitarbeiter halten – nicht um der Mitarbeiter willen, sondern um Veränderungen weitestgehend zu vermeiden. Solange das System nach seinem Gusto funktioniert und ihm damit seine eigene Position sichert, haben wir keine Aussicht auf neue berufliche Chancen. Das Wort »Mitarbeiterentwicklung« nimmt er nicht in den Mund. Er würde sonst riskieren, dass er irgendwann allein dasteht. Er entwickelt sich schließlich selbst nicht, auch nicht bei Anmeldung zur Vortragsreihe »Ansichtssache – Führung aus der richtigen Perspektive« – mit Altbundeskanzlern, Sportpsychologen, einem fünfmaligen Weltschiedsrichter des Jahres und einem Theologen, von 10.00 Uhr bis 16.30 Uhr, für 890 Euro.

In der Folge entwickeln wir diese trotzige Haltung, die mein Kollege in der Buchhaltung für sich so schön und paradox auf den Punkt bringt: »Es kommt nichts von oben, dann kann auch nichts von unten kommen«. Ja, manchmal kommen wir uns vor wie Probanden in einer anonym gesteuerten, gigantischen Versuchsreihe »Nebenwirkungen falscher Führung«. Sicher, Benno Beige ist schon in anderen Positionen seit Jahrzehnten für die Firma tätig, aber Erfahrung ist nicht alles, und ohne Begabung ist sie impotent. Ich denke, das müssten andere Leute weiter oben doch auch wissen. Doch die informiert er stets treu wie ein Zinnsoldat, und er gibt auch nie Anlass zur Befürchtung, er könne besser sein als sie selbst. Diejenigen, die qua Hierarchie etwas ändern können, ändern nichts. Und die direkten Hierarchieebenen unter ihm sind ihrerseits überall mit einbezogen, gewinnen an Einfluss und wissen ihren Besitzstand und ihre persönlichen Narrenfreiheiten unter diesem Chef mittlerweile zu schätzen. Eine verzwickte Lage. Der wenig hilfreiche Trost, der mir bleibt, ist die Tatsache, dass mein Chef selbst schlecht geführt zu werden scheint. Er braucht dringend Hilfe. Das eigentlich Ärgerliche ist eben nicht, dass er so ist, wie er ist, sondern, dass man ihn da lässt, wo er ist.

Echte Helden gewinnen keinen Sympathiewettbewerb

Führen ist eine Haltung. Wo gibt es noch richtige Persönlichkeiten, im tiefen Sinne des Wortes gereifte und mit Charakterstärke und eigenen Zügen ausgeprägte Menschen, die gerne führen, Richtungen vorgeben, Risiken wagen und Verantwortung tragen? Menschen, die sich ihrer selbst sicher sind, weil sie sich selbst gut kennen. Menschen, die ihre Faust in die Hüfte stemmen können, im spitzen Winkel, ohne dass die Hüfte zur Seite wegknickt? Menschen mit einem kleinen Rest-Mysterium, bei denen uns eine Ahnung beschleicht, dass sie uns etwas voraushaben könnten. Die uns irgendwie festhalten, wenn wir uns ihnen nähern. Menschen, die das Team, das große Ganze im Kopf haben und nicht vor allem auf der Zunge. Die mehr denken als reden und schreiben, die auch mal auf Distanz gehen, und man weiß nicht, ob sie es aus Respekt gegenüber uns tun oder weil sie unseren Respekt erwarten. Bestenfalls ist beides der Fall. Die sich Zeit für Kritik nehmen, um Dinge zu ändern und nebenbei Menschen zu entwickeln. Die einen in die Arena schubsen, rücksichtslos, aber vertrauensvoll, damit man Fehler macht und daraus lernt. Führungskräfte, die Begabungen erkennen und freisetzen, die die Dinge nur so weit erklären, dass einem die Lösung des Problems selbst überlassen bleibt. Meine besten Lehrmeister waren die Chefs des Typs »harter Brocken«. An ihnen bin ich mitunter verzweifelt, aber letztendlich gewachsen. Es muss nicht alles gläsern und strahlend hell sein, damit wir Vertrauen schöpfen. Wir warten nicht auf die Reinkarnation von Mahatma Gandhi, der vom Webrahmen aufsteht und leise vom »Weg« spricht. Wir brauchen keine Helden, und Kumpel haben wir schon genug. Wir wollen nur folgen können, ohne uns die Köpfe zu zerbrechen. Damit wir die Möglichkeit haben, uns auf das zu konzentrieren, in dem wir gut sind. Ja, gute oder schlechte Führung ist wie ein Medikament: Es reagieren fast alle gleich darauf. Ich wünsche mir, dass Unternehmen ein langfristiges und klares Führungsleitbild entwickeln, das sie in jedem Einzelfall monitoren. Ein Leitbild, nach dem Führungspersonal ausgesucht und bereits vorhandenes gefördert wird.

Wenn Mann nicht alles selber macht – vom Loslassen, Delegieren und Wachsen

»Mal eben kurz den Chef retten« – dazu kommen wir immer seltener! Denn er rettet sich kurzerhand selbst. Ja, heutzutage muss man die Chefs durch aufgezwungene Entlastung ja geradezu vor sich selbst schützen. Dinge delegieren? Dieser Gedanke wird übersprungen – »Och, das habe ich schnell selbst gemacht.« Führungskräfte haben mittlerweile das selbstbestimmte Arbeiten für sich entdeckt und unterscheiden häufig nicht zwischen Wichtigem und Unwichtigem, zwischen Entscheidung und Abstimmung, zwischen Kunde anrufen und Taxi anrufen. Fragt man sie, welche Apps sie denn da so auf ihren Smartphones haben, dann kommt oft eine imposante Liste dabei heraus, mit Tools, über die sich der moderne Manager heute selbst organisiert: Sametime Messanger, Skyscanner und Seatguru, WhatsApp sowieso, die Kollaborationsplattform Slack bis zum Projektmanagementwerkzeug Trello. Dass auch Flüge und Hotels kurzerhand selbst gebucht werden von den Chefs, führt vielerorts bereits zum Abrechnungschaos, denn sie tun es eben nicht unter Ausnutzung der mühsam ausgehandelten Sonderkonditionen bei Vertragsfluglinien und Vertragshotels. Kommentar: »Das konnte ich doch nicht ahnen.«

Ich könnte auch näher auf den Chef eingehen, der die Assistentin seines Kollegen anruft, um über sie einen Termin mit ihrem Chef zu machen und dabei keinen Gedanken daran verschwendet, wie dann seine Assistentin gegenüber der anderen dasteht, weil sie von all dem nichts weiß. Und dann gibt es noch den Chef, der seiner Assistentin Screenshots schickt von der Flugverbindung, die sie buchen soll. Er arbeitet mit »Skyscanner«, einem Dienst, der auf internationale Flugdatenbanken zugreift. Mehr Informationen haben Mitarbeiter in Reisebüros auch nicht. Am Ende ist zwar noch ein bisschen Arbeitsbeschaffung für die Assistenz drin, aber wenn Delegieren und Wertschöpfung noch nicht einmal bei diesen Basisdingen funktionieren, stellen wir uns lieber nicht vor, wie das bei anderen Aufgaben aussieht. Im Zweifel wird die Assistenz sich ziemlich überflüssig vorkommen und es wahrscheinlich auch irgendwann werden, während ihr reizüberfluteter Chef nicht von seinen »Devices« wegkommt und kurz vorm Burn-out steht – während er doch die ganze Zeit nur am Beckenrand schwimmt und vor lauter Aktionismus nicht in tiefere Gewässer vordringt.

Die Frage, was uns anvertraut und was an uns delegiert wird, ist *das* Thema unseres Berufsstands, denn wir kommen uns manchmal latent unterschätzt vor, haben das Gefühl, unsere PS nicht wirklich auf die Straße bringen zu dürfen und unter unseren Möglichkeiten zu bleiben. Das mag Menschen in anderen Berufen ähnlich ergehen, aber in unserem Job ist immer noch auch ganz offiziell von »Zuarbeit« die Rede, nicht von Arbeit. Ja, es gibt zahlreiche Momente, in denen ich die deutsche Sprache nicht so mag: In unseren Stellenanzeigen steht, dass wir »mitdenken« sollen, nicht dass »denken« auch schön wäre. In so vielen Coachings, Seminaren und Workshops boxt sich letztendlich folgendes Anliegen nach vorne: Wie entkommen wir der Schublade mit den »Mädels« drin, die Termine und einen guten Eindruck machen, Fröhlichkeit verbreiten und das Mail-Postfach aufräumen? Wie bringen wir Führungskräfte dazu, ein paar mehr Stärken, vielleicht sogar die eigentlichen Potenziale in uns zu entdecken und zu nutzen? Wäre das nicht die klassische Win-win-Situation? Wollen wir das überhaupt? Die PLU Unternehmensgruppe beziffert, dass sich nur 25 Prozent der Führungskräfte konsequent auf ihre Führungsaufgaben konzentrieren – und dass sich nur 35 Prozent der Assistentinnen konsequent auf die Chefentlastung konzentrieren. Sicher, Letzteres ist nicht so schlimm wie Ersteres, und ob den Assistentinnen, die für die laut obiger Rechnung verbleibenden 75 Prozent der Führungskräfte arbeiten, überhaupt eine Wahl bleibt, sei auch dahingestellt. Doch es sieht so aus, als müssten wir den Führungskräften noch sehr viel stärker aufzeigen, welche Zeitersparnis wir bieten können, wenn sie mehr ihrer Aufgaben, die nichts mit Führung zu tun haben, an uns delegieren. Von allein scheinen sie nicht darauf zu kommen.

Dabei sind wir so nah dran an denjenigen, die delegieren sollten – sie müssten Papiere einfach nur fallen lassen, ein ausgestreckter Arm und ein kleiner Luftzug oder eben ein Tastendruck, husch, schon delegiert. So schnell kann das gehen! Theoretisch. Manchmal sind wir ja schon froh, wenn wir überhaupt informiert werden. Es gibt schließlich nichts Schlimmeres, als den Verdacht der totalen Ahnungslosigkeit und intellektuellen Verkümmerung im Sekretariat, der sich bei Dritten einstellen könnte (»Wie jetzt, mein Chef ist bei Ihnen in London?«). Einfluss- und Steuerungsmöglichkeiten sind in diesem Fall gleich null. Die Folge: Frustration, Ohnmacht, Wut.

Um das zu vermeiden, gibt es für Führungskräfte eine bunte Palette von Möglichkeiten. Die absoluten Basics sind: die mündliche Kommunikation, Absprache und »Gewaltenteilung« fürs Mail-Fach und für den Outlook-Kalender, die Zurverfügungstellung von erklärenden Informationen. Wohlgemerkt: Wir reklamieren hier nicht eine mühevolle vollumfängliche Aufklärung, sondern nur einen Handlungsspielraum für uns, um die Führungskräfte wirksam werden zu lassen bei dem, für das sie bezahlt werden. Man kann uns durchaus samt iPad oder Notebook mit Protokollmaske in Meetings mitnehmen, auch wenn Kollegen beim ersten Mal gucken, als habe man da ein Marsfrauchen im Schlepptau. Wir bedienen jeden Kontakt, der über das Smartphone des Chefs hereinkommt, während dieser mit einem Zweithandy samt Prepaid-SIM-Karte und eigener Rufnummer unterwegs ist, weil er ungestört und nur für seine Familie erreichbar sein will – Luxus pur, aber möglich! Es gibt ganze Themenkataloge, um die wir uns eigenverantwortlich kümmern können, damit demnächst nicht mehr ganz so viele Entscheidungsvorlagen in den Unterschriftenmappen sind. Es gibt so viel zu tun. Was man uns tun lässt, weil man loslässt, das verstehen wir, und wir vergessen es nicht. Oder wie haben Sie das Fahrradfahren gelernt?

Sind Chefs, die nicht delegieren, therapiefähig? Drei Fälle

Nehmen Sie im Folgenden das Wort »Therapie« bitte nicht allzu wörtlich! Es soll lediglich verdeutlichen, dass die wenigsten Chefs absichtlich nicht an uns delegieren, sondern dass eher ganz eigene, individuelle Ausbremser dahinterstecken – Reflexe, die sich eingespielt haben. Was wäre zum Beispiel, wenn jemand bisher eine Assistentin hatte, die froh war, wenn sie nichts delegiert bekam und das deshalb nie einforderte? Dann wüsste die Führungskraft unter Umständen gar nicht, wie das überhaupt geht mit dem Delegieren – not learning by not doing. In vielen anderen Fällen scheint es grundsätzlich eine Art Bindungstrauma gegenüber Papier, Mails und Vorgängen diversester Art zu geben. Wenn es dann ums Loslassen geht, so hocken immer noch viele Führungskräfte wie die Fallschirmspringer mit flatternden Hosen und entgleisten Gesichtszügen auf 4000 Metern Höhe an der Helikoptertür und trauen sich nicht, einfach zu springen. Es hat etwas mit Vertrauen in andere und vor allem in sich selbst zu tun.

Und schließlich sind wir Sekretärinnen, wenn es ums Loslassen und Delegieren geht, nach den Chefs der zweite kritische Faktor: Wir müssen auch auffangen und durchführen können beziehungsweise wollen! Der beste delegierende Chef nützt wenig, wenn wir nicht bereit sind, Mehrarbeit und Verantwortung zu übernehmen. Gehen wir das Thema systematisch an und betrachten drei Fälle.

1. Die tippende Führungskraft und die Suchttherapie

Sollte Ihr Chef, von Delegierungswillen beseelt, Ihnen mutig, entschlossen, unbefristet und grundsätzlich sein Mail-Account in voller Pracht zum Sichten, Sortieren, Weiterleiten und Veranlassen überlassen haben, so ist das schon einmal gut. Wer dagegen als Chef mit persönlicher Assistenz immer noch als Erster die eigenen Mails lesen und diese auch für sich behalten will, sollte überdenken, für was er eigentlich bezahlt wird. Und für was nicht. Vielleicht auch, vor welchen Aufgaben er damit flüchtet, was genau er zu verpassen glaubt und ob er sich nicht anders belohnen kann als mit dem höchstpersönlichen Abholen von Nachrichten?

Wenn jedoch das Loslassen der digitalen Blutzufuhr per se funktioniert, kann die Assistenz alles sehen und lesen. Doch das heißt nach lange nicht, dass das mit dem Delegieren dann schon wunderbar klappt: Es könnte sein, dass Ihr Chef immer noch bestbezahlte Schreibkraft des Unternehmens ist: Da sagt ein wissenschaftlicher Informatiker, er komme laut eben gemachtem Onlinetest auf 240 Anschläge pro Minute, mit »seinem System«, also mit zwei Fingern. Laut Wikipedia liege er damit auf dem Niveau eines mittelmäßigen 10-Fingerschreibers. Das reiche im völlig. Ich befürchte, dass er auch noch stolz darauf war.

Einen vordergründig harmlosen Mail-Schlagabtausch wie den folgenden kennen Sie mit Sicherheit auch, und Sie werden ihn als passive Zeugin kopfschüttelnd zur Kenntnis nehmen. Denn hier tippen Führungskräfte, allen voran einer meiner Ex-Chefs. Nennen wir ihn Christoph:

Betreff stets unverändert: »termine« (ein Wort, bei dem in mir berufsbedingt das rote Lämpchen angeht). Dann weiter im Text: »hi Jens, dinner mit schumberger steht an. kundenpflege. könnte übernächste woche mittwoch anbieten.«

10.07 Uhr: »hi, Christoph, wäre für mich okay. So gegen 19.30. Wo? das lounge fand ich etwas steif letztes mal.«

10.09 Uhr: lounge nur wegen der cigarren die es da gab. willst du lieber italienisch? das vitellos?

10.10 Uhr: da ist es manchmal okay manchmal nicht und parkplätze mangelware.

10.12 Uhr: don't drink and drive....

10.13 Uhr: ja, ja. mal ganz woanders hin? das grill, das mi su, pompeij, kühmanns? Meine top 2 sind das koy and das coast, okay vielleicht noch kruegers

10.15 Uhr: coast kenn ich nicht aber sieht gut aus im internet. da um 19.30?

10.16 Uhr: yep.

10.20 Uhr: ist gebucht.

Die Betreffzeile der Mail von 10.20 Uhr konnte man vor lauter Re's nicht mehr wirklich identifizieren, und okay, die Rechtschreibung wird dem Online-Altar geopfert, daran sind wir ja schon gewöhnt. Auf vielbeschäftigter Managementebene erblicken nicht ganze Sätze, sondern mitunter nur Wortfragmente ohne Punkt und Komma das Licht der Welt und umrunden aus dem Lande der Dichter und Denker heraus husch den Erdball. Nein, es wird nicht mehr gedichtet und oft genug auch nicht mehr gedacht. Wir wünschen uns lediglich bei so mancher Mail, die Chef schnell höchstpersönlich aus seinem Postfach knallt und die in Tonalität und Rechtschreibung eher einem anonymen Erpresserschreiben ähnelt, dass kein Außenstehender auf den Gedanken kommen möge, diese stamme i.A. von seiner Sekretärin. Der Flurschaden, den tippende Führungskräfte anrichten, ist noch erheblicher, wenn sich Fehler im Verteiler einschleichen und Mails mit personellem statt kulinarischem Inhalt bei Mitarbeitern landen, für die diese nicht bestimmt sind (»Ich habe da eine Mail von Ihrem Chef bekommen. Sagen Sie, betrifft dieses Köpfe-Rollen auch mich?«). Das wäre dann »Führung by E-Mail«.

Bleiben wir bei obigem Beispiel: Hier wusste ich nicht, worüber ich eigentlich am meisten verwundert war: a) über die Anzahl von acht Mails (wir Frauen brauchen ja oft nur zwei Mails für eine Verabredung und verschwenden unsere Worte dann während der Verabredung und nicht unbedingt vorher schon) oder b) über den Inhalt, wo ich als Assistentin doch alle Restaurants der Stadt nach Karte, Preislage, Parkplatzsituation und Vorausbuchungsfrist identifizieren konnte und sowieso mehrmals täglich mit der Assistentin von »Jens« telefonierte, oder c) über den Kostenfaktor, den acht Mails (lesen und schreiben) darstellen, da »Mann« als Führungskraft ja ein etwas anderes Gehalt hat als seine Assistenz. Und die Schlucht, die sich da mitunter zwischen diesen Summen auftut, wird auch nicht weniger tief, wenn wir sie auf die Minute umrechnen. Inwieweit sich Jens und Christoph also während dieser 15 Minuten noch anderweitig auf ihre hoffentlich parallel stattfindenden Handlungen konzentrieren konnten, sei dahingestellt. So sieht General Management (sehr »general«) in Smartphone-Zeiten aus. Das geschieht noch nicht einmal mit böser Absicht, sondern im Gegenteil aus einem puren Reflex heraus. Es war und ist einfach zu verlockend, alles in einem Arbeitsgang, in einer Ausführungskette erledigen zu können, inklusive Reservierung im Restaurant mittels App oder Siri oder Google und anschließendem Kalendereintragsbefehl.

Wir wissen: Wer ständig intensiv mit seinem Smartphone hantiert, übernimmt es womöglich irgendwann in das eigene Körperschema, und das Gerät wird zur rechten Hand. Wie soll Mann da das Loslassen hinkriegen, wenn er noch nicht einmal sein Smartphone loslassen kann? Wo genau hört die Maschine auf, und wo fängt der Mensch an? Gar nicht so einfach, wir hängen ja schließlich selbst oft und lang genug an dem Teil. Es ist eine Sucht. Sie ahnen: Als Assistentin, als »rechte Hand« im übertragenen Sinne, sozusagen als die Siri mit Pulsschlag, kann es verdammt schwierig werden, dazwischenzukommen oder gleich den Chef dazu zu bewegen, seine erste Mail nicht an Jens, sondern an das Sekretariat zur weiteren Veranlassung zu schicken. Er wird es als »Umweg« empfinden. Aber nur beim ersten Mal ...

2. Der, der sich gern ablenken lässt – die Prioritätentherapie

Obiger Mail-Wechsel zeigt einen weiteren vordergründig harmlosen, aber vielleicht den tragischsten Grund auf, warum Führungskräfte nicht an ihre Assistentin delegieren: Ablenkung. Davon kann ich beim Bücherschreiben selbst ein Lied singen: Wenn mir schwierige Passagen bevorstehen, räume ich als Erstes die Küche auf. Ich lenke mich durch kleine, auf einfachste Weise von Erfolg zu krönende, operative Vorgänge ab. Die schieben das Nachdenken über größere und abstraktere Baustellen so herrlich hinaus. Bei Führungskräften muss das ähnlich sein: Flucht vor der eigentlichen Arbeit durch die schnelle Online-Exekutive – und man fragt sich, ob die nun AN ihrer Abteilung oder IN ihrer Abteilung arbeiten. Mikromanagement statt Makromanagement. Ein solcher Chef ist Sachbearbeiter-plus und kommt nicht mehr heraus aus der Küche. Er ist kurz vorm Entkalken der Kaffeemaschine. Er harrt höchstpersönlich am Laserdrucker aus, wenn die Assistentin des Kollegen bei 200 Seiten Reporting kurz vor ihm auf Drucken geklickt hat. Der Satz »Keine Ahnung. Fragen Sie meine Assistentin« kommt ihm auch so schnell nicht über die Lippen, stattdessen sagt er: »In welchem Hotel ich übernachte? Oh, keine Ahnung. Ich kümmere mich mal schnell und melde mich.« Ihnen könnte jetzt der Satz »Das kann ich doch machen« über die Lippen kommen, der grundsätzlich schon einmal gut ist. Aber er reicht nicht. Nehmen Sie ihm Routineaufgaben weg! Treffen Sie mit ihm klare Absprachen, was das Schreiben, Lesen und Bearbeiten von Mails angeht. Benennen Sie ihm darüber hinaus möglichst konkret, was es ihm bringt, wenn er Dinge an Sie delegiert, was er in der Zwischenzeit stattdessen alles machen könnte, weil es schlicht und einfach weiter oben auf der Agenda steht als das Googeln von Hotel-Ortsangaben und Rückrufen der puren Information wegen. Sie haben es unter Umständen in der Hand, wie lange er mit wem telefoniert, an welchem Meeting er teilnehmen muss oder ob er überhaupt daran teilnehmen muss, ob er reisen muss oder doch nicht lieber telefonieren sollte. Letzteres spart nicht nur Reisekosten, sondern vor allem Ihnen die Reisevorbereitung und die Reiseabrechnung.

Nun können Sie einwenden, dass Sie ihm doch wohl nicht auch noch sagen müssen, was er zu tun hat. Das fehlte noch! Er würde Ihnen den Vogel zeigen. Und wenn Sie es dennoch einfach mal versuchten? Wenn Sie es als Schachzug im Spiel begreifen würden? Keine Angst! Sie können es selbstverständlich auch bleiben lassen – aber dann beschweren Sie sich nicht, dass er alles selbst macht und für Sie selbst keine Aufgaben mehr übrig bleiben, an denen Sie wachsen könnten. Wenn Ihr Versuch aber fruchtet, wird er Ihnen in Zukunft nur das Ergebnis benennen und die dazu benötigten Arbeitsschritte Ihnen überlassen.

3. Der Kontrollfreak – Die vier K's und die Angsttherapie (für beide)

Im Allgemeinen ist nicht zu erwarten, dass die Welt untergeht oder – schlimmer – Millionenbeträge flöten gehen, wenn ein Chef seine Sekretärin die Kreditorenrechnung über die wöchentliche Kekslieferung freizeichnen und das Glückwunschschreiben zum Geburtstag des Aufsichtsratsvorsitzenden formulieren lässt. Zur Not lässt er sich zumindest das Glückwunschschreiben anschließend zur Unterschrift vorlegen. Doch beim ersten fehlenden Komma wird er unter Umstanden losdonnern: »Wenn man nicht alles selbst macht ...« oder »Unfähig. Alle unfähig.« Denn in seiner Wahrnehmung lebt er in einer feindlichen Umgebung von Pfeifen und Pappnasen – die Außenwelt eine einzige kosmische Verschwörung gegen die eigene Exzellenz. Man kennt das von Geisterfahrern: Nur ich scheine zu wissen, wo es langgeht. Ja, und hier, genau hier, beim Brief an den AR-Vorsitzenden, muss er wieder Zeichen setzen, während die Assistentin mit offenem Mund neben ihm steht wie gelähmt – wie beim Zahnarzt auf dem Behandlungsstuhl.

Es ist erstaunlich, dass sich Kontrollfreaks heute überhaupt noch halten, denn man sollte meinen, diese Arbeitshaltung sei nicht mehr ganz zeitgemäß in Zeiten, in denen Kollaboration und »Empowerment« von Teams zunehmend wichtig werden. Da ist jeder Cheftyp angezählt, der Informationen hortet, ab der ersten Projektphase an alles höchstpersönlich checkt und am Ende einsame Entscheidungen fällt.

Die Schweiz hat, wie ich von der Sekretärin eines Ministerialdezernenten lernte, besonders schöne Synonyme für Menschen, die wir hier bei uns »Korinthenkacker« nennen: Jenseits der Alpen heißen sie Tüpfli- oder auch Pünktlischisser. Schön, nicht? Sie spricht von den vier K's: Kommandieren, Kontrollieren, Kritisieren, Kollidieren – die vier Haupttätigkeiten einer unter Kontrollsucht leidenden Führungskraft. Besser kann man es kaum auf den Punkt bringen. Wenn solche Chefs drei Tage krank werden oder gar länger, liegt der Bereich erst einmal so gut wie brach, da niemand sonst Entscheidungen fällen kann oder will. Denn nobody can reach him the water. Er will alles selbst machen und beklagt sich, dass er letztendlich alles selbst machen muss. Ich habe immer zwischen zwei Arten von Chefs unterschieden: Jene, die in den Urlaub fuhren und darauf Wert legten, dass ich das zeitgleich ebenso machte (»Wenn ich nicht da bin, müssen Sie auch nicht da sein.«) und jene Urlauber, die mich unbedingt im Büro und am Ort des Geschehens wissen wollten, während sie mit dem Jüngsten auf Sylt Steinchen und Vogelfedern für die Sandburg sammeln mussten (»Halten Sie die Stellung in meiner Abwesenheit!«). Zweimal dürfen Sie raten, wer von den obigen Chefs mehr Kontrollfreak war …

Menschen, die am liebsten alles selbst machen möchten, fehlt das Vertrauen in andere. Das ist wiederum oft ein Zeichen von Unsicherheit. Wer festhält, hat Angst. Angst, nicht gut genug zu sein. Angst vor Fehlern, vor dem Risiko. Angst vorm Ändern und Entwickeln – eigentlich will er das ja, aber er traut sich nicht. Denken Sie an den Fallschirmspringer. Es soll immer noch Manager geben, die Papier auf ihren Fensterbänken horten, damit sie im Notfall Zahlen, Daten und Fakten »schnell bei der Hand« haben. Wir reden hier nicht von ganz normaler Häufchenbildung, die passiert, wenn man Chefs allzu lange unbeaufsichtigt allein lässt. Nein, hier reden wir von Papierbergen, die aufs Blut verteidigt werden. Dagegen kommen Sie als Assistentin nur an, wenn Sie Ihrem Fallschirmspringer ein paar Sicherheitshinweise geben: Sagen Sie ihm, dass Sie ihm helfen wollen, von der Fensterbank wegzukommen, da Papierberge schlecht in der Außenwirkung sind. Sagen Sie ihm, welche Ziele Sie damit genau verfolgen, in welchen Schritten (a, b, c) Sie dieses verwirklichen wollen und wer Ihnen dabei helfen könnte. Der schlichte Hinweis, dass Sie sich eine zu delegierende Aufgabe (auch jenseits der Fensterbank) zutrauen, wird den Kontrolleur nicht gänzlich beruhigen.

Denn er traut sich nicht zu, Ihnen das zuzutrauen. Bieten Sie ihm also Kontrollmechanismen an. Da wäre zum Beispiel der »Schulter-blick-Termin«, in dem Sie ihm Entwürfe oder Zwischenergebnisse präsentieren, damit er das Gefühl hat, ein Auge darauf behalten zu können. Sollte es Kompetenzlücken geben, formulieren Sie diese, bevor er es tut, und sagen Sie ihm, wie Sie diese zu schließen gedenken. Sagen Sie ihm, wann genau Sie diese Aufgabe angehen und beendet haben möchten. Geben Sie ihm ein positives Bild der Zukunft, erwähnen Sie Lösungen statt Probleme. Zeichnen Sie Entwicklungs-wege auf. Somit hätten Sie wieder einmal Ihren Chef geführt und entwickelt. Aber sich selbst eben auch.

Münk am Berg – die Komfort-, Wachstums- und Panikzone

Ob wir Herausforderungen bekommen und diese dann auch anneh-men, hat viel mit Vertrauen auf der einen und Zutrauen oder Mut auf der anderen Seite zu tun. Wissen wir auch wirklich, was wir uns einhandeln mit dem Wunsch nach neuen Aufgaben und nach mehr Verantwortung? Am besten bestehen wir diese Herausforde-rung, wenn wir Unbekanntes mögen! Ich unterscheide zwei Typen von Menschen: Die einen rufen begeistert: »Oh, das kenne ich schon! Das weiß ich!« Und die anderen rufen begeistert: »Oh, das kenne ich noch gar nicht! Ich bin gespannt!« Die einen mögen die Bestä-tigung des bereits Bekannten, die anderen mögen es, Neuland zu entdecken. Wie weit können wir uns also Richtung Neuland wagen, ohne gleich die Orientierung zu verlieren? Da wären einerseits der gefühlte Komfort des Heimathafens, andererseits die als angenehm oder noch so gerade als überwindbar empfundene Herausforderung und schließlich die schiere Panik. Dazwischen können Welten lie-gen! Und schlimmer: Die Grenzen sind jeweils fließend.

Ein Beispiel: Wenn ich mit meinem Mann in den Bergen wandern gehe, verlasse ich bereits mit der Einwilligung dazu meine persönli-che Komfortzone. Verstehen Sie mich nicht falsch, ich liebe die Berge und meinen Mann sowieso. Aber ich bin eben eine Frau des flachen

Landes und mir sicher, dass ich in einem früheren Leben von irgendwo weit oben abgestürzt bin und dadurch womöglich gar zu Tode kam. Ich lebe nicht ohne Grund in Hamburg. Da ich aber auch weiß, dass ich nur dann ein bisschen über mich hinauswachsen kann, wenn ich mitgehe, tue ich das selbstverständlich. Wer möchte nicht wachsen? Die Angst vor einer Herausforderung ist ja schließlich hilfreich. Sonst wäre es ja keine Herausforderung. Neues entsteht nur außerhalb der kuscheligen, routiniert überschaubaren Komfortzone, und schließlich möchte ich ja auch einmal vor die Hütte kommen. Ich begrüße also diesen Impuls, diesen kleinen Schubser vor die Tür. Also Aufbruch. Der Berg ruft. Bereits in der Freiluftgondel zum Gipfel befinde ich mich mitten in meiner Wachstumsphase. Nicht nur weil es bergauf geht, sondern weil ich auf gefühlte 100 freie Meter unter mir weidende Kühe gucken kann, ohne mich gänzlich unwohl zu fühlen. Es geht so gerade noch. Später machen wir uns auf den Rundweg, den Berg zur Linken, den Abgrund zur Rechten – das Land der Prüfungen auf meiner ganz persönlichen Heldenreise. Ich versuche, in die schöne Landschaft zu blicken, übe mich an neuen Verhaltensweisen. Neues Gelände, unbekanntes Terrain. Es kommen Lieder singende rüstige Rentner von hinten, die uns schwungvoll überholen und sich offenbar mitten in ihrer Komfortzone bewegen, während ich mich um einigermaßen aufrechte, kleine Schritte bemühe und mit dem doofen Spruch »Wer kriecht, kann nicht stolpern« liebäugele. Zum Singen fehlen mir physisch wie psychisch die Kapazitäten in diesem Moment, denn die Komfortzone der rüstigen Rentner ist meine Wachstumszone. Dann liegt mitten auf dem Weg eine Ansammlung riesiger Steinbrocken, über die es zu klettern gilt, den Abgrund immer schön im rechten Blickwinkel. Selbst die Rentner werden langsamer. Ich bin der festen Überzeugung, dass dies innerhalb meiner Wachstumszone die finale Prüfung ist, die das Schicksal für mich vorgesehen hat – perfide und doch wohlwollend. Ich hangele mich adrenalingesteuert auf allen Vieren voran, Konzentration pur – heldenhaft (wie ich finde). Mein Mann filmt mich und kann sich seinen Lachanfall kaum verkneifen. Aber es geht! Ich gehe! Hirn und Kreislauf arbeiten auf Hochtouren, und mein Körper produziert jede Menge Botenstoffe. Ich brauche weder Heroin noch Kokain, ein simpler Bergweg mit ein paar Felsbröckchen genügt mir. Ich entwickle ein neues Laufgefühl und bin nach einer Stunde drauf und dran, meine Komfortzone (Tal) um circa 1500 Höhenmeter nach oben zu erweitern! Ja, ich bin kurz vorm Singen. Ekstase. Doch dann wird der Weg schmaler und steiler. Ich plane meinen großen Wurf, gehe also trotzdem weiter, obwohl mir der Schweiß auf der Stirn steht – bis vor mir die ersten Steigeisen an der Felswand auftauchen und ich in Schockstarre verfalle. Panik. Angst oder (wie mein Mann sagt) Risikoaversion. Drop your Rucksack or you will die! Das ist definitiv eine Nummer zu groß für mich, und wenn ich jetzt weitermache, riskiere ich, zurückgetragen oder ausgeflogen zu werden. Also kehre ich um, solange es noch geht und schlage mit letzter Kraft mein Fähnchen an der roten Linie in den Boden – da wo meine Lernzone aufhört und meine Panikzone anfängt. Reality-Check nennt man so etwas wohl. Aber immerhin bin ich am Berg, und die Rückkehr in die Wachstumszone, also auf den halbwegs ebenen Weg, fühlt sich auf dem Rückweg schon fast nach Komfortzone an. Das nennen die Profis dann »stretching the limits«.

Kommt Ihnen an meiner Geschichte etwas bekannt vor? Sie können fast alles davon eins zu eins auf Ihren Job übertragen und auf die Frage, wie viel Entschlusskraft und Mut Sie sich selbst zutrauen, wenn es um neue Aufgaben geht. Die Selbstwirksamkeit ist nicht ohne die Selbstüberwindung zu haben! Wo liegen Ihre drei Zonen? Oft liegt die Wachstumszone bereits in der bloßen Bitte an Ihren Chef, Dinge an Sie zu delegieren, statt darauf zu warten, dass er selbst darauf kommt. Und bevor Sie Ihren Chef bitten, Ihnen die Potenzialanalyse der Top-12-Kunden zu übertragen, könnten Sie austesten, ob Sie mit der Teilnahme am entsprechenden Meeting darüber auch schon in Ihrer Wachstumszone landen. Denn was nützt die beste Idee, wenn sie am nächsten Tag an den Klippen der Unternehmensrealität zerschellt? Zwischen dem klassischen Tagesgeschäft und dem großen Coup liegt der weite Graubereich dessen, was möglich und machbar ist. Eine erste Maßnahme wären Aufgaben, die mit den vorhandenen

Ressourcen gestemmt werden können, die nicht zu viel Neues auf einmal bedeuten, aber auf jeden Fall Veränderung und Wachstum bringen.

Andererseits muss folgender Tipp noch sein, den mir ein guter Freund einmal gab:

»Ehe du vor einer schwierigen Aufgabe endgültig resignierst, solltest du dir noch ausmalen, jemand, den du nicht ausstehen kannst, habe sie bewältigt.«

3. DER GANZ NORMALE WAHNSINN

»Atemlos durch den Tag« – Stress

Ihnen an dieser Stelle Tipps und Tricks weiterzugeben in Sachen Stress, ist eine echte Herausforderung – denn ich kenne weder Sie, liebe Leserin, lieber Leser, noch Ihren Chef oder Ihre Chefin. Schließlich ist Stress kein eindeutig und allgemein zu definierendes Phänomen, das auf jeden passt, Stress ist keine Einrichtungslinie wie bei Ikea. Wenn Stress mit Medizin behandelbar wäre, müsste es eine unübersehbar große Auswahl mit den unterschiedlichsten Rezepturen geben. Die Themen »Zeitmanagement« und »Stress« werden in zahllosen Seminaren und Workshops angegangen – mal mehr, mal weniger im Gießkannenprinzip. Auch in den Coachings fällt der Begriff »Stress« nahezu immer. Was wirklich dahintersteckt, ist vor allem ein innerer Zustand. Stress ist so individuell, überraschend und vielseitig wie die Person, die da gerade vor mir sitzt. Sie sehen, der Stress ist ein alter Bekannter. Meine Kollegen und ich duzen ihn. Wir kennen ihn alle – aber wir beschreiben ihn alle anders. Nie vergessen werde ich einen Kollegen, der – wie ich annahm – mit all seinen Projekten eigentlich völlig im Stress sein musste. Wie ich selbst eben. Er kam aus einem zeitraubenden, zweistündigen Meeting, lehnte bei mir in der Tür, holte tief Luft und sagte dann: »Ich habe mich die ganze Zeit gefragt, wie die eigentlich diesen riesigen Tisch in den Besprechungsraum bekommen haben.« Ich glaube, ich habe ihn damals so fassungslos wie bewundernd angeguckt, bevor ich mich wieder meinen 500 Mails zuwandte. Ich nahm mir vor, mir solche meditativen

Meta-Fragen auch öfter zu stellen, statt mich im Scheuklappenmodus dem Stress hinzugeben. Es ist wohl keine Technik, sondern eher eine Haltung. Doch so richtig gelungen ist mir das nie in den stressigen Phasen. Vielleicht waren die Tische auch einfach nur kleiner.

Mein Stress ist nicht dein Stress

Kennen Sie das Gefühl, wenn die eigene Urlaubsvertretung bei der Wiederübergabe sagt »Och, war gar nicht so schlimm« – und man selbst hatte in den letzten Wochen vor dem Urlaub schier Land unter? Wer sagt eigentlich, was genau schnell ist, was perfekt? Was dringend und wichtig oder nicht dringend und nicht wichtig ist? Wo der eine lieber flexibel und beweglich ist, mit Mut zur Lücke, hat es der andere lieber mit der Genauigkeit und Planbarkeit. Wo der eine im Chaos und mit möglichst vielen Menschen um sich herum erst seine großen Momente hat, geht der andere unter, denn er braucht Struktur und Ruhe, um seine Stärken zu nutzen. Und wenn Ruhe und Struktur nicht gegeben sind, dann sagt Letzterer, er habe Stress, und der wird nicht weniger schlimm, nur weil sein chaosaffiner Kollege sagt, das sei doch »gar nicht so schlimm«. In unseren ganz individuellen Vorlieben und Ausrichtungen hängen wir fest wie die Maus in der Falle. Wir können nicht anders – und wundern uns dann trotzdem über den Stress beim Miteinanderarbeiten. Es ist wie bei *Raumschiff Enterprise*: Da geschieht plötzlich etwas absolut Unvorhergesehenes. Captain Kirk ist außer sich, kriegt Schweißperlen auf die Stirn und ruft: »Shit, sich hier herauszubeamen ist kaum zu schaffen!«, während der Vulkanier Mr. Spock nur sein Haupt so langsam wie »kaltblütig« zur Seite neigt und sagt: »Faszinierend.« Er fühlt nicht diese pulsbeschleunigende Panik, die uns Erdlinge bisweilen überkommt und irgendwo zwischen vorübergehender »Hitzewelle« und anstrengender Lebensgrundeinstellung liegen kann. Ja, vielleicht reden Sie von Stress, und Ihr Chef denkt: »Stress? Was meint die denn damit?« Oder: »Stress? Och, hab ich ganz gerne, ja den brauche ich, damit es rappelt im Karton und die Welt sich ein bisschen bewegt! Was regt die sich auf?« Für ihn ist Stress »nichtlineare Dynamik«. Vielleicht ist Ihr Chef also Vulkanier und trägt sein Haar über den abstehenden, nach oben spitz zulaufenden Ohren. Haben Sie sich einmal länger als eine Viertelstunde mit Ihrem Chef hingesetzt und das geklärt? Oft hat er keine Ahnung, WO genau Ihr Stress liegt, WAS Sie gerade alles auf dem Schreibtisch haben und WIE beziehungsweise mit wie viel unvorhersehbaren Unterbrechungen Sie es abarbeiten. Schließlich wissen Sie ja meistens selbst nicht, wie genau Ihr Tag sich gestalten wird. Der Spruch »1. Kommt es anders, 2. als man denkt« gehört in unserem Job immer noch zum alltäglichen Standard-Repertoire. Eine Wundertüte ist nichts dagegen. Und wenn Sie das nicht so empfinden, dann sind Sie vielleicht Mrs. Spok, die sich ihrerseits über ihren aufgeregten Zappel-Chef wundert? Machen Sie den Ohrenvergleich!

Stress hat eine hohe Ansteckungsgefahr. Wie lange schafft es eine Assistentin, gelassen zu bleiben, wenn sie für einen Chef arbeitet, der immer auf dem Sprung ist, der für Geduld keine Zeit hat und definitiv nicht wartezimmerfähig ist? Schnell ist die kleine hässliche Schwester der Ungeduld auf den Plan gerufen, nämlich die Hektik. Und wenn sie Pech hat, dann bringt die Hektik eben ihren besten Kumpel mit: den Stress. Und der ist ansteckend. Dass er an den Assistentinnen abperlen müsse wie Wasser an einer Lotusblüte, halte ich für ein Gerücht, auf das in Stellenanzeigen gern unter dem höchst eigentümlich und vor allem relativen Wort »Belastbarkeit« Bezug genommen wird. Als seien wir eine von Stiftung Warentest geprüfte Badezimmerwaage, die auch im Zentnerbereich noch akkurate Zahlen liefert.

Natürlich stehen die Führungskräfte heute mehr denn je unter Dauerstrom. Stress ist Produkt unserer komplexen, vernetzten, schnellen und mobilen Welt, in der alle immer und überall erreichbar sind. Das Aufgabenheft ist dick: Termine einhalten, Mails im Blick haben, gute Zahlen liefern, permanentes Change-Management, Mitarbeiter führen und/oder entlassen, Reisen, Telefonkonferenzen, Projekte retten, Meetings und noch einmal Meetings. Abends Dinner mit dem Kunden – man kommt über Tag ja sowieso nicht zum Essen. Atemlos durch den Tag. Atemlos durch die Nacht kann ja jeder.

Und sicher, Ihr Chef wäre kein Chef, wenn er nicht viel um die Ohren hätte. Es wird mit harten Bandagen gekämpft in seiner mit Terminen, Erwartungen und Budgetvorgaben durchgetakteten Welt. Stress ist ein salonfähiges und zeitgemäßes Accessoire geworden. Und die Work-Life-Balance wird heute längst nicht mehr belächelt und muss auch noch nebenbei erfüllt werden. Stress.

Für die Assistenz hat ein gestresster Chef je nach persönlicher Disposition unmittelbare Folgewirkungen, die durchaus variieren können. Ein rastlos Getriebener kann ja entweder alles andere beziehungsweise alle anderen links liegen lassen und im Schnellboot reflexgesteuert selbst weiterpaddeln oder aber als Getriebener andere treiben, damit sich Schnelligkeit potenziert. Mindestens zwei Szenarien sind also denkbar:

a) Wir kommen uns vor wie die Statistin ohne Rolle in einem Actionthriller: Während der Protagonist die Welt im Großen und fatalerweise auch im Kleinen rettet und in ihr herumspringt wie ein aufgedrehter Duracellhase, lässt er für uns kein Fitzelchen Arbeit mehr übrig, weil er das für seinen eigenen Stress braucht. Unter Umständen steckt er in einem scheinbar zwangsläufigen Handlungsablauf aus kleinen und großen Aufgaben fest – unfähig, für ihn Irrelevantes auszublenden. Also googelt er schnell selbst den Standplan der Cebit und kann nicht mehr in Alternativen denken. Dass wir noch ungeheure Restenergiemengen haben, während er am Ende nur noch schlapp auf seine kleine Trommel hauen kann, registriert er nicht. Wir schwenken die Fahne mit den drei Buchstaben drauf, die wir im Seminar gelernt haben (ICH!), aber er sieht sie einfach nicht. Er weiß nicht, dass gut eingebundene Assistenzkräfte eine über 30-prozentige Arbeits- und Zeitentlastung bringen können. Nein, er ist eigentlich der festen Überzeugung, dass er gar keine Assistentin braucht. Hat er früher nie gehabt, braucht er jetzt auch nicht. Also trommelt er alleine weiter. Fazit: Er ist in der Panikzone. Wir bleiben staunend und kopfschüttelnd in der Komfortzone.

Vielleicht sind wir auch einfach nur anderweitig eingebunden: in der Projektgruppe XY, in der Buchhaltung und im Personalwesen – Management eben. Und wir haben mitunter mehrere Chefs – da verliert man leicht den Überblick und überlässt es doch lieber den Probanden selbst, sich nach eigenem Gustus ihren Kleinkram zu organisieren. Die moderne Technik macht's möglich. Kulturwandel nennt man so etwas.

Die zweite Folgewirkung (b) ist klassischer und vorerst immer noch wahr-scheinlicher: Er will die Welt retten, wir müssen ihn retten, also indirekt die Welt. Er ist in der Panikzone, wir sind in der Panikzone. Er ist nicht der Fels. Er ist die Brandung. Wir sollen der Fels sein, fühlen uns aber eher wie die Brandung. Wir haben einen allzeit vollen Schreib-tisch, entsperren durchschnittlich 53 Mal am Tag den Bildschirm, um unsere Mails zu checken und hören irgendwann auf, die neuen Nachrichten im virtuellen Posteingang zu zählen. Je mehr wir »mal eben schnell« checken sollen, desto mehr Mails verschicken wir, des-to mehr Antwort-Mails bekommen wir. Wenn der Chef auf den letz-ten Drücker arbeitet, hinken auch wir ständig hinterher. Wenn er Dinge genau nimmt und arbeitet wie ein Stier, dann stehen wir mit ihm mittendrin in der Arena und machen nachher auch noch sauber. Wenn er ein hohes Tier ist, dann haben auch wir einen Ruf zu ver-lieren, und jedes fehlende Komma wird zur mittleren Katastrophe. Stress! Meine Freundin Helen arbeitet für eine weibliche Führungs-kraft und sagt:

»Seitdem ich im Großraumbüro sitze, bekomme ich eine Ahnung davon, was ich im Vergleich alles machen muss und wie bequem es die an-deren haben, deren Chefs es ruhiger angehen. Auf dem Papier und auf dem Gehaltszettel ist da gar kein Unterschied zwischen meinen Kolleginnen und mir, doch abends um sieben bin ich mit meiner Chefin allein auf weiter Flur, nachdem ich tagsüber doppelt so viel Arbeit auf dem Tisch hatte wie meine Kolleginnen.«

Sie hat an ihre Pinwand – ja, die hat sie noch im Büro! – folgenden Spruch gepinnt: »Mitarbeiter, die morgens später kommen, werden gebeten, scharf rechts zu gehen, damit sie mit den Kollegen, die nachmittags früher gehen, nicht zusammenstoßen.«

Tja, ein arbeitsamer und/oder gestresster Vorgesetzter ist nicht gerade der Hauptgewinn im Job-Lotto. Ich hätte mich auch oft genauso gut mit »Ambulanz, Münk« am Telefon melden können, anstatt mit »Büro, Herr Soundso.« Ich suchte Unterlagen und Mails, als gehe es um Menschenleben, und schaffte – »aber sofort!« – Kollegen meines Chefs ins Büro, als brauche dieser eine lebensrettende Organspende. Der Sprung von der Dringlichkeit zur Wichtigkeit ist ja mitunter schnell gemacht und ist nicht zu hinterfragen, wenn »er« das definiert. Da kann das Beschwerdeschreiben an das Parkhaus, dessen Ausfahrsperre immer klemmt, wichtiger werden als die Unterzeichnung des Zulieferervertrags über 3,5 Millionen. Das Wort »schnell« verliert an Bedeutung, weil alles schnell sein soll und nichts mehr langsam bleiben darf. Ich verinnerliche das, arbeite wie besessen ohne einen grundsätzlichen Gedanken daran zu verschwenden und werde zur wenig repräsentativen Halsschlagader des Unternehmens:

»Warum rennen Sie denn so?«
»Es ist dringend.«
»Warum?«
»Weil er es sagt.«

Im Beifahrermodus

Was im Assistenzbereich erschwerend hinzukommt, ist der hohe Grad an Fremdbestimmung. Um den Job gut ausführen zu können, braucht man einen ausgeprägten Dienstleistungsgedanken. Wenn eine Assistentin nicht bereit ist, flexibel das, was sie plant, dem unterzuordnen, was andere ihr gerade sagen, also mit einer ausgeprägten Lenkung von außen zu leben, ist sie an dieser Position schlicht falsch.

Daran hat sich bis zum heutigen Tage in diesem Job trotz aller Gerüchte kaum etwas geändert.

Menschen, deren Einfluss auf die eigenen Tätigkeiten begrenzt ist, weil sie ganz einfach eher fremdbestimmt mit den Vorgaben eines anderen arbeiten und weniger Spielräume in ihrem täglichen Arbeitspensum haben, können das als ziemlich belastend empfinden und leiden schneller unter Stress als diejenigen, die steuern und entscheiden. Der Neurobiologe Gerald Hüther hat belegt, dass Beifahrer im Auto mehr Stress durchleben, als der Fahrer, da bei Beifahrern zwei unterschiedliche Hirnregionen permanent gleichzeitig aktiv sind: Einerseits sind sie sozusagen »im Geschehen«, also im Effektivmodus, denn sie sitzen ja nun mal im selben Auto und haben denselben Blick auf die Straße. Andererseits befinden sie sich in der Beobachterrolle, das heißt, sie beurteilen und antizipieren und können in dieser Rolle nur mittelbar Einfluss nehmen. Sie harren aus auf dem Beifahrersitz, um Verständnis bemüht oder mit kurzen oder längeren Momenten der Fassungslosigkeit kämpfend und kommen dabei nur ins Sichtfeld des Fahrers, wenn dieser einen kurzen Blick von der Straße weg zur Seite wagt. Das dürfte Ihnen vielleicht so oder so ähnlich aus eigenen Straßenverkehrserlebnissen bekannt vorkommen und gegebenenfalls auch im übertragenen Sinne aus dem Job. Ich glaube, keine Assistentin würde ihre Rolle als Beifahrerin bestreiten, wenn sie bei der Terminplanung im Vorfeld ahnt, dass das alles viel zu knapp ist und nie und nimmer gut gehen kann. Doch ihr Chef will es so, er sitzt am Steuer und hält drauf. Das Beifahrer-Sein kann eine höchst anspruchsvolle, kreative Sache sein, im Kopf und überhaupt, wenn wir es positiv nehmen! Aber eben auch Stress.

Und nun stellen Sie sich vor, Sie haben auf dem Rücksitz noch eine Horde undisziplinierter Mitfahrer sitzen, die sich »Team« nennt und die es im Auge zu behalten gilt. Assistentinnen werden gern als »Stützen des Unternehmens« gesehen, die den Führungskräften »den Rücken freihalten«, die loyal und diskret bleiben, während sie nebenbei oft genug »Kummerkasten« des halben Unternehmens und Abladestation für so manchen Arbeitsauftrag aus dem Team sind. Sie sind auf Abruf für andere da. Mitunter sind sie acht, zehn, zwölf Stunden oder noch länger im Einsatz, sozusagen auf »Stand-by« – ungeachtet eigener Arbeitsgebiete im Controlling-, Finanz-, Personal- oder Event-Bereich, die »nebenbei« laufen sollen. Da kann es auf dem Beifahrersitz schon verdammt heiß werden, und die Scheiben beschlagen. Stress.

Mein Internist sagt fröhlich: »Mit steigendem Handlungsspielraum sinkt der Stress und somit der Cortisolspiegel im Blut«, und dann guckt er mich an und grinst, als hätte er mir die Lösung präsentiert statt des Problems.

Jeder Mensch erhebt instinktiv, also biologisch bedingt, gewisse Territorialansprüche, sein engstes Umfeld betreffend. Das kann der eigene Schreibtisch und sagen wir eine Bannmeile von zwei Metern darum herum sein. Assistentinnen aber müssen berufsbedingt ihre Territorialansprüche herunterschrauben: Kollegen stürmen unangemeldet bis an die Tischkante und näher, ziehen den Stuhl davor zu sich heran oder hocken sich gleich auf den Tisch, mitunter so nah, dass Vorspeise, Hauptspeise und Dessert des mittäglichen Kantinenessens olfaktorisch mühelos identifizierbar werden. Unterbrechungen dieser Art gehören im Schnittstellenbereich Sekretariat mehr als in anderen Büros zum Alltag und zwar ständig. Wir sitzen immer öfter im Großraumbüro. Das hat natürlich irgendwo eine Tür, die man öffnen oder eben schließen kann. Nur sitzen wir ziemlich weit von ihr entfernt. Selbst wenn wir außen das gute alte »Bitte nicht stören«-Schild hinhängen würden, hätte das kaum Einfluss auf die Störfaktoren, die uns im direkten Umfeld umgeben. Früher konnten Chefs sagen »Jetzt nicht!« oder »Jetzt keine Anrufe durchstellen«. Das können und wollen sie sich heute immer seltener leisten, sofern sie selbst überhaupt noch eine Bürotür haben. Einer meiner Kollegen hat sich einmal auf der Suche nach Ruhe und Konzentration in einen kleinen Besprechungsraum gesetzt und vor die Tür ein Schild gehängt, auf dem »Nicht betreten. Parketterneuerung« stand. Das sagt alles.

Wenn Schnelligkeit vor Inhalt geht

Die latente Gefahr bei Stress lautet: Schnelligkeit geht vor Inhalt. Je gestresster der Chef ist und je mehr Chefs es gibt, für die wir arbeiten, desto mehr ist frau mit rein ausführenden Tätigkeiten wie Termin- und Reisemanagement, Koordinierung, Schadensbegrenzung und Abrechnung beschäftigt. Allein damit ist der Tag bereits gut ausgefüllt. Die Zahl der »Schnell mal eben«-Aufträge nimmt zu, und husch, ehe wir es uns versehen, steigt der Puls und wir wissen nicht mehr, wo uns der Kopf steht. »Machen Sie sich mal eben schlau« ist so ein Satz, der ins Zitatenbuch unseres Jobs gehört. Die schnelle Aneignung von Wissen, da wo auch Halbwissen bereits reicht, für diese eine Aufgabe, über diesen einen Kunden, über diese eine App, geschieht nebenbei. Man »löscht mal eben schnell ein Feuer«, und für eine Vertiefung bleibt selten Zeit. Allrounder können sich nicht lange aufhalten. Die fatale Devise lautet: »Machen, nicht denken.«

Ein Problem taucht spätestens auf, wenn die Assistentin zu den Frauen gehört, die in ihrer Arbeit gern etwas mehr Tiefe, etwas mehr Klasse statt Masse hätten und denen das »Gut-zu-tun-haben« nicht reicht, weil es sie selbst und das Team nicht voranbringt. Sie hat zwar jede Menge Arbeit, aber keine Aufgabe und sieht das nicht ganz ein. Sie will nicht handeln – handeln – handeln, sondern denken – handeln – lernen. Kurzum: Sie ist auf Sinnsuche und muss tagtäglich gegen diesen Impuls arbeiten. Denn solange sich beide Schreibtische vor lauter To-do's biegen, solange sie immer noch da ist um 19.30 Uhr, wenn der Chef aus dem Meeting kommt, wird er nicht einsehen, warum er ein paar interessantere Sachen an sie delegieren sollte. Schließlich hat sie ja schon so genug zu tun. Und die Organisation der Vertriebsleitertagung in Prag? Kann doch die Kollegin machen. Die hat mehr Zeit für so etwas ... Das Tagesgeschäft lässt oft keinen Raum für das Motivieren und Entwickeln von Mitarbeitern. Das Delegieren von herausfordernden Aufgaben, an denen frau wachsen kann, wird gedanklich mit Arbeit verbunden, mit Informieren und Erklären. Also mit Zeitinvestition. Und Zeit gibt's nicht. Genau genommen gibt's dann auch keine Führung. Denn für die braucht man – oh je – Zeit.

Und es ist doch so: Wenn Chef ein paar Stichworte ausspricht oder uns einen Gedanken mailt (Zeitaufwand 30 Sekunden), machen wir mal eben daraus einen orthografisch korrekten, formatierten Text, hämmern ihn also in die Tastatur, überprüfen die Adressen und den Verteiler, versenden, speichern ihn und halten nach (Zeitaufwand mit Übersetzung mindestens 15 Minuten). Merken Sie was? Am Ende sind wir in der Panik- und er in der Komfortzone. Ich habe das einem meiner Chefs mal vorgerechnet und ihm gesagt, dass Dinge, die als Gedanke seinen Kopf verlassen, nicht im selben Moment auch schon erledigt sind. Reden gehe manchmal eben ein bisschen einfacher und schneller als schreiben. Diese Rechnung sei zu einfach, hat er mir dann erläutert. Sein Stress säße innen, ziemlich tief in ihm drin, den könne er nicht einfach so zeigen. Sein Stress trage den Namen »Chef-der-die-finale-Verantwortung-für-fast-alles-hat«. Mein Stress dagegen, der säße weiter draußen, sei ein bisschen oberflächlicher. Den sehe man eben öfter. Damit hat er mich ziemlich ins Grübeln gebracht, und ich glaube, so ganz unrecht hatte er nicht. Ich nahm mir vor, meinen »oberflächlichen Stress« auch nicht mehr so oft an die Luft zu lassen, doch er entpuppte sich als wahrer Freiluftfanatiker.

Wo ist die Zeit – und der Handlungsspielraum?

Zurück zu meinem Internisten, der meinen Cortisolspiegel herunterkriegen will. Wo nehmen wir also in Stresszeiten den berühmten Handlungsspielraum her, wenn uns der alltägliche Ausführungsstress zusetzt oder die eigentlichen Stärken verpuffen? Oder wenn wir das Gefühl haben, dass wir gerade »mit Haut und Haaren gefressen« werden? Ich bin immer wieder überrascht, wie wenige Menschen a) sich und ihrem Vorgesetzten eingestehen, dass Sie überhaupt Stress haben oder b) ihrem Chef genau benennen oder gar aufschreiben können, wo eigentlich der Hund namens Stress begraben liegt. Wer hat sich jemals hingesetzt und ein schriftliches Stellen-profil gemacht, um ein bisschen Transparenz in seine Tätigkeiten zu kriegen? Genau diese Frage könnten sich übrigens auch die Chefs selbst stellen! Am besten rückt man dem Stress wie jedem Serien-täter mit einer Art forensischer Untersuchung zu Leibe.

- Sollte Ihr Chef auch unter Stress leiden oder sogar der Anstifter sein: Gelingt es Ihnen, ihn vorübergehend ruhigzustellen, ohne dass er im Minutentakt für sich und andere Arbeit generiert? Wie viel Zeit hat er pro Tag zum Nachdenken, zum Gedankensortie-ren? Stellen Sie ihm einmal in der Woche zwei Stunden NICHTS in seinen »20-Minuten-Slot-Outlook-Kalender«, sozusagen als »Meeting mit ihm selbst«? In einem richtigen Raum mit Wänden. Ohne Kekse. Nur mit einem Stück Papier und einem Stift? Ohne Smartphone? Wer nicht ganz bei sich selbst ist, kann schließlich nicht bei anderen sein. Hat er genügend Zeit für nicht delegier-bare Strategieplanung, Mitarbeiterführung, für neue Ideen und das Verwerfen von neuen Ideen, für anstehende Entscheidungen und das Überdenken der Entscheidungen? Wie viel Mut und Ver-änderung trauen Sie sich zu, wenn es darum geht, ihm einfach Freiräume – die gute alte Abschirmung – zu geben, die er sich von allein einfach nicht zugesteht? Eine Führungskraft sagte mir ein-mal über seine Assistentin: »She makes me feel invisible for some time over the day. It's luxury.« So sieht Freiheit aus.
- Hat Stress seinen Ursprung in der Arbeitsorganisation? Werden Prozesse, die eigentlich umständlich sind, erst gar nicht hinter-fragt, weil »das ja immer schon so war«? Gibt es Arbeiten, die dem Routine-Altar geopfert werden und die sich eigentlich kaum je-mand anguckt? Welche Punkte würden auf einer »Stop-doing-Lis-te« stehen? Müde macht uns die Arbeit, die wir liegen lassen, nicht die, die wir tun!
- Fehlen uns lediglich mehr Informationen, und wir trauen uns nicht, diese einzufordern? Und arbeiten dann lieber mit Plan A und Plan B, für alle Fälle, denn man weiß ja nie?

- Wie ist der Arbeitsrhythmus? Unter Umständen ist man eine Eule und fängt morgens gern spät an, während der Chef ein früher Vogel ist, der felsenfest davon überzeugt ist, dass die Welt aus frühen Vögeln besteht, und nicht ausgerechnet in uns die Eule vermutet. Weiß er, dass Sie unter Umständen die Dinge lieber genau nehmen, vielleicht eher planen, statt spontan entscheiden und am besten sind, wenn Sie sich zumindest kurzzeitig auf eine einzige Sache konzentrieren können? Kennt er Ihre »Zeitpersönlichkeit«?
- Gibt es Störfaktoren, und was genau sind die »UUU's«, die ungeliebten, ungeplanten Unterbrechungen? Denn nur eine einzige davon kann Sie im Schnitt zehn Minuten Arbeitszeit kosten. Ist es so schlimm, wenn Sie die Tür auch einmal zumachen, wenn Sie schon eine haben? Wie oft checken Sie den Mail-Posteingang? Können Sie sich ein Bearbeiten Ihrer Mails in sinnvollen Zeitblöcken vorstellen? Denn muss wirklich jede Mail sofort angeklickt werden? Je schneller Sie darauf antworten, desto schneller haben Sie die nächste.
- Sachbearbeitungsaufgaben sind prozessgesteuert, wichtig und erfordern Konzentration. Ein rufender Chef oder Kollege ist kein Prozess, sondern ein Mensch, der meist sofortige Aufmerksamkeit erfordert. Wir müssen dann von der Konzentration auf die Aufmerksamkeit nach außen umschalten und wieder zurück. Dies langfristig durchzuhalten und den ganzen Tag immer hin- und herzuwechseln, ist nahezu unmöglich. Multitasking ist ein Gerücht. Treffen Sie mit ihren Vorgesetzten klare Absprachen zu definierten 30-Minuten-Zeitarbeitsblöcken für Sachbearbeitung. Gelingt es Ihnen, für 30 Minuten den Bildschirm auf Schoner und den Ton auf stumm zu schalten, die telefonische Sprachbox zu aktivieren und im Büro auftauchende Leute auf später zu vertrösten? Das kann morgens vor 09.00 oder nach 11.30 Uhr geschehen oder abends nach 17.30 Uhr. Wenn Sie Ihre Sachbearbeitungsaufgaben in zu bearbeitende Teilblöcke aufteilen, kann das funktionieren.
- Da sind wir schon fast bei der mangelnden Abgrenzung und bei dem Kreislauf, den wir alle kennen: Wen der liebe Gott einmal bei der Arbeit gesehen hat, dem besorgt er laufend neue. Und

wenn Sie sich kümmern und dem Helfersyndrom Vorschub leisten (»Ich mach' das schon«), sind Sie ja auch durchaus beliebt und werden zur gefragten Person. Und wer will das nicht? Aber das ist der Humus für noch mehr Arbeit! Den Satz »Jetzt nicht!« kennen wir doch alle von dem einen oder anderen Chef – aber wir verwenden ihn viel zu selten selbst. Tappen Sie nicht in die Freundlichkeitsfalle! Zur Not können Sie ja immer noch die verbale Umleitung gehen und Ihre Absage als Angebot verpacken: »Heute kann ich nicht länger bleiben. Aber morgen könnte ich bis 19.30 Uhr da sein!« »Die Präsentation haben Sie morgen um 16.00 Uhr!« (statt »Die Präsentation kann ich aber heute nicht mehr machen.«)

- Haben Sie Stress, weil Sie so lange auf Entscheidungen warten müssen? Was können Sie einfach selbst entscheiden? Gibt es Entscheidungsvorlagen, die Ihr Chef »im Vorübergehen« abzeichnen kann und die man sozusagen »auf den Tresen« legt, mit einem lässigen Fingerzeig darauf, statt sie wortlos und bedeutungsschwanger zum Stapel auf seinem Schreibtisch zu legen? Seien Sie mutiger und risikofreudiger, damit sie schneller sein können. Und wenn nicht, dann seien Sie wenigstens mutig, die Konsequenzen von Nicht-Entscheidungen entstehen zu lassen, statt wieder in letzter Minute die Sache zu retten. Wie soll sich dann jemals etwas ändern?

- Wenn Ihr Chef Ihnen auch nach 21 Uhr noch Nachrichten sendet und Sie diese dann auch noch lesen, haben Sie unter Umständen Ihre Verpflichtungen als digitale To-do-Listen, als E-Mail-Konversationen, als Word-Dokumente noch nachts vor der Iris oder als Haupt-Plot im Traum. Dann stimmt etwas nicht. Dann bestimmt Ihr Job Ihren Schlaf. Es reicht, wenn Ihr Chef dieses Problem hat. Wann haben Sie sich zuletzt folgende Frage gestellt: Wie viel von meiner Person gebe ich her? Wie viel von meinem Selbst biete ich an? Und wie viel davon biete ich nicht an oder zumindest nicht zu dem Preis, den man bereit ist, dafür zu zahlen?

- Und schließlich gibt es eine kleine Stellschraube, die oft einen faszinierenden Effekt auf den gefühlten Stress haben kann, und man wundert sich, wie selten sie zum Einsatz kommt: Ein Chef, der seiner Assistentin sagt, wie wertvoll ihre Arbeit ist, der genau weiß, was sie alles wuppt, und das auch kundtut, der signalisiert, dass er sie unbedingt halten will. Es braucht oft noch nicht einmal eine On-top-Maßnahme. Nur ein Wort. Einen Satz. Einen einzigen Satz. Zur Not ausgesprochen, wenn er im Türrahmen steht und eigentlich gerade gehen will. Über die Schulter nach hinten geworfen. Ohne Blickkontakt – nicht gerade vorbildlich, wie wir wissen. Aber es ist ein Anfang, und das Gefühl, das sich danach bei Stress einstellt, wird bereits ein anderes sein. Stress ist oft begründet in dem Gefühl, nicht gesehen zu werden. Das schadet dem Selbstbewusstsein, und wenn das erst einmal angeknackst ist, richtet man die Waffen irgendwann auf sich selbst statt auf andere – nur weil man auf ein motivierendes Wort wartet, das sich in zwei Sekunden aussprechen ließe.

Stressfalle Perfektionismus

Wenn Sie das Wohlwollen aller Menschen, mit denen Sie beruflich Kontakt haben, zum Hauptkriterium machen, dann müssen Sie auch so agieren, dass keiner etwas daran auszusetzen hat. Die Wahrscheinlichkeit, dass Sie das schaffen, ist gleich null – es sei denn, Sie sind die Supernova des Managements.

Menschen, die einen hohen Anspruch an sich selbst und an andere haben, sind stressanfälliger. Wir Frauen sind da ganz groß: Unser Perfektionismus ist eine Waffe, mit der wir immer nur auf uns selbst zielen. Uns haftet das Label »fleißig und mitdenkend« an – während Männer »umsetzungsstark und visionär« sind. Merken Sie den Unterschied? Wenn Ihr Chef sagt: »Sie waren aber fleißig!«, haben Sie genau genommen etwas falsch gemacht.

Aber in die umgekehrte Richtung tun wir uns mitunter genauso viel Stress an: Da besuchen wir selbstoptimierende Seminare, um uns zu »Alpha-Frauen« machen zu lassen, die authentisch, intuitiv ausbalanciert und standfest unwichtigere Aufgaben delegieren und im »Hochstatus« den Arbeitsalltag meistern.

Andernorts lesen wir in einem Ratgeber den Vorschlag für eine Rund-Mail »Putzplan für alle«, falls die Kaffeeküche im Büro so aussieht wie nach der Schlacht von Waterloo. Von der Alpha-Frau zur Putz-Mail, was für ein Spagat. Ich will keine seminargestählte »Alpha-Frau« sein, weil ich das in meiner beruflichen Position einfach nun mal nicht bin, niemanden zum Hindelegieren habe und der Titel »Alpha« schon anderweitig vergeben ist. Beta fühlt sich für mich besser an, es entspricht eher meinem Lebensgefühl. Ich mag Sherlock Holmes, aber ich liebe Dr. Watson. Und was wäre Miss Marple ohne Mr. Stringer? Wenn ich stets das Maximum aus mir herausholen würde, hätte ich Angst, irgendwann nichts mehr in mir zu haben. »When too perfect, lieber Gott böse« – sagt der aus Korea stammende Künstler Nam June Paik. Oder ich halte mich an die Inder, denn vor dem perfekten Werk hüteten sich bereits die Erbauer des Taj Mahal: Sie glaubten, dass vom Menschen geschaffene Vollkommenheit Gott beleidige, und brachen deshalb nach Fertigstellung der Arbeiten wieder einen Stein aus dem schönsten Palast der Menschheit heraus.

Was mit »Alpha-Frau« gemeint ist, könnte jedoch sein: Seien Sie mutig, Dinge auch einmal nicht zu machen beziehungsweise nicht gleich von Anfang bis Ende durchzuackern. In Stresszeiten ist das sogar Ihre einzige Chance. Behalten Sie die Kontrolle über Ihr Tun und lenken Sie Ihr Engagement in die richtige Richtung: Klasse statt Masse.

Und was halten Sie von der 80/20-Regel? Denn natürlich können Sie alles auf Hochglanz polieren, aber ob der Unterschied zwischen 85 und 105 Prozent jemand anderem außer Ihnen auffällt, ist fraglich. 80 Prozent der Ergebnisse werden mit 20 Prozent Gesamtaufwand erreicht und ernten genauso viel Anerkennung. Der Rest ist Kür. Und die dauert dann oft noch 80 Prozent der Zeit, verursacht also die meiste Arbeit.

Beispiel: Die Powerpoint-Präsentation über die Nischen und Entwicklungsspielräume im deutschen Waschbeckenmarkt müssen Sie nicht sofort vom Titelchart bis zum Chart 16 formvollendet, optisch anspruchsvoll und animiert durcharbeiten. Zeigen Sie Ihrem Chef den Folienmaster und ein Konzept, auf wie viele Charts Sie seine Vorgaben in Optik zu verwandeln gedenken.

Wie oft habe ich erlebt, dass ein Entwurf oft schon die halbe Miete war und ich mich nachher nicht ärgern musste, wenn doch wieder alles anders war und ich wieder einmal zeitintensiv für die Tonne gearbeitet hatte:

»Präsentation? Welche Präsentation? Ach, die! Nee, das machen wir jetzt anders. Die brauche ich nicht mehr. Hatte ich Ihnen das nicht gesagt?«

Bingo. In diese Falle tappen wir fleißigen Frauen immer noch zu gern. Manchmal ist gut einfach besser als perfekt. Es ist wie mit dem Make-up und dem Parfum: Zu viel ist kontraproduktiv. Spitzenrestaurants haben ja auch eine kleine Speisekarte.

Die Kunst ist wohl, sich zu verabschieden von dem, was man sowieso schon ewig vor sich hergeschoben hat oder noch nie so richtig gut konnte.

Schon das Eingestehen von Schwächen – sich selbst und anderen gegenüber – kann ungeheuer befreiend sein. Es gibt Probleme, mit denen es sich wunderbar leben lässt, wenn man erkannt hat, dass man sie nicht lösen kann.

Trotz allem

Und wenn Sie jetzt immer noch glauben, dass der Stress täglich über Sie hereinbricht wie die höhere Gewalt eines Hagelgewitters und dass es sich mit der Selbstverantwortung und der Veränderung so einfach wahrlich nicht verhält, weil man am Ende des Tages eben immer noch ziemlich ferngesteuert und fremdbestimmt ist, und ich darüber hinaus Sie und Ihren Chef ja auch gar nicht kenne, dann gebe ich Ihnen recht. Der tägliche Machbarkeitswahn rund um die Behauptung, man könne alles erreichen, wenn man es nur wirklich will, geht mir manchmal ganz schön auf die Nerven, weil er nicht beeinflussbare externe Faktoren völlig außer Acht lässt. Ich gehöre auch nicht zu den Menschen, die sich ihre Parklücke kosmisch bestellen. Aber: Man kann schon eine ganze Menge ändern, wenn man bei den kleinen täglichen Gewohnheiten anfängt. Probieren Sie es aus! Ich habe mit folgenden Gewohnheitsänderungen angefangen und ziehe diese bis heute durch:

1. *Ich trinke jeden Morgen als erstes ein Glas Wasser.*
2. *Ich nehme konsequent die Treppe und nicht die Rolltreppe.*
3. *Ich grüße jeden, der mir im Job auf dem Flur oder im Fahrstuhl über den Weg läuft.*

Erzählen Sie mir nicht, dass das unmöglich ist. Das mit dem Stress lässt sich ähnlich angehen:

1. *Ich schreibe genau auf, woher eigentlich mein Stress kommt.*
2. *Ich starte einmal in der Woche um 8 Uhr statt um 9 Uhr.*
3. *Ich mache im Job einmal täglich für 30 Minuten konzentriert nur eine einzige Sache.*

> *»Nur ein Narr macht keine Experimente.«*
> Charles Darwin

Work-Life-Management – Privates für den Chef

Die heutige Arbeitswelt besteht aus Teamplayern und autonomen Selbstversorgern. Jede einzelne Arbeitsstunde kann eindeutig einem Projekt zugeordnet werden. Die Zeit der statusverliebten Menschen auf den Führungsetagen, die dreiteilige Anzüge trugen und ihr Privatleben über die Assistentin mitmanagen ließen, ist so vorbei wie Lametta an den Weihnachtsbäumen, oder? Wer lässt sich heutzutage noch das heimische Heizöl und den kompletten Urlaub über das Sekretariat buchen? Wer hat das überhaupt jemals getan? In unserer neuen Arbeitsnomadenwelt ist schließlich jede Dienstleistung nur einen Tastendruck entfernt, den jeder höchstpersönlich ausführen kann. Privatleben und Beruf fließen elegant und nahezu unbemerkt ineinander. Wer behelligt da im Ernst noch seine Assistentin mit dem eigenen Onlinebanking? Das Eintippen von IBAN-Zahlenkolonnen geht doch jedem mühelos von der Hand, oder? Und gibt es überhaupt noch Rotary-Club-Listen, -Einladungen und -Protokolle, oder heißen die heute anders? Ich treffe Chefassistentinnen, die mich nur ungläubig angucken, wenn ich dieses Thema anschneide, weil sie höchstens nebenbei einen privaten Flug ihres Chefs auf seine private Kreditkarte buchen, husch, kaum der Rede wert. In solchen Momenten erfüllt mich eine Welle von Zufriedenheit und Hoffnung, und dann bin ich mir sicher, dass das Privatleben wieder Privatleben ist, also hauptsächlich auf den Smartphones und Tablets der Chefs stattfindet, die von ihnen selbst bedient werden.

Doch dann kommen andere Frauen mit derselben Berufsbezeichnung und mit demselben Gehalt, die von merkwürdigen analogen Dienstleistungen berichten, die man glaubte längst überwunden zu haben, und das ist umso öfter der Fall, je höher in der Hierarchie sie tätig sind. Man erfährt von erstaunlichen Unselbstständigkeiten in der Alltagsbewältigung auf Führungskräfteseite: Da weist ein Digital Immigrant der Alpha-Welt seine Assistentin an, bei Apple anzurufen, mit der dringenden Bitte, auf seinem iPad eine bestimmte Funktion im Update des Betriebssystems wieder zurückzusetzen, denn mit der komme er nicht klar. Hier ist der Sprung zum Kurs »Wie löse ich Staus auf oder überwinde Besetztzeichen in der Leitung?« nicht weit. Auch in modernen, schnellen, angelsächsisch geprägten Unternehmensberatungen sieht man Assistentinnen, die »by the way« eben einen Stapel frisch gereinigter Oberhemden für ihre Chefs aus der Mittagspause mitbringen oder »mal eben« einen englischsprachigen Wanderführer organisieren, während der Vorgesetzte mit seiner Familie schon im Trekking-Outfit in der Lobby eines Hotels in einem baskischen Zweihundert-Seelen-Dorf 2000 Kilometer entfernt in den Pyrenäen weilt, mit den Händen aufs Glastischchen klopft und den Hotelservice verflucht.

Sehen wir es konstruktiv und professionell, denn in solchen Tätigkeiten könnte die Nischenkompetenz eines modernen Life-Time-Managers liegen: Eine Assistentin könnte sich positionieren als klassisch analoger Personal Assistant, kurz PA, der oder die für die Rundumbetreuung einer Führungskraft tätig ist, damit diese in der schnellen informationsüberladenen Multitasking-Welt nicht die Seele und das eigene Leben verliert, was dem Unternehmen ebenfalls nicht guttun würde. Ein PA wäre wieder nah dran am Management, an den Entscheidungen und letztendlich auch am Leben der Manager, Privates eben inklusive. Das »Family Office« wäre Bestandteil des Arbeitsvertrages, und die Assistentin hätte in diesem Fall ein präzises Tätigkeits- und Gehaltsprofil. Man könnte sie »buchen« fürs Hemden-Abholen und iPad-Programmieren. Träumen wir vorerst weiter. Die Laufbahntransparenz und die Klarheit darüber, was wir machen und was wir eben nicht machen, ist immer noch Zukunftsmusik.

Work-Life-Blending – der schleichende Sog der Annehmlichkeit

Wir sind Work- und Life-Time-Manager. Nur: Werden wir dafür heute auch angemessen bezahlt?

Klar, das mit den Oberhemden läuft heute sozialkompetent auf Augenhöhe ab: Unserem überlasteten Chef, den wir selbstverständlich duzen, oder unserem Lieblingskollegen würden wir diese kleine Bitte nicht abschlagen, wenn uns unser Weg zum Coffee-Shop sowieso an der Reinigung vorbeiführt. Nur, würde er das umgekehrt auch für uns tun? Würde er jemals irgendjemand anderen darum bitten, an dessen Tür nicht »Sekretariat« steht oder in dessen Jobtitel nicht irgendetwas mit »Assistentin« vorkommt? Frauen, die diesen Titel tragen, sagt man nach, sie seien mit kleinen Schlaufen auf dem Rücken zur Welt gekommen, an denen man im Kampf mit den Alltäglichkeiten des Lebens so allerlei festzurren kann: lästige Anrufer, schwierige Kunden, Reisekostenspesenhäufchen, unschöne Gefühle, die komplette deutsche Orthografie, Tassen, Gläser, Krümelteller, kein Problem – und auch, fast im selben Atemzug, die private Lebenshilfe. Die Grenzen zwischen »im Job assistieren« und »im Leben assistieren« sind gar nicht mehr richtig auszumachen, Beruf und Privatleben fließen ineinander über, und manchem Chef ist gar nicht bewusst, dass er da plötzlich in die private Kostenstelle rutscht mit jemandem, der von seinem Unternehmen bezahlt wird. Unter Umständen verschwendet er keinen Gedanken daran und/oder merkt es gar nicht. Die Assistentin gehört ja schließlich zu ihm, zum Team, man ist sozusagen kurz vor der Mutation zum Einzeller. Distanz? Bei diesem Thema Fehlanzeige. Auch die Frau im Sekretariat versteht sich heute als schnelle Service-Providerin, die höchstens noch ein kurzes Augenbrauenzucken, aber keine Diskussion riskiert. Sie hat es schon längst aufgegeben, Grenzen zu ziehen zwischen all den Projekten, die in immer kürzer werdenden Abständen parallel ausgeführt werden müssen. Sofern der Aufwand überschaubar bleibt, nimmt sie eine privat orientierte Mission so selbstverständlich und nonchalant hin wie eine Heuschnupfenattacke im Frühjahr. Nur was genau ist »Aufwand«? Herrscht »Aufwand« dann vor, wenn Leistungen auf das Privatkonto des Vorgesetzten über sagen wir 20 Prozent der Arbeitszeit ausmachen? Oder wo fängt das an? Und wie hält man das alles auseinander? Eine Assistentin berichtete mir, dass sie jedes Jahr schon sechs Wochen vor Weihnachten die kompletten Weihnachtsgeschenke für die Familie ihres Chefs bestellt hat – vorausgesetzt, er gibt ihr rechtzeitig die Links zu den Websites, oder vorausgesetzt, er wählt aus den Links, die sie ihm vorschlägt, seine Wunschgeschenke aus. Und vielleicht findet sie selbst ja auch etwas für ihre Lieben bei dieser Gelegenheit und bestellt es auf ihre private Kreditkarte gleich mit. Auch das läuft heute unter »Work-Life-Blending«.

»Bleisure-Reisen«

Bleiben wir bei der Assistentin mit den Online-Weihnachtsgeschenken. Sie macht sich unter Umständen auch keine Gedanken darüber, einen Tisch in Dublin zu reservieren, für ihren Chef, der dort gerade Urlaub macht. Sie ruft auch nochmals an im Restaurant, um nach den Menüs für den Abend zu fragen und cancelt auf Wunsch den Tisch wenig später wieder, um einen anderen zu reservieren, gern am

Fenster, für unseren Chef und seine Familie, die sich gerade in Fünf-Minuten-Gehentfernung zum Restaurant aufhalten. Man hat eben mehr Chancen, einen Tisch zu bekommen, wenn man ihn über eine weibliche Stimme buchen lässt, die sich mit Office Mr. XY meldet. Botschaft: Ich bin in einer Position mit dem entsprechenden Gehalt, mit dem entsprechenden Büro. Ich bin nicht ganz unwichtig. Im Job. Im Urlaub. Im Leben überhaupt. Das ist bedingt nachvollziehbar und passiert sicher so oder so ähnlich tausendfach am Tag, aber es bewegt sich in seiner leisen Selbstverständlichkeit eben auch in einem Grenzbereich und manchmal jenseits dessen: Wenn die Sekretärin gerade – sagen wir, und jetzt drücke ich mal auf die Tränendrüse – um 19 Uhr ihre Mutter im Krankenhaus besucht und ihr Chef zeitgleich auf dem Weg zu einem anderen Restaurant in Dublin ist und jetzt doch lieber dort einen Tisch reserviert haben möchte, kommt man ein wenig ins Grübeln. Das achselzuckend wegzustecken, ist dann eine Frage der professionellen Haltung – auch wenn die auf der anderen Seite zu wünschen übrig lässt ...

Das Travel-Management, eine der klassischen Kernkompetenzen im Sekretariat, ist zum Life-Management rund um die Uhr geworden. Früher mag »weg« auch wirklich »weg« geheißen haben, heute dagegen erleben wir auch hier eine Entgrenzung von Raum und Zeit: Vielleicht hat ein Chef analog das Büro verlassen, aber digital bleibt er da. Er sitzt morgens um sechs am Check-in und setzt Nachrichten an seinen Travel-Manager ab, der beziehungsweise die um diese Uhrzeit noch ihren schönsten Traum genießt und hoffentlich ihr Smartphone aus dem Schlafzimmer verbannt hat. Und wenn am Abend zuvor der Sohnemann des Chefs wieder einmal seinen eigenen PC abgeschossen hat, weil er beim Herumspielen darauf sämtliche Virenprogramme deaktiviert hat, dann ruft der Vater eben deswegen am nächsten Tag um acht Uhr morgens von Mailand aus in seinem Sekretariat in Mühlheim an der Ruhr an und bittet seine Sekretärin, doch bitte mal mit der IT zu sprechen und das wieder in Ordnung bringen zu lassen.

Nichts ist unmöglich, das gilt heute noch mehr als früher, wo vieles nur einen Klick oder zwei oder drei oder vier entfernt ist. Das Verlängern eines Business-Trips für ein langes Wochenende, um auch einmal etwas von der Stadt zu sehen, in der man sich da aufhält, hält als Trend ungebrochen an – man nennt es heute »Bleisure-Reise« (Business + Leisure). Dass man den Leisure-Part mit dem Travel-Manager macht, der auch den Business-Part vorbereitet hat, ist naheliegend: Die Sekretärin bucht um vom 4-Sterne-Hotel ins 5-Sterne-Hotel mit Schwimmbad in Olympia-Abmessungen, einem Zimmer nicht unter 30 Quadratmeter und auf Wunsch mit 60-Watt-Birnen am Nachttisch.

Alles rechtens?

Ich hatte in meinen früheren Jobs nie auch nur den blassen Schimmer einer Ahnung, ob ich und meine Leistungen nicht vielleicht doch pauschal in mir unbekannten Verträgen mit ausgehandelt waren. Doch ich wusste eines: Ich war auch in gewisser Hinsicht Firmeneigentum, und ich hatte gelernt, dass man das nicht einfach so für private Zwecke nutzt wie einen Regenschirm mit Firmenlogo, der ohne Worte der häuslichen Nutzung zugeführt wird. Sicher, im Vorstellungsgespräch wurde immer sehr viel Wert darauf gelegt, dass ich vertraulich mit »hoch vertraulichen Dingen« umgehen könne, und eine Nachfrage, was denn das zum Beispiel sei, hatte ich mir nicht erlaubt, weil das in meinen Augen äußerst unprofessionell gewirkt hätte. Ich hatte bei den »vertraulichen Dingen« sowieso eher an Mitarbeiterboni und Umsatzzahlen gedacht, nicht an Röntgenaufnahmen, Sprachschulen in England, polnische Fliesenleger und Innenarchitekten, die sich im Zen-Stil auskennen.

Wie sieht es überhaupt mit der Rechtssicherheit aus? Streng genommen macht sich ein angestellter Chef rechtlich angreifbar, wenn er ohne vertragliche Zusatzregelung eine vom Unternehmen bezahlte Assistentin für rein privat veranlasste Aufgaben einsetzt. Diese Missionen sind geldwerter Vorteil für Sachleistungen, die wohl über der Steuergrenze von 44 Euro monatlich liegen dürften, sie stellen rein juristisch eine Veruntreuung von Firmengeldern dar. Vorsicht ist also geboten, schon für den Fall, dass der Arbeitgeber nach

Gründen sucht, um sich von einer Führungskraft zu trennen. Fest steht erstaunlicherweise aber auch: Es fällt immer noch unter den allumfassenden Deckmantel der Loyalität als Kernqualifikation einer Sekretärin, dass Tätigkeiten mit dem Label »Privat« diskret mit abgewickelt werden. Hat man einen Vertrag als »persönliche Assistentin« für den Firmeninhaber, stehen Dienstleistungen, die das Management von privaten Dingen angehen, optimalerweise in der Stellenbeschreibung und im Arbeitsvertrag. Wenn nicht, muss man trotzdem damit rechnen und darf sich nachher noch nicht einmal wundern. Man kann ja auch schlecht harmlos fragen: »Ein Spontanwochenende auf Kreta? Toll! Kennen Sie jemanden, der das für Sie organisieren könnte?«

In den meisten Fällen lassen die Unternehmen ihre angestellten Manager gewähren mit der interpretationswürdigen Beanspruchung des Sekretariats – hier herrschen immer noch die Gesetze des »Schwarzmarkts«. Sekretärinnen haben je nach Hierarchieebene, auf der sie tätig sind, mitunter hohe Stundenlöhne und werden vom Unternehmen bezahlt, auch wenn sie gerade im Internet für den Chef nach einer bestimmten Schuhmanufaktur in La Palma suchen. Das ist nicht gerade die Art »Veruntreuung von Firmengeldern«, mit der man jemanden hinterm Ofen hervorlocken könnte. Wenn die betroffene Assistentin das durchaus gern macht und mitunter sogar unter der Hand ein Scheinchen dafür zugesteckt bekommt zu Weihnachten, ist das schwer zu beanstanden. Und wo kein Kläger, da kein Richter. Viele, die dazu öffentlich Stellung nehmen könnten, haben ja selbst a) ein Privatleben und b) eine Sekretärin. Ja, dieses Thema dürfte eines der seltenen Tabus sein, über die niemand wirklich spricht, weil die Assistentin »das schon macht«.

Es ist wie mit den millionenfach gemopsten Bleistiften, Kekspackungen, Klopapierrollen und Kopierpapierstapeln, die nach Feierabend ihren Weg in heimische Gefilde finden, ohne dass es zu Massenentlassungen kommt. Die deutsche Wirtschaft wäre sonst gänzlich führungslos. Mir ist nur ein einziger Fall bekannt, in dem ein Gericht eine Führungskraft wegen eines Bagatelldelikts beinahe um die Existenz gebracht hätte. Die fristlose Kündigung wurde jedoch wegen Geringfügigkeit der Klagesumme wieder zurückgezogen, und ich frage mich bis heute, ob die Sekretärin des betreffenden Managers vielleicht absichtlich die Drogeriemarktrechnung über Artikel des eindeutig privaten Bedarfs in der Reisekostenabrechnung belassen hat, denn normalerweise sortieren wir aus, bevor wir abrechnen. Es gibt auch die Geschichte von der Assistentin, die im Rahmen der Abrechnung einer Reise ihres Chefs nach London die Quittung über »2 Srewdrivers« empört zerriss. Dabei hatte es sich doch nur um zwei Cocktails mit dem Geschäftspartner abends an der Bar »The Market« gehandelt. Die Vermutung, es könne dabei tatsächlich um die Erweiterung des heimischen Werkzeugkoffers auf Kosten der Firma gegangen sein, spricht allerdings Bände.

Die After-Work-Rezeptbörse

Wie viel Privates darf Einzug halten in die Arbeitswelt, wenn wir heute doch sowieso von 7.00 Uhr morgens bis 22.00 Uhr abends komplett vernetzt sind und Grenzen kaum noch ausmachbar sind? Wenn eine Sekretärin abends um 19.15 Uhr kurz im Krankenhaus das Krankenzimmer ihrer Mutter verlässt, um für den besagten in Dublin urlaubenden Chef einen anderen Tisch am Fenster in einem anderen Restaurant mit Fensterfront zu buchen, dann darf man sich wohl nicht wundern, wenn sie am nächsten Morgen eben ein bisschen am Firmen-PC im Internet surft nach alternativen Behandlungsmethoden für den mütterlichen Hüftverschleiß. Sie unterbricht die Suche kurz für einen Anruf ihres Chefs, der in Dublin beim County Wicklow Gardens Festival einzigartige Buchsbaumsetzlinge ausgemacht hat und ihr die Telefonnummer der irischen Gärtnerei durchgibt, um »alles Weitere zu veranlassen«, denn er habe in der Kürze der Zeit nur schnell seine Visitenkarte abgeben können. Es könnte sein, dass seine Assistentin danach im Rahmen der »Psychohygiene« versucht ist, auch mal etwas für sich selbst zu tun und bei der Gelegenheit noch kurz vorbeischaut in der virtuellen »Afterwork-Rezeptbörse«, die auch »during work« geöffnet hat. Immerhin klickt sie »Amaretto-Zimt-Creme« an und nicht das Diskussionsthema »Was ist die optimale Kühlschrank-Temperatur?«, das man auch dort finden kann.

Arbeitszeit ist Vertrauenszeit. Wie viel Privates unsere Chefs auch immer erledigen oder erledigen lassen zwischen acht und fünf, so tun wir es grundsätzlich doch fast alle, seien wir ehrlich: zwischen zwei dienstlichen Anrufen kurz bei Facebook reinschauen, nach einer Mail an den Lieferanten noch kurz Konzerttickets oder ein Wochenend-Zimmer auf einer Internetplattform buchen. Es fällt schlussendlich alles nicht weiter auf, schließlich verändern wir die Position unseres angestellten Körpers dabei kaum. Entscheidend ist lediglich das Ausmaß dessen, was man sich da an Privatleben ins überfüllte oder nicht erfüllte Arbeitsleben holt. Und wie sollen wir auch den Unterschied ausmachen zwischen einer Xing-Kontaktanfrage im beruflichen Netzwerk oder der letzten Recherche guter Outdoor-Ausrüstung-Läden via Facebook – für uns selbst oder den Chef? Es können sich mitunter am PC wahre Abgründe der mentalen Abwesenheit auftun, mit denen wir uns nicht nur weg von jobrelevanten und qualifizierten Inhalten bewegen, sondern im ungünstigen Fall auch auf verdammt dünnem Eis: Laut Bundesarbeitsgericht, Az. 2AZR 581/04, musste jemand, der täglich mehr als eine Stunde privat in der Dienstzeit surfte, seinen Hut nehmen, und zwar ohne Abmahnung. Erstaunlich. Sollte sich das flächendeckend durchsetzen, würden auch Deutschlands Führungsetagen und Büros binnen kürzester Zeit entvölkert sein. Wir sind doch irgendwie ständig im Netz, weil wir heutzutage eben »vernetzt« arbeiten. Welche »Polizei« soll das alles auseinanderhalten? Das Unfaire dabei: Die Kolleginnen und Kollegen, die sich – für jeden hörbar und aufsummiert auch über eine Stunde – *telefonisch* mit der besten Freundin oder der Familie über das entzündete Auge des Hundes und das Geschenk fürs Patenkind austauschen, werden nicht er- beziehungsweise gefasst vom Bundesgerichtshof. Und die Chefs kriegen es nicht mit, weil sie es nicht mitkriegen wollen, weil es ihnen egal ist oder weil sie es selbst tun.

Es soll Führungskräfte geben – und ich hoffe, es ist die Mehrheit –, die nicht zu dieser aussterbenden Spezies der Privatiers mit Angestelltenvertrag zählen und ihre Privatangelegenheiten privat regeln. Die ganz Großen unter ihnen leisten sich eine outgesourcte Home-Office-Sekretärin auf 450-Euro-Basis oder gar ein »Family Office« – transparent, vertraglich geregelt und mit einem entsprechenden Gehalt. Für alle anderen Fälle gilt: Wir werden weiterhin hier und da wohl auch Privates für die Chefs erledigen, ganz einfach, weil in der heutigen Arbeitswelt »online« so vieles ineinanderfließt und die Theaterkarten für den Chef und seine Frau samt Kreditkartennummer und Prüfziffer nur ein paar zusätzliche Tastenanschläge entfernt sind. Unser »Kümmern« im 360-Grad-Modus ist ein Stück Lebenshilfe, die so vertraulich nur wir und kein System geben können. Was allein zählt, ist die Sensibilität für dieses Thema – aufseiten der Führungskräfte, der Assistentinnen und der für sie zuständigen Personaler und deren Vorgesetzte.

Wenn der Privatkram derart überhandnimmt, dass eigentliche Aufgaben darunter leiden, wagen sich die wenigsten Assistentinnen mit der Bitte um eine klare Absprache nach vorne. Gäbe es mehr Männer in unserem Berufsstand, hätten wir längt viel mehr lukrative Nebenverträge für das Erledigen der privaten Angelegenheiten unserer Chefs. Nichts ist ein Problem, sofern man es vertraglich oder in persönlicher Absprache regelt. Frauen dagegen besorgen Goldfische und holen Hemden aus der Reinigung, als seien sie dafür auf die Welt gekommen, ohne Zusatzvertrag und ohne ein Dankeschön am Ende des Jahres für diese Zusatzleistungen, finanziell oder in Form von Restaurant- oder Konzertgutscheinen.

Vielleicht ist es für einen Chef auf heilsame Weise ernüchternd, sich das vor Augen zu führen, was eine Assistentin sagte, als sie von einer Journalistin befragt wurde, ob Chefs Männer seien, mit denen sie auch privat etwas anfangen könne. Ihre Antwort: »Nein, wenn man bereits vier Fünftel kennt, möchte man das restliche Fünftel nicht auch noch kennenlernen. Der ganze Zauber ist schnell dahin.«

Eine andere sagte: »Wir lernen unsere Chefs von Tag zu Tag besser kennen, aber wir lassen uns nichts anmerken.«

Zuletzt muss ich Ihnen noch berichten, wie die Sekretärin des Chefs mit dem »Apple-Arbeitsauftrag« reagiert hat, als sie bei Apple wegen der höchst individuellen Update-Anpassung an seine Bedürfnisse anrufen sollte. Ganz einfach: Sie ließ ein paar Stunden verstreichen, ohne dass sie angerufen hätte und sagte dann ihrem Chef, dass dem Menschen in der Entwicklungsabteilung, der für den Kundendienst der Apple Inc. zuständig sei, diese Unannehmlichkeit sehr leid täte, aber er könne da leider ad hoc nichts tun. Er werde sich das Feature aber mal anschauen. Sie habe ihm die Kennnummer des iPads gegeben. Oder würden Sie Ihrem Chef den Glauben an den Weihnachtsmann nehmen wollen?

Secret Service – Sind wir noch Geheimnisträgerinnen?

Der schleichende Übergang zwischen Lebens- und Arbeitszeit ist eng verbunden mit den Themen Vertraulichkeit und Loyalität. Verschwiegenheit und Diskretion sind nicht erst seit WikiLeaks und Edward Snowden Werte der privaten und der öffentlichen Welt, die angesichts der neuen Medien mit neuen Herausforderungen verknüpft sind. Sie sind zugleich Schlüsselqualifikationen, die zum Jobprofil jeder Assistentin gehören wie das Ein- und Ausatmen und je nach Position auch Vertragsklausel sind. Als Begriff tauchen sie in fast jedem Stellenangebot des Assistenzbereichs auf.

Wenn Führungskräfte das für sie wichtigste Merkmal für den Beruf der Assistentin benennen sollen, steht Loyalität für 86 Prozent ganz oben und noch über der Fachkompetenz. Loyalität wird nicht selten hoch bezahlt – auch wenn man sie nicht »kaufen« können sollte. Man versteht jedenfalls, warum das Sekretariat »Sekretariat« heißt: Sekretärinnen sind nah dran, wie man so schön sagt. Früher saßen sie im Büro nebenan, heute sitzen sie im Mail-Account der Führungskraft. Sie kennen im Zweifel alle sensiblen Daten laufender Projekte, scannen E-Mail-Betreffzeilen und oft genug auch deren Inhalt, klicken auf Links, lesen Kurznachrichten. Auf ihren Schreibtischen landen (und das wird jetzt ein langer Satz) Verträge zu bevorstehenden Geschäftsabschlüssen, Aufsichtsratsprotokolle mit Informationen zu geplanten Einsparungen, Due Diligences, Konkursunterlagen, Entlassungen oder Boni-Ausschüttungen, juristische Stellungnahmen, erste Entwürfe diversester »den Laden erstmal umkrempeln«-Maßnahmen, Personalakten, Gehaltsbriefe – und ja eben auch Arztrechnungen mit Blutfettwerten, PINS und PUKS, Kontostände, auch die aus Flensburg etc. – kurzum alles, was in irgendeiner Weise »verwaltet« werden muss. Sie öffnen und versenden Briefe, auf denen »Persönlich/Vertraulich« steht, werden zu unmittelbaren Mitwissern. Sie wahren das Brief- und Datengeheimnis, manchmal auch das Bank-, Steuer- und Arztgeheimnis und unterliegen damit gleich auf mehreren Ebenen der Schweigepflicht. Bei einem sehr engen Vertrauensverhältnis kommt noch das Beichtgeheimnis dazu. Sie hören und sehen nicht nur vertrauliche Informationen, nein, mit jedem von Hand getippten Protokoll dokumentieren sie diese, schaffen also »Beweismittel« und wissen nachher auch, wo sie sich finden lassen. Oft finden nur sie die Dokumente, nach denen der Chef allein lange suchen würde. Er interessiert sich in der Regel nicht für Ablage. »Vertraulich« wird eine verschriftlichte Information ja erst dann, wenn dafür gesorgt ist, dass sie niemand anderem als den darin benannten Empfängern zugänglich ist.

Assistentinnen sind Geheimnisträgerinnen, die – rein technisch gesehen – nicht zu »hacken« sind. Insofern gehören sie zu den letzten Datenträgern der analogen Welt und sind in Sachen Datenschutz von unschätzbarem Wert. Informationen lassen sich mit ihnen mündlich einspeisen und sind somit in keinem System der Welt abrufbar.

Ist all das eigentlich unserem Chef bewusst, wenn wir heikle Protokolle tippen, Betreffzeilen von Mails checken, Telefonate durchstellen? Oder glaubt er, das habe uns nicht weiter zu kümmern, weil wir ja schließlich für die Verschwiegenheit bezahlt werden und diese in unserer Berufssparte sowieso zur biologischen Grundausstattung gehört? Und was denken wir? Vielleicht tippen wir eher wie in Trance den letzten Abgasmanipulationsbericht herunter wie einen Medikamentenbeipackzettel, ohne uns Gedanken zu machen, was da eigentlich drinsteht? Das Hirn hält ja nicht immer Schritt mit bei 400 Anschlägen in der Minute und neigt dazu, spazieren zu gehen, sich mit der Einkaufsliste für den Supermarkt am Abend zu befassen, während die Finger achtstellige Zahlen in die Tastatur hämmern. Die Kameralinse über unserem Bildschirm ist jedenfalls schon längst mittels Post-it zugeklebt, damit uns wenigstens niemand sieht beim Erzeugen von hochsensiblen Daten. Wo legen wir solche Schriftstücke nachher ab, damit sie nicht um die Welt gehen wie der Wind? Reicht ein Login-Passwort, das nur wir kennen? Und wann macht die professionelle Verschwiegenheit dann eben doch Bauchschmerzen, irgendwo zwischen Notlüge und Gewissenskonflikt?

Es ist aber auch ein anderes Szenario denkbar: Wir sitzen mit vier Kolleginnen im Schreibpool, fernab von jeglichen relevanten und vertraulichen Informationen, und das mit der Diskretion und den Geheimnissen ist aus unserer Perspektive heraus ein Mythos aus den vergangenen Zeiten der Miss Moneypenny. Ja, es scheint zwei Extreme zu geben: Entweder man läuft jeder Information hinterher, oder man bekommt zu viele davon, manchmal zwischen Tür und Angel und manchmal einfach nur per Passwort – in jedem Fall oft mehr als man eigentlich wissen und verwalten möchte. Ein spannendes Thema. Geheimnisse sind kostbar, man muss sie mit Samthandschuhen anfassen, sie datensicherheitskonform ablegen oder gleich für sich behalten, denn sie dürften so ziemlich das Einzige sein, was sich bei Entdecken in Luft auflöst – ein nahezu einzigartiges Phänomen also und die letzte harte Währung auf den Chefetagen.

Arbeitswelt 4.0 – Vertraulichkeit war gestern

Das Wort »Sekretär« hat seinen sprachlich historischen Ursprung im Beruf des Geheimschreibers, der bis Mitte des 19. Jahrhunderts noch von Männern ausgeübt wurde, durchaus auch in beratender Funktion. Im Staatsdienst – auch im Vatikan – gibt es sie noch heute, und sie zeichnen sich vor allem durch eines aus: Nähe zum Chef und Verschwiegenheit. Deswegen bevorzuge ich immer noch das Wort »Sekretärin« im Vergleich zur Assistentin. Doch dieser wortwörtliche Ursprung des Sekretariats geriet irgendwann ins Hintertreffen: Mit dem Einzug der Schreibmaschine standen plötzlich Schreibleistung, Schnelligkeit, Masse, Dienstbarkeit und günstige Entlohnung im Vordergrund, anders ausgedrückt: Frauen kamen in den Beruf. Wie sehr heute noch Loyalität und Vertrauenswürdigkeit Einstellungskriterium sind, hängt davon ab, ob eine Sekretärin als persönliche Assistentin für einen Geschäftsführer oder Vorstand arbeitet – oder als Teamassistentin für zwölf Leute. Strategiepläne oder Kündigungsschreiben werden ja nicht unbedingt im Großraumbüro geschrieben, und wer sein Herz ausschütten will, tut dies ungern im »open work and communication space« oder hinter einer Stellwand mit elf Ohrenzeugen.

Arbeiten Führungskraft und Assistenz heute überhaupt noch in einem engen Verhältnis, geben Sie sich gegenseitig noch die Chance, Vertrauen zu zeigen und Vertrauenswürdigkeit zu demonstrieren? Ich wage die These, dass heute der Stellenwert von Verschwiegenheit und Loyalität im Assistenzbereich schwächer ausgeprägt ist als noch vor zehn Jahren. Eine junge Teamassistentin sagte mir einmal: »Ich kann auch echt diskret sein, aber was kriege ich schon mit?«, »Die posten eher auf Facebook, als es uns zu sagen!« oder »Mir sagt ja niemand was!« oder »Ach, ich will das alles erst gar nicht wissen.« Sie hatte einen ganz anderen Blick auf das Thema, denn sie arbeitete nicht mehr personen-, sondern sachorientiert. Die Nähe war einfach nicht da.

Die Arbeitswelten 3.0 und 4.0 sorgen dafür, dass Inhalte heute transparenter, schneller, manchmal geradezu impulsgesteuert und daher oft auch oberflächlicher bearbeitet werden. Schriftstücke werden seltener (wer diktiert heute noch?), Entscheidungen werden per WhatsApp oder sonstigen Kollaborationsplattformen im Konsens mit dem Team getroffen, über denselben Kanal kommuniziert und nachvollziehbar gemacht. Das Digitale droht das Vertrauliche, das »Geheime« einfach abzuschaffen: Die »Causa Baumann« wird zum Datensatz, und wir haben keine Ahnung, wie Baumann aussieht, was man wirklich denken sollte über ihn und was aus ihm wohl werden mag.

Er bekommt ein Kürzel und wird ins System eingespeist. Keine Fragezeichen mehr. Immer weniger Chefs lassen sich im Vorzimmer so ganz analog auf den Stuhl fallen, nehmen sich fünf Minuten Zeit und sagen Dinge wie »Jetzt muss ich Ihnen mal was erzählen ...«, »Haben Sie das mit Baumann gehört?« oder »Das mit Baumann haben Sie jetzt aber nicht gehört, Frau Münk«. Irgendwie schade, oder? Wahrscheinlich wissen heute Taxifahrer, Pförtner, Barkeeper und Friseure mehr über Baumann als wir! Bei denen gibt es noch diese räumliche Situation und dieses heimelige Gefühl, dass nichts, von dem, was man gerade sagt, nach draußen in die Welt dringt. Ihre Ohren tragen keine Namen, und mitunter sieht man sie nie wieder.

Die Verschriftlichung der Top-Secrets im Sekretariat wird immer riskanter. Wir arbeiten mit Systemen, die ja nicht nur von uns genutzt werden, sondern auch von Mitarbeitern, die sich im Büro mal so eben ein nettes kleines Programm zur Bildbearbeitung hochladen, ihre mobilen Tablets oder ihre USB-Sticks fleißig in die Firmen-PCs stöpseln und die ganze Chose damit so löchrig machen wie einen Schweizer Käse. Sicherheit war gestern. Die Möglichkeiten, ungesehen an Geheimnisse heranzukommen, sind heute größer denn je. Ja, *das System* wird geschwätzig, *nicht* die Assistentin!

Spezialisten in Sachen Cyber-Sicherheit fordern »geschützte Räume zum Austausch von Daten« und »intime Kommunikationsräume«. Hallo? Hat denn schon mal jemand an uns gedacht, an das gute alte Vorzimmer? Also in letzter Konsequenz doch wieder vier Wände, Schreibmaschine und Aktenschrank? Stenografie als probate Verschlüsselungsmethode für die ganz heißen Eisen? Die gute alte »Gabriele«, »Erika« oder die mechanische »Olympia« sind als ultimative Top-Secret-Maßnahme gar nicht so abwegig, oder? Immerhin arbeitet der russische Geheimdienst schon seit zwei Jahren wieder damit. Die Rückkehr der Jedi-Ritter ist nichts dagegen! Doch keine Sorge, jetzt geht gerade die Fantasie mit mir durch. Fest steht aber: Mancherorts bieten wir unsere Verschwiegenheit auf dem Silbertablett an, und niemand nutzt sie! Wo doch jemand, der die Klappe hält, so viel verlässlicher ist als ein System ohne wasserdichte Verschlüsselungsmöglichkeit. Es gilt zu verhindern, dass wir irgendwann aufhören, uns zu interessieren für die Dinge, die da im Unternehmen passieren und auch gar nicht mehr alles wissen wollen, dass wir in der großen Masse untergehen oder gleich ganz eingespart werden, was heute schon der Fall ist. Wenn uns der Draht zum Management abhandenkommt, ist das mit der Verschwiegenheit so wie mit einem superdichten Wasserschlauch, der nicht an der Leitung angeschlossen ist.

»Sagen Sie, ich bin nicht da« – Loyalität aus Notwehr

Glücklicherweise sitzt nicht jede von uns als Schreibkraft im Pool, umgeben von schweigsamen Alleinentscheidern und virtuellen Chefs, die sich selbst organisieren. Wie munter und bunt die Welt der Verschwiegenheit und Diskretion heute immer noch aussehen kann im Sekretariat, dafür stehen Sätze wie aus der Sitcom, die wir alle kennen: »Erzählen Sie das bloß nicht weiter«, »Erzähl das bloß nicht deinem Chef«, »Sagen Sie, ich sei beschäftigt«, »Sagen Sie, dass ich da einen Termin habe«, »Schreddern Sie das ganz schnell!« Es wird laut gedacht, getratscht und gekungelt, Herzen werden erleichtert, Reaktionen getestet, Spuren verwischt und Abwesenheiten simuliert. Shakespeare hätte seine wahre Freude daran gehabt, und der Secret Service würde noch heute vor Neid erblassen. Eine unserer Königsdisziplinen ist in der Tat das verbale Wegbeamen, das in einem einzigen Satz ohne Zusatzinformation besteht: »Er ist nicht da.« Damit werden Anrufer abgewürgt und Kontaktversuche im Keim erstickt. Das geht uns selbst dann formvollendet über die Lippen, wenn der, der »nicht da« ist, gerade mit abwehrenden Grimassen und schüttelndem Kopf direkt vor unserem Schreibtisch steht. Ein Problem haben wir erst, wenn unser Gesprächspartner am Telefon sagt: *»Aber er ist doch da! Ich habe ihn doch durchs Fenster gesehen!«* Ein alter Witz, die Antwort lautet: *»Ja, er Sie auch!«*

Sie ahnen: Mit uns kann man Pferde stehlen, wenn man es geschickt anstellt. Eine Sekretärin sagte einmal grinsend: »Wenn Lügen kurze Beine und lange Nasen machen würden, hätte ich eine 2-Meter-Nase und würde nur noch auf Füßen durch das Büro rutschen.« Eine ganz andere Dimension eröffnete mir auch die herzerfrischende Schilderung einer Pfarrsekretärin, wie sie einen Anrufer aus der Gemeinde mit einer Notlüge »ganz schnell abwürgen« musste, da der nicht nur sofort einen Beichttermin beim Pfarrer haben wollte, sondern auch gleich in einem Anfall von Selbstoffenbarung auf die Inhalte seiner Beichte zu sprechen kam ... Um Gottes willen! Ja, nicht immer wollen wir wirklich alles wissen, denn Wissen bedeutet Verantwortung und manchmal eine große Last. Dabei verliert man ein bisschen das Paradies, und wir sind die Letzten, die nicht alles für möglich halten würden, was so zwischen Himmel und Erde passiert, zwischen Chefetage und Erdgeschoss. Am Ende müssen wir dann selbst noch zur Beichte.

Kreativität am Bewirtungsbeleg

Heimlicher Spitzenreiter in Sachen Notlüge bei den beinlosen Frauen mit den langen Nasen dürfte folgende Weisung sein: »Schreiben Sie doch irgendeinen Namen unter den Bewirtungsbeleg, Ihnen wird schon einer einfallen«. Sie werden jetzt vielleicht kopfnickend milde lächeln und abwinken, aber genau das ist kürzlich einem Mitarbeiter einer führenden Unternehmensberatung vor dem Berliner Arbeitsgericht zum Verhängnis geworden. Er hatte auf einem Frühstücksbeleg als Gesprächspartner einen falschen Namen angegeben, und darüber war man auf den Verdacht gekommen, dass er in Wahrheit einen Journalisten getroffen hatte, um diesem Geschäftsinterna anzuvertrauen. Das stand jedenfalls so in der Zeitung, und wir dürfen davon ausgehen, dass die Sekretärin – sofern sie Kenntnis davon hatte – die Letzte wäre, die das ausgeplaudert hätte. Wie viele Namen haben Sie sich schon aus den Fingern gesaugt, wenn auf dem Bewirtungsbeleg gähnende Leere herrschte und der Chef bei Nachfrage unwirsche Bewegungen machte? Reise- und Bewirtungsbelege gehören immerhin zu den am schwersten kontrollierbaren Kosten für Unternehmen – unter den 182 700 000 jährlichen Reisekostenabrechnungen (geschätzt vom Geschäftsreiseverband VDR) dürfte die eine oder andere »Notlüge« bei Reiseanlass, Reisedauer und Reisekosten nicht auffallen, oder?

Kennen Sie Mizaru, Kikazaru und Iwazaru? Nein, es sind keine Computerspiele oder Sturmtiefs. So heißen in der Lehre des Konfuzius die drei Äffchen, die sich Ohren, Augen und Mund zuhalten. Eigentlich stellen sie in der fernöstlichen Philosophie den vorbildlichen Umgang mit Schlechtem dar, über das man »weise hinwegsieht«. In dem Unternehmen, in dem ich zuletzt tätig war, befand sich direkt am Haupteingang eine Bronze-Skulptur dieser possierlichen Tierchen in typischer Körperhaltung, und ich habe mich oft gefragt, wie viele Mitarbeiterinnen und Mitarbeiter für die wohl Pate stehen.

Die Corporate Governance als wunderbarer Oberbegriff war immer das Lieblingsthema meiner Chefs. Meines auch, muss ich zugeben. Man fühlte sich gleich viel besser, schon in dem Moment, in dem man es perfekt aussprach. Alle wussten, was gemeint war. Niemand konnte es genau erklären. Eigentlich hätte man eine Schulung dafür gebraucht, vom Teilbereich »Compliance« ganz zu schweigen. Sogar der Betriebssport, mein jährliches Mitarbeitergespräch und das chlorfrei gebleichte Toilettenpapier gehörten zur Corporate Governance. Eigentlich gab es kein Entkommen: Leistung, Motivation, Wettbewerb, Globalisierung, Vertrauen, Diversity, Nachhaltigkeit, soziales Miteinanderumgehen, Transparenz – wohin man auch blickte. Perfekte neue Welt. Das war alles ein bisschen viel und irgendwie abstrakt, aber es fühlte sich gut an. So allgemein.

Doch dann kam der Château Cheval Blanc. So hieß der Wein, den mein Chef seinem besten Geschäftspartner und mittlerweile guten Freund zur Einweihung seines neuen Büros überreicht hatte und über den ich nun einen Eigenbeleg über 360 Euro auszustellen hatte. Die Flasche sei noch recht günstig gewesen und seinen Beziehungen zu verdanken, sagte er. Es fehlte lediglich die Quittung. Doch wir wissen: Diese kleinen Papierchen, Bewirtungsbelege & Co., haben Flügel und Beine, machen sich mitunter selbstständig, fliegen und kriechen davon, bleiben unauffindbar – ein im Sekretariat allgemein anerkanntes Phänomen. Welcher Chef scannt schon selbst von unterwegs aus die Belege ein und riskiert damit die Rückfrage, ob er eigentlich sonst nichts zu tun hätte? Ich drückte also etwas widerwillig ein Auge zu beim Cheval Blanc, tat weise wie mir befohlen und öffnete in meinem Kassen-Dateiordner die Maske »Eigenbeleg«. Allerdings hatte ich die Rechnung ohne Herrn Tsui gemacht, meinen japanischen Kollegen (Diversity) aus der Buchhaltung. Der rief mich an und sagte so ganz und gar unfernöstlich: »Compliance, Frau Münk. Compliance. Schauen Sie mal ins Regelwerk! Die Summe geht nicht und die Art und Weise der Abrechnung schon gar nicht.«

Was nun? Korruption? Gar Veruntreuung von Firmengeldern? Handschellen? Kennen Sie auch dieses Dilemma, diesen klassischen Rollenkonflikt, in dem man hin und her gerissen ist zwischen Loyalität und Pragmatismus einerseits und dem Korrekten, dem Ehrlichen ganz tief im Bauch andererseits? Nur ich konnte ahnen, dass mein Lebensabschnittsgefährte im größeren Büro nebenan diesen Wein wahrscheinlich noch zu Hause im Keller gehabt hatte. Ich klopfte also gegen die Cheftür, trat ein und sagte »Compliance, Herr Müller. Compliance. Wir kriegen Schwierigkeiten.« Dieses kameradschaftlich mit ins Boot holende »Wir« hatte ich mir von meinem Chef abgeguckt, aber hier überkam mich dabei doch ein ungutes Gefühl.

»Ach, Frau Münk, Sie sind ja ein Spielverderber. Lassen sich einlullen von diesen kleinkarierten Buchhaltern, denen der Blick für unsere Prioritäten fehlt.« Ich ahnte, dass ihm meine Perspektive so schwer vermittelbar sein musste wie die Kernthesen der Quantenphysik. Die Gegenfrage »Was hätte ich denn tun sollen?« würde sich erübrigen. Also nahm ich die Finger aus den Ohren, insistierte, war in diesem Augenblick sozusagen fleischgewordene Compliance. Wie damals, als er partout nicht ins Vertragshotel wollte. Sie können es sich denken: Der Tag war gelaufen.

Wollen Sie wissen, wie die Geschichte rund um den Château Cheval Blanc und Herrn Tsui ausging? Am Ende musste ich zwölf Flaschen Wein für je 30 Euro beim Weinhändler um die Ecke bestellen, für den allgemeinen Geschenke-Fundus, mit dem Vermerk für die Buchhaltung: »Restliche Namen folgen«. Mein Chef hat die Kiste dann erst einmal zu sich ins Büro gestellt. Er behielt den Wein, ich die Belege.

Die »weißen Geheimnisse« –
wenn Verschwiegenheit zur Ehrensache wird

Manchmal wird auch etwas als »hoch vertraulich« empfunden, was eigentlich so exquisit »geheim« gar nicht ist, und der einzige Grund, warum das plötzlich einen außergewöhnlichen Stellenwert bekommt, ist schlicht die Tatsache, dass es heute auf den Führungsetagen an Menschen fehlt, denen man sich anvertrauen kann. Und wenn dann einer über seine Krankheit, über den Todesfall in der Familie, über den verbockten Auftrag oder das »scheiß System« spricht, gilt das als »hoch brisant«, die Fingerspitzen wandern an die Lippen, und man nimmt ein bisschen Abstand. Es menschelt eben ganz schön in den Unternehmen, immer und überall. Alles andere wäre langweilig und kalt. »Führen« heißt »sich um Menschen kümmern«. Wenn das die Chefs aus Zeitmangel oder Hilflosigkeit nicht hinbekommen, was schlimm genug ist, dann tut das eben sehr oft die Sekretärin. Das Bedürfnis nach Aufmerksamkeit, sozialer Unterstützung und Wertschätzung sind ja nicht erst eine Erfindung der sozialen Medien. Ich mag diese eher achtlos dahingesagten Benennungen wie »gute Seele« oder »Seelentrösterin« eigentlich nicht, aber es gibt in unserem Job auch heute noch genug Frauen, die sich selbst genau so verstehen. Wenn uns eines auszeichnen könnte, noch vor allen anderen Büro-Spezies, dann ist es das offene Ohr und die Frage »Geht es Ihnen gut?« Was soll man auch sonst fragen, wenn Mitarbeiter mit Tränen in den Augen die Telko mit dem Chef beenden? Wenn der Chef mit Wut im Bauch aus dem Meeting mit seinem Chef kommt und erst mal einen nicht veröffentlichungsfähigen verbalen Shitstorm loslassen muss? Mitunter kommen dann sehr persönliche Geschichten zum Vorschein, die wir dann auch tatsächlich für uns behalten sollten und es auch tun. Wo kämen wir auch hin, wenn niemand irgendwo mehr zusammenbrechen oder explodieren dürfte? Wenn es nirgendwo mehr Raum gäbe für Offenheit, Ehrlichkeit und Diskretion, wo doch dieser Raum seltener wird, je höher man kommt laut Stockwerksanzeige? Anlaufstelle für die kleinen und großen Katastrophen der Arbeitswelt ist glücklicherweise immer noch das Sekretariat – die

Transitzone, irgendwo zwischen »denen da unten« und »denen da oben«. Eine Sekretärin sagte mir: »Wir haben das Herz ›von unten‹ und die Professionalität ›von oben‹.«

Es gibt zahlreiche weitere Anlässe für Verschwiegenheit, die ich immer als spannend und herausfordernd empfunden habe: Vorgesetzte spielen Unternehmensszenarien durch, die verschriftlicht werden müssen, selbst wenn sie schlussendlich nicht Realität werden. Personal muss auf Herz und Nieren geprüft werden, und die Headhunter-Berichte fallen dementsprechend intim aus. Vertragsauflösungen und Personalwechsel müssen vorbereitet, dürfen aber noch nicht kommuniziert werden. Wir gehören mitunter zu den ersten, die Dinge erfahren und zu den letzten, die darüber sprechen dürfen. In anderen Fällen gilt es, einen »Türwächter« gegenüber Presseleuten zu haben, die den direkten Draht suchen und irgendwie an die Durchwahlen gekommen sind. Oder: Es werden blinde Flecken und echte Schwachpunkte sichtbar, manchmal werden Versäumnisse und Abmahnungen schriftlich festgehalten. Und dann kriegen die Leute doch noch eine Chance. Was wäre geschehen in all diesen Fällen, wenn es vorzeitig beziehungsweise überhaupt eine undichte Stelle gegeben hätte? In diesen Momenten leben wir das, was unseren Beruf auszeichnet und was kein System, kein Algorithmus, keine Benutzeroberfläche, kein Bit der Welt leisten kann: Sensibilität, Vertrauenswürdigkeit, Verschwiegenheit. Secret Service eben. Wie bringen Sie Siri, Alexa und Cortana bei, dass sie die Klappe halten und nirgendwo das abspeichern, was sie als Datensatz aufgezeichnet haben?

Ethik und Compliance – Wo liegen die Grenzen der Loyalität?

Und was ist mit unserem Gewissen, das geben wir ja nicht morgens an der Stechuhr ab? Wir wissen, wann Diskretion anfangen sollte – aber wissen wir auch, wo sie enden sollte? Verschwiegenheit um jeden Preis ist nicht gesund – und wohl auch nicht legal. Wie sieht es im Ernstfall also aus mit unserer ethischen Elastizität? Sind wir da auch flexibel? Was können wir wissen, und was wollen wir wissen? Sicher, die Zeiten, in denen Sekretärinnen noch mit Geldkoffern durch die Gegend geschickt wurden, sind vorbei – wenn sie uns nicht gar wieder bevorstehen in Zeiten der Cyber-Kriminalität und Hacker-Attacken.

Ich habe ledergepolsterte Doppeltüren erlebt – zu meinem Büro hin ein Polster und in der zweiten Tür zum Chef-Büro hin zwei Polster. Eine bessere »Datensicherheit« ist genau genommen kaum denkbar. Es gibt auch Chefs, die ab einer gewissen Brisanz selbst die persönliche Sekretärin nicht mehr einweihen, ihre eigenen Mail-Postfächer hüten wie ein rohes Ei und keine Zugriffsrechte geben. Ein Chef erzählte mir im Vertrauen: »Ich habe ihr gesagt, ich sei bei A. In Wahrheit aber war ich bei B.« Auf meine Frage, warum er seiner eigenen Assistentin nicht die Wahrheit mitteilen könne und ob es sich so überhaupt arbeiten ließe, sagte er nur, man könne ab einem gewissen Niveau nichts und niemandem mehr trauen, erst recht keiner Schnittstelle, noch nicht einmal der im eigenen Büro. Das sei eine Frage der Konsequenz. Dies ließ tief blicken und war im Grunde ziemlich traurig. Lonely at the top? Müssen wir davon ausgehen, dass überzogene Bonizahlungen, Briefkastenfirmen, Zinsmanipulationen und Abgaswerteschummeleien nach einsamen Entscheidungen und ohne Schriftstücke an den Vorzimmern vorbei realisiert wurden? Das wird in den allermeisten Fällen wohl auf immer ein Geheimnis bleiben.

Ich werde oft gefragt, ob es so etwas wie ein Unrechtsbewusstsein bei Chefs gebe, die beispielsweise privat orientierte Ausgaben über die Firma abrechnen lassen. Meine Antwort lautet immer, dass es in diesen Fällen natürlich ein Unrechtsbewusstsein gibt, aber nicht unbedingt auf sich selbst bezogen. Gerade Chefs des so genannten Topmanagements entwickeln bisweilen ein etwas verfälschtes Selbstbild, das erstaunlich nachsichtig mit der eigenen Person ist. Ich habe mich lange gefragt, inwieweit diese moralische Biegsamkeit in einem zugegeben knallhartem Umfeld eigentlich bewusst oder nicht doch eher unbewusst passiert. Aber eines war mir klar: Ab einer gewissen Karrierestufe wird ehrliches Feedback zu einer wertvollen Kostbarkeit. Hier liegen Risiko und Chance zugleich für jede persönliche Assistentin. Die Ohren der rechten Hand sind eben nicht pauschal »gekauft« oder gar »vertraglich versichert« und ihr Mund auch nicht. Sie ist ein autonomes Wesen und gehört nicht zum Inventar wie ein Möbelstück. Loyalität bis hin zur Selbstverleumdung war meine Sache nie, und ich denke, meine Chefs sind auch nie davon ausgegangen, dass ich mir kein eigenes Urteil bilden würde oder keine Konsequenzen daraus ziehen würde – auch wenn sich das hartnäckige Gerücht hält, wir könnten nicht eins und eins zusammenzählen und würden abends fröhlich »Ukulele für Einsteiger« bei der vhs belegen. »Nicht denken, Frau Münk, machen!«, hat mir einer meiner früheren Chefs zugerufen. War ihm bewusst, was er da von mir verlangte? Sicher, es mag auch Kolleginnen geben, die nicht den blassen Schimmer einer Ahnung haben möchten, was da so tagein tagaus um sie herum passiert – ebenso wie es diejenigen geben mag, die das Spiel in voller Kenntnis und um jeden Preis mitspielen, da es Bedeutung und Exklusivität verheißt. In ihrer Welt hat der Chef immer recht, egal was er tut. Aber es gibt glücklicherweise auch viele, die auf dem LSD-Trip sind: Lesen. Schreiben. Denken.

Wann immer auf Konzernebene das Eis dünn wird, werden Assistentinnen zu begehrten Ansprechpartnern für Staatsanwälte oder Journalisten, weil man bei ihnen zweierlei vermutet: Insider-Wissen gepaart mit einem ausgeprägten Kommunikationsbedürfnis. Das mögen wir haben, das heißt aber noch lange nicht, dass wir leichtfertig »zwitschern«. So wissen beispielsweise noch heute viele von meinen Ex-Chefs nicht, dass sie die Autorin Münk im Vorzimmer sitzen hatten, und auch kein Leser weiß, wer diese Chefs in Wirklichkeit waren. Ihre Identität ist ein Geheimnis und wird es auf immer bleiben.

Wovon reden wir eigentlich genau, wenn es um die Grenzen der Loyalität geht, und wie gefährlich können Assistentinnen ihren Vorgesetzten wirklich werden in den glücklicherweise seltenen Fällen, in denen sich Rechts- oder gar Staatsanwälte einschalten? Der Autor Friedemann Karig schrieb im Magazin für die Ausstellung »Geheimnis – ein gesellschaftliches Phänomen« Folgendes: »Früher musste ein Geheimnisträger, beispielsweise ein Mitarbeiter eines Geheimdienstes oder eines Unternehmens, einige Hürden überwinden, wollte er ein Geheimnis verraten. Akten mussten entwendet oder aufwändig kopiert, Journalisten oder andere Adressaten riskant kontaktiert werden, und die Beweise konnten schließlich nicht in ihrer Tiefe veröffentlicht werden. Heute kann ein einzelner Mensch mit einem einzigen USB-Stick riesige Organisationen wie mit einer Blendgranate blitzartig ausleuchten.« Eine Sekretärin als Whistleblower, sozusagen als weibliche Version Edward Snowdens? Ein spannender Gedanke – theoretisch. So etwas gab es bisher nur im Film mit Julia Roberts, der allerdings auf einem realen Fall beruhte: Die ehemalige Bürohelferin Erin Brockovich spielte in den neunziger Jahren eine wichtige Rolle in einem Gerichtsverfahren gegen das Unternehmen Pacific Gas and Elektric, um die Trinkwasserverseuchung des kalifornischen Orts Hinkey zu stoppen. Das Verfahren wurde mit der Zahlung der Rekordsumme von 333 Millionen US-Dollar eingestellt. Ihr wurde allerdings vorgeworfen, ohne jede »fachliche Basis« Vorwürfe zu erheben. Wir müssen noch nicht einmal bis in die neunziger Jahre zurückgehen: Im Mannesmann-Verfahren (2004 bis 2006) wurden selbstredend auch die Sekretärinnen des ehemaligen Vorstandsvorsitzenden Klaus Esser vorgeladen. Auch dieser Fall war Vorlage für einen Film (empfehlenswert: *Frau Böhm sagt nein*). Und heute? Vielleicht denkt mittlerweile auch die Staatsanwaltschaft Braunschweig in Sachen VW darüber nach, ob rechte Hände auch Ohren und Augen haben.

Es kann aber auch umgekehrt gehen, zumindest wenn es um die Auslegung des Begriffs »Sekretariat« geht: Lucio Àngel Vallejo Balda, Sekretär des Vatikans trat im Juli 2016 eine 18-monatige Haftstrafe an, weil er vertrauliche Dokumente an Journalisten weitergegeben hatte. Eine Vorstandssekretärin eines Hamburger Konsumgüterunternehmens wurde zu einer Haftstrafe von neun Monaten verurteilt, weil sie fingierte Rechnungen freistellte und sich den Gegenwert von eingeweihten Dritten auf ihr Privatkonto überweisen ließ. Wenn man recherchiert, wird man nicht auf sehr viel mehr Fälle kommen, in denen Sekretäre/Sekretärinnen ihre Vertrauensposition ausnutzten oder wissentlich oder unwissentlich ausgenutzt wurden, denn auch hier gilt das, was allgemein in unserem Job gilt: Die Frau im Hintergrund bleibt im Hintergrund.

Die hohe Kunst der Loyalität ist wohl, sich den Menschen, dem man unterstellt ist oder der einem unterstellt wird, genau zu betrachten, sich mit ihm zu beschäftigen, seine Angelegenheiten nachvollziehen zu können, sich schlau zu machen. Ich wollte mir nie selbst den Vorwurf machen müssen, mich nicht interessiert zu haben. Am Ende sollte man sich die Frage stellen: Tut da jemand dem Unternehmen gut, oder will er nur spielen, oder will er betrügen? Glücklicherweise liegt die Antwort in den allermeisten Fällen irgendwo zwischen dem ersten und dem zweiten Teil der Frage. Die meisten von uns können abends wohl guten Gewissens in den Spiegel gucken. Wo kämen wir sonst auch hin? Was mir im Zweifel stets geholfen hat, war eine gesunde Mischung aus Vertraulichkeit und Distanz. Die ist gesund und so auch gewollt. Das gern herbeizitierte Bild des Boots, in dem man gemeinsam sitzt, stimmt nach meiner Wahrnehmung nicht so ganz. Ich habe meinen Chefs oft gesagt, dass ich in einem kleinen roten Beiboot sitze, ganz nahe dran, und sie von dort aus ganz genau im Auge habe. Ich wollte ja schließlich nicht mit ihnen untergehen, wenn sie Schiffbruch erlitten. Anders ausgedrückt: Oft drücken wir ein Auge zu – aber nur so lange, bis wir schließlich besser zielen können und sicher sind, dass der Schuss auch trifft. Sagen Sie das Ihrem Chef, wenn es sein muss. Wer sollte es sonst tun?

Und morgen bringe ich ihn um –
Krise, Kündigung und andere Klippen

Kennen Sie diese Momente der Fassungslosigkeit, kurz vor der Schnappatmung, wenn Reaktionen der anderen kommen, die man unmöglich findet? Haben Sie auch manchmal dieses diffuse Gefühl des Außersichseins und Inderlufthängens, wenn umgekehrt Reaktionen der anderen einfach gar nicht kommen und man sie doch erwartet wie Tauwetter im Frühjahr? Herrje. Es menschelt und holpert gewaltig im Miteinander, die gesamte Bandbreite nonverbaler und verbaler Kommunikation kommt dabei heraus: Es wird geschmollt, geschwiegen, geschrien, gestirnrunzelt, sich beschwert und geweint, es kommt zu rollenden Augen, zuckenden Schultern und geballten Fäusten. Zündschnüre verkürzen sich. Kolleginnen mutieren zu Zicken und anderen Huftieren. Es wird diskutiert, interpretiert und überinterpretiert, und am Ende fragt man sich: »War dieser Tag wirklich nötig?«

Wie kommt man mit all dem klar, was man im Job tagtäglich aushalten muss, was man als Konflikt und/oder Krise wahrnimmt und auch so betitelt? Wo eigentlich fängt die Verantwortung dafür an? Schließlich schubsen und befeuern wir ja selbst auch schon mal gern, oft ohne es zu merken. Wo liegen in unserem Berufsfeld die ganz speziellen Herausforderungen, und welche Fluchtpunkte und Handlungsspielräume gibt es? Man kann es ja auch nicht immer beim Klagen und Bemitleiden belassen, in die innere Kündigung gehen oder gar den Chef kurzerhand erschießen. Man ist ja schließlich auf den Vorgesetzten, auf die Kollegen angewiesen, von ihnen abhängig und hat sich entschlossen, mit ihnen zusammenzuarbeiten. Man steht ja jeden Tag auf, zieht sich an und geht hin.

Das Thema »Konfliktmanagement« ist gerade im Assistenzbereich ein oft ausgebuchtes Modul der Fort- und Weiterbildung. Als hätten nur wir Konflikte und die anderen nicht oder zumindest weniger. Das mag daran liegen, dass man gerade in diesem Job im Schnittstellenbereich sitzt, also schnell »zwischen die Fronten« gerät. Und es gilt: Je höher die Hierarchie, umso höher oft der Druck, umso weniger kann man sich erlauben, eben diesen Druck auch mal »abzulassen«. Im Sekretariat werden nicht nur Termine koordiniert, sondern mitunter ganze Welten: Da wäre zunächst die eigene Welt der ganz persönlichen Wahrnehmungen, Bedürfnisse, Vorlieben und Ziele, und die ist schon vielschichtig genug. Dann ist da aber auch noch die Welt der Kollegen und Mitarbeiter, die Ihnen unter Umständen Ihr Herz ausschütten oder einen Kommentar oder Blick von sich geben, der ahnen lässt, was sich in deren Innern so abspielen mag. Ihre Kollegin mag von

»Krise« sprechen, Sie selbst vielleicht einfach nur von einem schlechten Tag oder dem ganz normalen Wahnsinn. Sie werden unter Umständen kurz die Augen rollen, während Ihre Kollegin hyperventilierend die Ordner in den Schrank knallt. Es ist wie mit dem Stress: Es kommt sehr auf den Blickwinkel an, es herrscht »das Prinzip der relativen Scheiße«.

Und schließlich gibt es ja noch den Chef, der wiederum seinen Mikrokosmos kurzerhand zum Makrokosmos erklärt, weil er Wichtigeres zu tun hat, als sich mit Ihren Befindlichkeiten und denen Ihrer Kollegen zu befassen. Die Kümmerer schaffen es selten in die Chefetage. Nettigkeit ist kein Karriereturbo. Ja, es gibt Tage, da würden wir den Chefs und den Kollegen durchaus Liebesgetränke reichen, an anderen aber lieber Kotzbonbons.

Beispiel? Wenn ein hier nicht näher benannter Vorstandsvorsitzender sagt »Wo ich hinschaue, hat Gras zu wachsen«, dann ahnen wir, dass seine Assistentin viel aushalten muss, viel vermitteln muss, ihr Geld also durchaus wert ist und abends hoffentlich viel Sport macht. Es soll auch einen Chef gegeben haben, der abgesehen von der Telefonanlage noch eine kleine verkabelte Extra-Leitung unter Putz zum Vorzimmer hatte, die an einer Klingel hinter dem Vorhang endete. Sehr analog. Er ließ verlauten: »Wenn ich klingle, alle Gespräche beenden und sofort kommen.« In diesem Satz tauchte seine Assistentin noch nicht einmal als Wort auf. Downton Abbey lässt grüßen. Sie werden lachen. Aber wenn Ihr Chef Sie abends um 9 Uhr privat mit folgender Frage bewhatsappt oder anruft: »Wir müssen umbuchen. Flug nach München morgen. Wie ist der Code? Oder kannst du das schnell machen?«, dann ist das durchaus vergleichbar, denn Sie werden sofort alle Gespräche beenden und ihm zur Hilfe eilen. Auf Klingelzeichen. Man leidet eben eher »unten« mit Blick nach »oben« als »oben« mit Blick nach »unten«.

Doch je länger wir zusammenarbeiten, desto mehr werden auch wir Assistentinnen zu Netto-Menschen und lassen das bemühte Upgrading der eigenen Person aus Energiespargründen einfach peu à peu weg: Worte werden immer seltener in ganzen Sätzen ausgesprochen, Menschen verfallen in den Muffelmodus, Kommentare wie »typisch«, »war ja klar«, »ist eben so«, »ist mir doch egal«, »ist dem doch egal« kommen immer schneller in die Köpfe und über die Lippen und legen sich auf die Wirklichkeit. Der Lack geht ab, Möglichkeiten und Perspektiven wandern in die Ablage, Geburtstage werden vergessen, Mietwagen werden fast schon sabotierenderweise ohne Winterreifen gebucht, und Chef fragt sich: »Was hat die denn jetzt schon wieder?« Und dann kommt eine Kollegin und stellt eine einzige Frage, die wir vielleicht als unklug empfinden, und fertig ist die Krise. Was speziell bei uns Frauen noch erschwerend hinzukommt: Wir erinnern uns nicht nur einfach, wir archivieren! Vergessen, »Schwamm drüber« oder »fünf gerade sein lassen« ist unsere Stärke nicht. Wir regen uns fünf Minuten am Tag auf und zehren noch sechs Stunden davon.

Kummer schwimmt immer oben, sagt der Schriftsteller John Irving. Und seien wir ehrlich: Wie oft konzentrieren wir uns auf die Dinge, die nicht laufen statt auf die, die ein echter Gewinn sind? In unserem Hirn werden Ereignisse, die mit negativen Gefühlen in Zusammenhang stehen, nachhaltiger als alles andere abgespeichert.

Revolverheld – ändern statt ärgern

Wenn wir über Themen wie Krise oder Konflikt sprechen, so habe ich eine ganz persönlich durchlebte Benchmark dafür, und manchmal ist die Feststellung »Auch das habe ich hinter mir, und ich lebe noch« recht hilfreich für alle zukünftigen Krisen. So nervenaufreibend und ernst mein Alptraum auch war, so bewahrheitete sich damit letztendlich das, was ich mittlerweile »Pain & Gain« nenne. Es ist wie bei der Dramaturgie im Film: Bevor etwas besser werden kann, muss es erst richtig schlimm kommen. Mit anderen Worten: Wenn einer meiner Chefs nicht irgendwann mit einem Revolver auf mich gezielt hätte und ich dabei nicht Todesangst bekommen hätte, dann wäre kein einziges meiner Bücher entstanden, auch dieses nicht. Dann wäre ich nicht in die mir selbst auferlegte Schreibtherapie »Schreiben statt Schreien« gegangen.

In der Nachbetrachtung muss ich sagen, dass dieser Chef mit seinem Revolver nicht nur fleischgewordener Protagonist meiner schlimmsten Berufserfahrungen war, sondern eben auch meine ultimative Prüfung. Im Storytelling nennt man so jemanden »Schwellenhüter« – er steht im Weg, aber nur in der Auseinandersetzung mit ihm kommt man durch die Tür. Der Drehbuchschreiber meines Lebens muss diesen Herrn also so perfide wie liebevoll in mein Leben arrangiert haben, damit ich mit ihm und seinem Revolver endlich den finalen Fußtritt bekam für meinen eigenen Weg, in diesem Fall zum Bücherschreiben und schlussendlich in die Selbstständigkeit. Konflikte legen Probleme offen, die geregelt werden müssen, zur Not mit einem Paukenschlag. Man braucht sie, um eine Geschichte wirklich voranzutreiben. Für diese Erkenntnis habe ich ein paar Jahre gebraucht.

Ich schildere hier kurz mein Erlebnis rund um den Waffengebrauch im Büro (bitte nicht nachmachen!), denn vielleicht veranschaulicht es ganz gut, welche Eskalationsstufen ein Konflikt nehmen kann. Zudem war meine Wahrnehmung der Dinge vor allem geprägt durch bereits vorher gemachte Erfahrungen und damit verbundene Vorannahmen. Vielleicht bin ich also bei all dem mir selbst und meinem Kopfkino in die Falle gegangen. Die betreffende Führungskraft würde selbstredend die Situation völlig anders schildern, und wenn nicht, bin ich tatsächlich froh, noch einmal mit dem Leben davongekommen zu sein.

Er stand mit der Waffe in der Hand im Türrahmen der Verbindungstür zwischen seinem und meinem Büro. Damals standen Chefs noch ganz analog im Türrahmen statt digital als Mail im Posteingang. Virtual Reality wäre mir in diesem Fall lieber gewesen. In der linken Hand hielt er noch das Taschentuch, in das die Waffe ganz offensichtlich eingeschlagen gewesen war. Sein Blick ruhte auf dem Revolver, den er langsam zu mir schwenkte. Erst danach ging auch sein Blick in meine Richtung. Er ertappte mich an einem Tag, zu einer Zeit, in einem Moment, in dem ich am verletzlichsten war: am Schreibtisch, in der Schusslinie, wie eine Jesuitenschülerin mittendrin in meiner auf ihn ausgerichteten Dienstleistungsfunktion.

Schockgefrostet. Das Teil in seiner Hand sah so gänzlich anders aus als die Spielzeugpistolen meines Neffen.

Wie reagiert man in solchen Momenten? Für Bruchteile von Sekunden schoss mir die gesamte Vorgeschichte meines nervlich labilen Chefs durch den Kopf. Seine manisch-depressiven Launen hatte ich damals bereits ein ganzes langes Jahr durchlebt. Ich hätte viel früher hellhörig werden sollen, seitdem mir gleich am ersten Arbeitstag ein Betriebsratsmitglied mit Willkommensblumenstrauß in der Hand aufmuntert zugeraunt hatte: »Er ist nicht immer ganz einfach. Wenn Sie sich irgendwann unwohl mit ihm fühlen, sind wir für Sie da.« *Als hätte ich gerade einen verhaltensgestörten Foxterrier aus dem Tierheim in Obhut genommen.*

Nun starrte ich also in den Lauf. Was würde er machen, nachdem er mich getötet hatte? Sich selbst töten? Dann hätte ich nichts mehr davon gehabt. Äußerlich ruhig bleiben, mit dem Täter Blickkontakt aufnehmen, mit ihm sprechen, sich dadurch von der potenziellen anonymen Masse etwaiger vorheriger Opfer ganz individuell absetzen. Solche Gedanken retteten mich ernsthaft über die ersten Schrecksekunden.

»Ha, da haben Sie wohl einen Schreck bekommen, was?« *Grinsend ließ er den Arm mit der Waffe sinken, immer noch viel zu langsam. Der Lauf verschwand aus meinem Blickwinkel, und ich fühlte, wie sich mein Kreislauf zögerlich stabilisierte. Bloß nichts anmerken lassen, auch keinen Blick auf die Fluchttür wagen. Noch viel zu früh. Die Gefahr ist in solchen Momenten noch längst nicht gebannt. Wohin auch flüchten? Um das nächste besetzte Büro zu erreichen, hätte ich damals geschätzte 30 Meter Schusslinie zurücklegen müssen. Großbanken strebten auf Direktionsebene eben auch räumlich nach wahrer Größe und tun es wahrscheinlich heute noch.*

Herr Wessling betrachtete nun anerkennend seine Waffe. »Die haben wir neulich erst im Nachlass meines verstorbenen Vaters gefunden, eigentlich ein Fall für den Recyclinghof. Ich dachte, ich bringe sie mal mit ins Büro und zeige sie Herrn Riessling. Der hat als Jäger doch einen Waffenschein und weiß doch wohl, was man mit solchen Dingern machen muss.«

›*Ich wüsste auch, was man mit dir machen müsste‹, schoss es mir durch den Kopf, während ich die Finger in die Schreibtischplatte krallte. Kein Recyclinghof der Welt würde diesen Chef haben wollen, dachte ich mir.*

Ich war völlig aufgelöst und schwankte zwischen Traurigkeit, Wut und absoluter Sprachlosigkeit.

Und wie hätte es Wesseling selbst geschildert aus seiner Sicht, damals und jetzt im Nachhinein? Was hätte eine unbeteiligte dritte Person gesagt? In solchen Momenten vermisse ich das gute alte Doppelsekretariat. Mit einer Leidensgefährtin in Krisenzeiten, die alles eins zu eins miterlebt. Eine Kronzeugin, die man fragen kann, ob sie Worte oder Handlungen genauso verstanden hat, wie man selbst, die vielleicht auch sagt: »Du siehst das falsch«, die einem das Leben retten kann – im übertragenen und zur Not auch im wortwörtlichsten Sinne.

Fazit: War ich bis dato auf der Suche nach Bewegung, nach Veränderung und irgendwie letztendlich nach Lebendigkeit gewesen, so hatte ich das jetzt pur gehabt – komprimiert auf ein paar Schrecksekunden, die meinen inneren Vorhang herunterrissen. Ich musste nur noch dahintergucken. Dass man so wird, wie man wird, hat viel mit Scheitern zu tun, mit Kränkungen und durchlebter Angst, die einen endlich aktiv werden lassen und herausbringen aus der Opferhaltung. *Ärger ist keine Energieverschwendung, sofern er als Turbo für bessere Dinge genutzt wird.* Wussten Sie übrigens, dass sich die chinesischen Worte für »Krise« und für »Chance« aus denselben Schriftzeichen zusammensetzen? Das doppelte Gesicht der Krise lässt sich auch im Griechischen erkennen: *krisis* bezeichnet nicht eine hoffnungslose Situation, sondern den Höhe- oder Wendepunkt einer gefährlichen Lage – von da an kann es eigentlich nur noch besser werden. Auch die Mediziner bezeichnen mit Krise oft das Stadium einer Infektion, in der das Fieber schon wieder im Sinken begriffen ist. Denken Sie daran, wenn Sie das nächste Mal »die Krise« kriegen.

Und die Botschaft für die Chefs? Ganz einfach: Reißen Sie sich etwas zusammen. Ihre Assistentin muss es ja schließlich auch. Lassen Sie etwaige Waffen an einem sicheren Ort zu Hause und richten Sie stattdessen ein paar motivierende Worte an Ihre Assistentin. Sonst feuert Ihre »rechte Hand« irgendwann die Worte, die sich aufgestaut haben, weil sie niemals ausgesprochen wurden, alle auf einmal heraus.

Facetten der Wut

»Wohin mit der Wut?« – das war der Titel eines Assistentinnen-Seminars, das ich in einem Flyer fand. Ich habe mich kurz gefragt, in welchem anderen Beruf man ein Seminar zu diesem Thema wohl sonst noch mit einem solchen Titel versehen würde. Es hätte ja auch ganz neutral »Emotionen am Arbeitsplatz« oder »Resilienz« heißen können. Männer hätten es wahrscheinlich »Conflict Resolution Management« genannt. Aber »Wohin mit der Wut?« – das impliziert die These, dass wir so etwas wie Wut sozusagen als Berufsmerkmal in uns tragen, was eine recht fatale Vorannahme ist. Welcher Chef unterzeichnet die Anmeldung zu einem Seminar mit einem solchen Titel?

Genau genommen bringt diese Headline so einiges auf den Punkt, denn im Zweifel haben wir ein Entsorgungsproblem in Sachen Wut. Unsere Gefühle – und die Wut ist eines der Basisgefühle laut Basisgefühlsforschung – gehören ja nun einmal zu unserer biologischen Grundausstattung. Irgendetwas müssen wir mit ihnen also anfangen können.

Man sagt, dass man die wirklich großen Dinge nur mit Gefühl erreicht. Jeder unserer Vorgesetzten würde das bestätigen. Und wir denken: Na, toll. Die Wut an und für sich steht mir in meinem Job nicht so gut wie meinem Chef, denn ich soll belastbar, flexibel und serviceorientiert sein. Ich muss sie in meinem unsichtbaren Rucksack verstauen – nicht nur die eigene, sondern auch die Wut der anderen, die auf mich abgeladen wird. Wir filtern die Verzweiflung und die Wutanfälle von unten und auch die von oben, als seien wir eine Kläranlage. Irgendwo müssen die Gefühle ja hin – also Sekretariatstür auf und raus damit, man kann den Seelenmüll ja nicht in die öffentliche Welt mitnehmen. Dafür gibt es eine »Zwischenwelt«, die Sekretariat heißt. Das kann für uns mitunter ungeheuer spannend sein – aber im Zweifel eben auch ungeheuer belastend.

Wut ist für uns, die wir zum überwiegenden Teil weiblich sind, ein größeres Thema als für unsere Chefs, die zum größten Teil männlich sind. Wut äußert sich im Job bei uns eher als stummes Sichfügen, stumme Frustration, mehr oder weniger gleichgültige Niedergeschlagenheit oder Traurigkeit, Grübelei, als Diskussionen mit der besten Freundin am Abend oder tagsüber höchstens als bockiger Widerstand. Wir neigen eher dazu, die Wut in uns hinein zu fressen und richten sie dadurch letztendlich gegen uns selbst. Anders ausgedrückt: Wir schicken unsere Wut in den Keller, wo sie klammheimlich Gewichte stemmt.

Männer dagegen leben sie aus. Sie sagen dann, sie seien eben »etwas emotionaler«. Da leisten sie sich plötzlich das Wort »emotional«, denn das Wort cholerisch wird nicht in den Mund genommen. Für Frauen wird im Unterschied dazu in derselben Situation gern das Label »hysterisch« verwandt. Ich wage die These, dass Männer öfter cholerisch sind als Frauen hysterisch. Soziales und angepasstes Verhalten scheint in den weiblichen Genen viel stärker angelegt zu sein. Oder wann haben Sie zuletzt auf der Autobahn eine Frau mit Lichthupe gesehen?

Was steckt hinter der Wut? Wut, egal wie sie sich äußert, brodelt erst einmal kürzer oder länger tief in uns drin. Auch Ihr cholerischer Chef lebt einen Teil der Wut aus, die er schon länger mit sich herumträgt, sehr wahrscheinlich steckt etwas dahinter, das gar nichts mit Ihnen persönlich zu tun hat. Diese Erkenntnis dürfte jedem Angriff bereits die erste Schärfe nehmen. Die meisten Konflikte sind nämlich keine Beziehungs-, sondern eher Wertekonflikte, weil man bestimmten Dingen eine andere Relevanz einräumt als der oder die andere. Ursache von Wut ist immer ein subjektiv empfundenes Unrecht, eine Soll-Ist-Differenz, unter der wir leiden. Irgendjemand trampelt in unserem Werte-Vorgarten herum, in dem wir all das, was uns wichtig ist, wachsen und gedeihen lassen wollen. Wenn jemand zum Beispiel mein einzigartiges Fairness-Pflänzchen oder mein preisgekröntes Effektivitäts-Gewächs plattdrückt, ist das gar nicht schön für mich, und ich werde wütend.

Nun kann Wut ja die unterschiedlichsten Richtungen nehmen: a) jemand ist auf Sie wütend, b) Sie sind auf jemanden wütend und c) Sie werden neutraler Zeuge von Wut.

Fall a) Ihr Chef ist auf Sie wütend.
Wenn Ihr Chef beispielsweise losdonnert »*Sie haben vergessen, mir den Wagen zu reservieren, verdammt noch mal!*«, mögen Ihnen sofort alle möglichen Erklärungen durch den Kopf gehen, und es könnte sein, dass Sie in der typischen »Ja-aber-Verharrung« bleiben. Die will er nicht hören. Und wer nach Gegenargumenten sucht, noch während der andere spricht, verliert Präsenz und Überzeugungskraft. Die Alternative: Sie bauen Ihre Verteidigungslinie strategisch auf:

1. *Sie nehmen sich zu allererst ein Herz und antworten: »Ich befürchte, Sie hätten sich mehr Umsicht von mir gewünscht?« Gestehen Sie den wahren Kern der Kritik ein, aber rechtfertigen Sie sich nicht sofort im ersten Satz!*
2. *Erst danach platzieren Sie Ihr eigenes Argument: »Ich dachte lediglich, Sie wollten die Anmietung noch offenhalten wie beim letzten Mal.«*
3. *Gehen Sie dann sofort auf eine Ebene, in der Lösungen für das Problem oder die Zukunft eine Rolle spielen: »Ich werde beim nächsten Mal einfach buchen und Ihnen dazu eine kurze Info schicken.«*

Die Chancen stehen gut, dass Sie mit dieser Reaktionskette Ihren unterzuckerten »Patienten« erst einmal etwas beruhigen beziehungsweise ihm den Wind aus den Segeln nehmen. Sehen Sie nicht nur seine Chefposition, die er vertritt, sondern seine Interessen dahinter. Wer sich verstanden fühlt, ist dialog- und kooperationsbereiter. Ebnen Sie den Weg für das, was Sie beim anderen erreichen wollen. Wir reden hier von einem Tool, um sich selbst das Leben angenehmer zu gestalten! Sie sind, wer Sie sind, es geht nicht um Ihre Persönlichkeit. Die sollen und können sie nicht ändern. Aber Ihre Verhaltensweise können Sie ändern – Sie können sich je nach Situation und Person ein Verhaltensrepertoire aneignen statt nur ein einziges Verhaltensmuster. Überraschen Sie Ihren Chef, indem Sie einmal nicht so reagieren, wie er es annimmt. Wer überrascht, hat oft die besseren Karten!

Keine Chance den Cholerikern! In ganz schlimmen Fällen, in denen Sie das Gefühl haben, dass jedes weitere Wort eines zu viel wäre, ziehen Sie einfach die Torwand weg, schweigen oder entfernen sich und lassen die Wut erst einmal ins Leere laufen, bis sich die Lage beruhigt hat. Choleriker, die sich nicht im Griff haben, sind einsame Menschen und müssen es in diesem Augenblick eben auch bleiben. Wenn Sie sich nicht entfernen wollen oder können, eignen Sie sich einen inneren Aufprallschutz an. Gehen Sie nicht mit ihm in den Wutkeller, sondern bleiben Sie schön im oberen Stockwerk: Ein demonstratives Schweigen, mit aufrechter Körperhaltung und mit festem Blickkontakt, kann eine starke Kraft entfalten, denn Sie signalisieren: Ich reagiere jetzt nicht so, wie du es erwartest! Eine Freundin denkt in solchen Momenten immer an das berühmte Loriotsche »Ach was«, auch wenn ihr eigentlich in schlimmen Momenten nicht danach ist. Für sie ist es eine Art »Instant-Meditation«, die tatsächlich sehr schnell Abstand zum Geschehenen verschafft. Wenn Sie auf jeden Fall etwas sagen wollen, dann denken Sie sich Ihren persönlichen »Sprachlosigkeitssatz« aus, wie »Das muss ich erst einmal verdauen«, »Das macht mich gerade ziemlich sprachlos«, »Jetzt fehlen mir gerade die Worte« oder etwas Ähnliches, das zu Ihnen passt. Und wenn Ihnen in einem Moment die Worte und die Souveränität fehlen und Sie nicht gerade die Lara Croft der Schlagfertigkeit sind, dann seien Sie nicht so streng mit sich selbst. Versuchen Sie mal, mit angespannten Armen und Händen einen Ball zu fangen, den Ihnen jemand zuwirft. Das ist auch verdammt schwierig.

Fest steht: Niemand sollte Worte wie aus einem Maschinengewehr auf Sie abfeuern dürfen. Niemand. Sie werden nicht schneller, wenn man Sie zur Schnecke macht. In solchen Momenten sind Sie nicht so hilflos, wie Sie vielleicht meinen, denn wie Sie auf ein bestimmtes Verhalten reagieren, entscheiden immer noch Sie selbst ganz allein. Es liegt in Ihrer Macht. Und wenn seine Wut abgeklungen ist und er zur Tagesordnung übergehen will, dann tauschen Sie sich ruhig mit ihm über die Art und Weise der Kommunikation aus: »Darf ich Ihnen eine Rückmeldung geben?«, »Ich fand es schade, dass es so laut wurde.«

Wenn die Tränen kommen ... Dass ich jetzt an dieser Stelle etwas über das Weinen schreibe, daran ist meine Freundin Andrea schuld, die mir kürzlich versicherte: »Wenn du wüsstest, wie oft immer noch geheult wird in den Büros ...« Ich hatte gehofft, dies sei ein Relikt aus patriarchalisch geprägten Zeiten und in der Selbstverwirklichungs- und Teamkultur der heutigen Arbeitswelt eher ein emotionales Auslaufmodell.

Doch andererseits: Geweint wird immer und überall. Warum nicht auch im Büro? Und wenn die Wut noch existiert, dann ist der Schritt zum akuten Traurigkeitsanfall nicht weit. Ich glaube, früher oder später ereilt es fast jede: Der Hals scheint sich zusammenzuschnüren, die Augenbrauen bewegen sich zur Mitte hin aufeinander zu, die Unterlippe bebt, der ganze Körper verspannt sich, die Augen werden erst glasig und füllen sich dann langsam mit Tränen, die im schlimmsten Fall tun, was Tränen eben so tun, nämlich fließen. Ein Wimpernschlag reicht, und es tropft. Mit Tränen sind gerade Männer völlig überfordert. Oft stehen sie da wie die Schuljungen. Man könnte vor versammelter Mannschaft entbinden, und sie würden nicht hilfloser gucken. Es huscht ihnen höchstens ein »Ach, Gott« über die Lippen. Weinen geht gar nicht. Haben Sie schon einmal einen weinenden Mann im Büro gesehen? Ich schon, aber es waren wenige. Weinen ist Ausdruck eines »Verlust-Gefühls«, oft geht uns da nämlich der letzte Schimmer Hoffnung kurzfristig flöten. Ich denke auch, dass Männer uns klammheimlich ums Weinen beneiden, weil es Erleichterung verschafft. Es schafft Raum. Es braucht aber auch Raum – nur eben möglichst keinen öffentlichen. Man kann nur sehen, dass man schnell genug die Damentoilette erreicht oder sich zumindest wegdreht. Was dann guttut, ist der Kontakt mit Leuten, die einen in diesem Moment der Fassungslosigkeit verstehen, die in Worte kleiden können, was man gerade selbst nicht sagen kann und die einen in den Arm nehmen. Tränen müssen ernst genommen werden, damit sie helfen. Ein »Ist doch nicht so schlimm« tröstet wenig, wenn es gerade genau das ist. Es ist so, als würde der Besitzer eines Pitbulls sagen »Der beißt nicht«, wenn dieser mich gerade ohne Maulkorb anspringt.

Und was macht man, wenn die Tränen getrocknet sind? Wutanfälle kann man im Nachhinein zum Thema machen und erklären. Doch wenn Sie nochmals auf Weinanfälle zu sprechen kommen, bewirken Sie, dass Ihr Vorgesetzter wieder unwillkürlich das Bild vor Augen hat, das Sie in einem Ihrer schwächsten Momente zeigt. Leider bleiben Bilder mehr als alle Worte in unserem Gedächtnis haften. Wollen Sie das? Es werden sich andere Anlässe ergeben, auf die Sie in einem Gespräch Bezug nehmen können.

Fall b) Sie lassen sich selbst auf die Palme bringen
Wenn das nächste Mal etwas passiert, das Sie auf die Palme bringt, stellen Sie sich bitte einfach vor, Sie würden tatsächlich aus luftiger Höhe auf die Situation hinabschauen. In der Hitze des Gefechts verlieren wir ja meist völlig den Überblick. Wir sehen dann überhaupt nur das, was sich direkt vor unserer Nase abspielt. Nichts mit Meta-Ebene. Und zack sind Reaktion, Mimik, Körperhaltung, Kommentar oder schlimmstenfalls Tränen schon da, und wir haben den winzigen Moment verpasst, in dem wir einen winzigen Abstand zu uns selbst und unserem Gegenüber hätten finden können.

Unser Gegenüber hat derweil gar keine Ahnung, ob hinter dem, was da gerade in Form von Wut oder Sprachlosigkeit in seine Richtung geht, nicht eher etwas anderes steckt: Unsicherheit, Angst oder Enttäuschung unsererseits. Er weiß im Zweifel gar nicht, dass er gerade auf unseren ganz individuellen Werten herumtrampelt (Gerechtigkeit, Nähe, Vertrauen, Verlässlichkeit, Aufmerksamkeit, Freiheit etc.). Das, was uns wirklich bewegt, ist so tief in dem für unsere Emotionen zuständigen Teil unseres Gehirns – unserem limbischen System – verpackt, dass es für andere nicht immer möglich ist, es überhaupt zu sehen oder zu erkennen. Konfrontiert mit Wut, wird bei meinem Chef, meiner Kollegin, meinem vierjährigen Sohn und selbst bei meinem Hund stattdessen erst einmal das ganze Abwehr-Alarmzentrum angeschmissen, und zwar in Millisekunden, und mein Chef, meine Kollegin, mein kleiner Sohn und mein Hund fallen allesamt in eines der drei altbekannten Reaktionsmuster: Flucht (auflegen oder weglaufen), Kampf (losschimpfen oder bellen) oder

Totstellen (weggucken und ignorieren). Das ist unsouverän, aber biologisch vorgegeben und daher nicht so leicht zu ändern.

Fazit – auch für den tosenden Chef, falls er gerade dieses Buch liest: Wut ist eine Emotion für Fortgeschrittene. Sie muss gut kommuniziert werden. Das schafft man selten, wenn genau diese Emotion gerade mit einem durchgeht. Aber man sollte es im Nachhinein versuchen. Finden Sie ein anderes Wort, eine andere Formulierung für Ihre Wut, damit die anderen überhaupt eine Ahnung bekommen, warum Sie sich eigentlich so aufregen: *»Ich bin enttäuscht, weil ...«, »Ehrlich gesagt, ärgere ich mich gerade über mich selbst ...«, »Mir ist Verlässlichkeit wichtig, darum habe ich so reagiert.«* Konzentrieren Sie sich auf Ihre Bedürfnisse, auf Ihre Interessen, die hinter dem Konflikt stecken. Nebeneffekt: Sie werden damit automatisch sachlicher und bleiben handlungsfähig. Nur bei Ihrem Hund können Sie die Trillerpfeife nehmen.

Wunderwaffe für Mutige: Die ultimative Allzweckwaffe, die etwas aus der Mode gekommen ist, ist die gute alte, formvollendete Entschuldigung. Zugegeben, »Entschuldigung« ist ein phonetisch wie inhaltlich schrecklich vermurkstes deutsches Wort, aber Sie müssen ja dabei nicht gleich auf die Knie fallen und den Schreibtisch Ihres Chefs oder Ihrer Kollegin zu Ihrem persönlichen Santiago de Compostela machen. Im Gegenteil: Sie sprechen sachlich und aufrecht das an, was Sie gesagt oder getan haben und wenden Ihr Urteilsvermögen höchst souverän auf sich selbst an.

Ich habe im beruflichen Umfeld noch niemanden erlebt, der eine Entschuldigung nicht angenommen hätte und dadurch auf wundersame Weise nicht gleich viel versöhnlicher gestimmt gewesen wäre. Die Chance, Milde walten zu lassen, gibt den Leuten ja selbst durchaus ein gutes Gefühl. Sie werden damit in bester Gesellschaft sein: »Probleme kann man nie durch dieselbe Denkweise lösen, durch die sie entstanden sind«, sagte Albert Einstein. Und insgeheim wird sich so mancher, der seinerseits in ähnlichen Situationen herumdruckst und schmollt, wünschen, sich selbst mal mutig an dieses Wort heranzutrauen.

Zettel-Tipp für Kurzentschlossene: Natürlich können Sie Ihren Ärger nicht so ohne Weiteres aufnehmen in Ihre »Stop-doing-Liste« oder ihn ausknipsen wie irgendeinen Schalter, den Sie umlegen. Aber soll ich Ihnen sagen, was ich tue, wenn ich mich über irgendetwas oder irgendwen (also meistens über mich selbst) ärgere? Ich schreibe das Wort »Ärger« auf ein Blatt Papier, nehme es zwischen Daumen und Zeigefinger wie eine schmutzige Socke, hebe es leicht in die Luft, LASSE DANN LOS, sodass es langsam zu Boden segelt und ich erhobenen Hauptes darüber hinwegsteige. Es hilft!

Fall c) Sie werden Kronzeuge von Wut
Wenn Sie Ihren Chef gegenüber anderen beim Wütendsein ertappen und er Ihnen nachher sagt: »Weiß gar nicht, warum Müller so empfindlich ist. Der soll sich nicht so haben«, dann könnten Sie das so neutrale wie effektive »Return-to-sender«-Tool auf ihn anwenden und ihn fragen: »Wissen Sie eigentlich, was Sie da gerade zu Müller gesagt haben?« Im Zweifel wird er sie dann fragend angucken und es verneinen. Konfrontieren Sie ihn dann einfach kommentarlos mit dem Satz, den sein eigener Mund vorher in die Welt beziehungsweise zu Müller geschickt hat: »Sie sind aber auch das Allerletzte, was herumläuft unter der Sonne, Müller!« Ja, der Blick in den Spiegel – wenn man sich selbst begegnet – kann nicht nur frühmorgens recht ernüchternd sein.

You can't be brave if you've only had wonderful things happen to you.
Mary Tyler Moore

Die Welt ist schlecht – eine Frage der Perspektive

Wann werden andere Menschen eigentlich für uns »schwierig« und warum? Ist denn die Welt wirklich so schlecht? Man könnte jetzt natürlich antworten, dass der Job eine ganz spezielle Umgebung bietet, nämlich eine, in der wir mit Leuten zusammen sind, die wir uns nicht aussuchen können. Doch die unbequeme Nachricht ist: Ob jemand »schwierig« ist oder nicht, hat viel mit unserer eigenen, subjektiven Wahrnehmung zu tun, mit Erfahrungen und Erinnerungen, die wir haben, kurzum mit unserer eigenen Persönlichkeit. Dieser Cocktail bringt uns zu unseren vermeintlichen Gewissheiten. Wie das ganz alltäglich so aussehen kann, wenn man in seinem Mikrokosmos vor sich hin lebt, alles persönlich nimmt und sich vom ständigen Monolog im eigenen Kopf einlullen lässt, habe ich in einer Kolumne für *working@office* beschrieben:

Stellen Sie sich vor: Ihr Auto ist kaputt, und Ihr Bus fährt Ihnen morgens vor der Nase weg. Es gießt in Strömen, und Sie könnten schwören, dass Sie der Busfahrer beim Gasgeben noch im Rückspiegel sah und höhnisch grinste. Der Bus kommt sonst IMMER zu spät, aber an diesem Tag ist er pünktlich, und das ist eine Unverschämtheit, weil Sie nämlich heute AUSNAHMSWEISE nicht pünktlich sind. Sie kommen zu spät ins Büro. Die Kollegen, die sich dort samt Kaffeetasse und Tageszeitung bereits eine Stunde aufhalten, schütteln – Sie könnten schwören – höhnisch die Köpfe und machen dann auch noch um 16.00 Uhr Feierabend. NUR Sie machen Überstunden. ALLE anderen nicht. Ja, Sie könnten schwören, dass Sie der EINZIGE Mensch auf Erden sind, der Überstunden macht und STÄNDIG übergangen wird. ÜBERHAUPT haben ALLE anderen Menschen führungskompetente Chefs, aufmerksame Kollegen, nette Kunden, funktionierende Kopierer, noch Kaffee in der Kanne, wenn man mal selbst einen möchte, Papier auf der Toilettenrolle, eine Klimaanlage, keinen Stress, keine Schlangen vor der Currywurst in der Kantine, Einarbeitung bei Jobwechsel und gaaaanz tolle Weihnachtsfeiern. Sie sind der EINZIGE Mensch, der das alles NICHT hat. Und am liebsten sagen Sie das auch. Das ändert nichts. Aber Sie fühlen sich besser danach. Es ist Ihr negatives Lieblingsgefühl.

Das sind ideale Bedingungen für den Jammer-Virus, der verdammt kurze Inkubationszeiten hat. Besonders in deutschen Unternehmen breitet er sich wie selbstverständlich aus und nennt sich, so sagen Experten, »Corporate Jammering« beziehungsweise »Corporate Nurgeling«. Und zu zweit, dritt oder viert jammert es sich doch gleich viel enthemmter. In der Küche, auf dem Flur, in der Mittagspause, in Online-Foren oder am Telefon an cheflosen Tagen bilden sich Frustrationsallianzen. Ja, es kommt zur reinsten Jammer-Session.

Der Jammer-Virus mag Sie vielleicht ganz akut nur fünf Minuten am Tag überfallen, lässt Ihren Blutdruck steigen und die Augen rollend nach oben entgleiten. Folgen: Schmallippigkeit. Hängende Schultern. Versteifter Rücken. Kollege Konrad könnte der Auslöser sein, weil er es WIEDER EINMAL nicht für nötig hält, Sie auf dem Flur zu grüßen. Noch nicht einmal das. Ob Sie wollen oder nicht, der nicht grüßende Konrad wird Sie bewusst oder unbewusst noch circa sechs Stunden beschäftigen, im Kopf, irgendwo in der hintersten Ecke Ihres limbischen Systems. Und dort wird dann vor lauter Enttäuschung ein innerer Shitstorm gegen Konrad in Gang gesetzt, ganz großes Kopfkino: Ihr Kollege mutiert gaaanz langsam zum ungehobelten Schnösel, zum absoluten Ignoranten, der sicher auch nie Kopier- oder Klopapier nachlegt, zum mobbenden Einzeltäter. Konrad ahnt nichts von all dem. Vielleicht hatte er nur gerade den Mund voll – oder auch den Kopf -, als er an Ihnen vorbeiging. Aber herrje, er hätte ja ZUMINDEST kurz nicken können. TYPISCH.

Wenn Ihnen Konrad das nächste Mal über den Weg läuft und sich nur Bruchteile Ihres Jammers in Ihrem Gesicht widerspiegeln – und das werden sie mit Sicherheit –, dann fragt sich Kollege Konrad ebenso in Bruchteilen von Sekunden, wie Sie denn gucken und wird reflexartig denken: »Ohje, wie ist die denn drauf? Schnell vorbei. Am besten gar nicht erst hingucken.« Es kommt zu einer sagen wir unguten Beziehungsdynamik zwischen Konrad und Ihnen, ohne dass irgendjemand ein Wort gesagt hätte. Und Sie werden sich in Ihren Mutmaßungen über Konrad bestätigt fühlen, was Ihnen Ihr negatives Lieblingsgefühl beschert: »Ignoranten. Alles Ignoranten.« Willkommen in der Welt der Subjektivität und der verhängnisvollen Wechselwirkung! Da können Sie fast schon Ihrem Chef die Hand reichen, der über seine Mitarbeiter sagt: »Unfähig. Alle unfähig.« Als sei das alles eine Art kosmische Verschwörung. Wir glauben an das Gute im Menschen, während wir uns gleichzeitig auf jeden Fall auf das Schlechte verlassen. Eigentlich ist das ganz schön verrückt, denn das Urteil, zu dem wir kommen, ist doch vor allem eine Frage der persönlichen und ausdrücklichen Wahl, der bewussten Entscheidung. Ihr persönlicher Haltungs- und Handlungsspielraum ist enorm groß, wenn Sie es zulassen! Ja, auch Sie könnten sagen: »Ich bin eigentlich ganz anders, ich erlaube mir das bloß viel zu selten.«

Hand aufs Herz: Wie oft verlieren wir uns in Überinterpretationen? Wann verlassen wir mal unser eigenes schädelgroßes Königreich? Wann wechseln wir mal unser Verhaltensmuster, unsere Standardeinstellung? Jedes blöde Smartphone hat mehrere Bedienungsebenen. Nur wir laufen ständig auf Autopilot mit eingebauter Gegenstromanlage.

It's up to you, wie Sie die Dinge sehen wollen. Sie sind das Beste, was Sie kriegen können! Wenn Sie etwas ändern möchten und sich nichts ändert, liegt es an Ihnen. Nicht an Ihrem Kollegen und leider auch nicht an Ihrem Chef.

Kündigung – die Kunst des Abschieds

Es hilft alles nichts: Was die vermeintlich schwierigen Menschen angeht, so gibt es unter ihnen tatsächlich eine Spezies, die ganz objektiv im Wettbewerb »Germany's Next Mr. oder Mrs. Difficult« den ersten Preis einheimsen würde. Was machen Sie dann? Die einfachste Lösung im Sinne der Selbstfürsorge: Sehen Sie einen schwierigen Menschen als eine Art Naturphänomen an, das man ja bekanntlich nicht ändern kann. Wenn man das Haus verlässt und es regnet, ist es hilfreicher, sich einen Regenmantel anzuziehen und einen Schirm aufzuspannen, statt über den Regen zu schimpfen oder gar das Wetter ändern zu wollen. Ich lebe ja in Hamburg, und da gibt es bekanntlich kein schlechtes Wetter, sondern nur schlechte Kleidung. Doch das Schimpfen über jene Unwetterfronten, die da im anderen Büro am Horizont aufziehen, kann ich immer noch nicht so ganz unterdrücken, ich gebe es zu. Aber: Wenn Ihr Chef wie ein ganzjähriger Gewittersturm für Sie ist, dann suppt auch der imprägnierteste Mantel durch. Dann hilft die Frage: Lohnt es sich, auf Besserung zu warten und darin zu investieren – oder in diesem Fall eben nicht? Wer einmal aus freien Stücken Ja gesagt hat, kann auch irgendwann aus freien Stücken Nein sagen und in sonnigere Gefilde auswandern. Verlassen Sie Chefs, denen Sie weder Vertrauen noch Respekt entgegenbringen können.

Abschied von Arbeitnehmern und Arbeitgebern gehört zum Alltag. Wenn Sie morgen kündigen oder gekündigt werden, dürften Sie dieses Schicksal mit Tausenden von anderen Menschen teilen. Unternehmen strukturieren in immer kürzer werdenden Abständen um. »Change-Management« ist das Zauberwort. Nur wenige bleiben ja heute noch für ihr gesamtes Berufsleben in einem Haus. Ich selbst habe es auf zwölf Arbeitgeberwechsel gebracht in 25 Jahren – das mag früher noch kurz vor der Verhaltensauffälligkeit einzuordnen gewesen sein, heute ist es gar nicht mehr ungewöhnlich. Ein Arbeitssoziologe hat mir neulich erzählt, dass man sich heute im Laufe seines beruflichen Lebens sogar im Schnitt drei Mal neu erfindet, also nicht nur in unterschiedlichen Positionen bei unterschiedlichen Arbeitgebern tätig ist, sondern unter Umständen in drei völlig unterschiedlichen Berufen lebt. Die Lebensläufe werden bunter und weisen vermehrt »Brüche« auf. Also: Geben Sie Ihren Traum nicht auf, wenn Sie heimlich gerne Blumensträuße stecken, Bücher schreiben oder handwerklich begabt sind. Sie wären auch nicht die erste Sekretärin, die sich mit einer Zeitarbeitsfirma oder einer Hundeschule selbstständig macht. Wie auch immer, die Hürde der Kündigung haben Sie zu nehmen, wenn Sie einen Wechsel vollziehen möchten. Vielleicht kündigen Sie, weil Sie sich fortentwickeln möchten, weil andere Mütter auch gute Chefs in die Welt gesetzt haben, weil Sie leiden an Ihrem Job oder an einem Menschen. Speziell für den zuletzt genannten Fall gilt: Alles ist besser, als Dinge, die Ihnen widerstreben, so zu lassen, wie sie sind.

Oft nimmt man dafür allerdings schlaflose Nächte in Kauf und spielt die Szenarien immer und immer wieder durch. Eine Firma zu verlassen, egal unter welchen Umständen, ist nun mal eine emotionale Angelegenheit. Denn es ist ja nicht das Trennungsgespräch allein, es sind diese zerbrechlichen Momente bei der Verabschiedung von den Kolleginnen und Kollegen, das Räumen des Arbeitsplatzes samt Einpacken von Ersatzstrumpfhose, Haarbürste, Traubenzucker, Lippenstift und Kaffeetasse, der letzte Händedruck. Und natürlich nimmt man so eine Kündigung persönlich, verdammt noch mal, was denn sonst? – Und zack, da sind sie, die Gefühle. »Kommen Sie unbedingt auf eine Tasse Kaffee vorbei, wenn Sie mal in der Nähe sind!« – Wer macht das schon? Das alles geht den Chefs, die kündigen oder gekündigt werden, doch nicht anders, auch wenn sie andere Dinge ausräumen und im Nicht-persönlich-Nehmen besser sind. Und ein einziger schlechter letzter Tag kann ganze wunderbare Jahre auslöschen, wenn wir es zulassen.

Wenn das Ende der Fahnenstange noch nicht erreicht ist: Das Gespräch
Halten wir an dieser Stelle mal kurz an. Mir kommt gerade ein ehemaliger Kollege in den Sinn, der spontan während eines hitzigen Meetings seine Kündigung auf ein Post-it schrieb und dieses seinem Chef auf den Tisch knallte, bevor er den Raum verließ. Eine klassische Übersprunghandlung. Und ich frage mich noch heute: War das inszeniert und von langer Hand geplant? Es sah nicht so aus. Ob er es im Vorfeld mit einem Gespräch versucht hatte?

Haben Sie sich vor Ihrer Kündigung die Frage gestellt: Welche Signale brauche ich, um weitermachen zu können, und kennt die mein Chef? Sicher, manchmal muss man bestimmte Dinge einfach tun, sonst platzt man. Aber mal ehrlich, das Gespräch ziehen wir erstaunlich selten in Erwägung. Wo es doch ist wie beim Niesen: Es zu tun ist besser, als es zurückzuhalten. Man riskiert unter Umständen, dass beim Kündigungsgespräch der Chef sagt: »Ja, aber das haben Sie mir nie so gesagt!« Nun könnten Sie kontern: »Ja, wann hätte ich das denn bitteschön tun sollen?« Viele Chefs scheinen ja auch weniger aus Ignoranz als aus Bequemlichkeit einem Gespräch aus dem Wege zu gehen. Bloß kein Fass aufmachen. Kein Lob, aber auch kein Tadel, keine Prämie, aber auch keine Sanktionen. Schön neutral bleiben. Die kriegt sich schon wieder ein. Und wenn es hart auf hart kommt: Reisende soll man nicht aufhalten.

Eine Bekannte, die ebenfalls beratend für Führungskräfte und Assistentinnen arbeitet, schilderte mir einmal folgenden Dialog, den ich an dieser Stelle zitieren darf. Chef: »Es nervt mich morgens ungemein, wenn ich noch nicht mal den Mantel ausgezogen habe und mich meine Assistentin bereits mit irgendwelchen Dingen überfällt. Sie will sofort wissen, was sie Müller sagen soll. Und ich steh noch im Mantel! Da vergeht mir gleich die Lust. Ich brauche morgens erst einmal fünf Minuten Ruhe.« Frage meiner Bekannten: »Haben Sie ihr das schon einmal gesagt?« Seine Antwort: »Nein.« Ihre Frage: »Wie lange arbeiten Sie schon zusammen?« Seine Antwort: »18 Jahre.« Wir wissen nicht, ob wir das lustig oder tragisch finden sollen. Was hat diesen Chef daran gehindert, sein Unbehagen kundzutun? Hatte er Angst und glaubte, seine Assistentin könnte dann die Peitsche zücken oder sofort alle Serviceleistungen asap einstellen? Fest steht: Die meisten Kündigungen passieren aus Gründen, über die nie gesprochen wurde.

Nun dürfte die fristlose Kündigung aufgrund von »Überfall noch im Mantel« äußerst unwahrscheinlich sein. Doch was immer Sie vorhaben, Kündigung aus Notwehr oder weil Sie einfach Entwicklung brauchen, stellen Sie sich die Frage, die für beide Seiten gilt: Habe ich wirklich alle Warnschüsse abgegeben? »Die Pflicht zum Widerspruch ist im Gehalt inbegriffen«, sagte Theodor Heuss zu einem Beamten im Bundespräsidialamt. Das gilt heute mehr denn je. Man muss es nur geschickt verpacken. Überlegen Sie, was Ihre Minimal- und Ihre Maximalanforderungen sind, damit sich etwas ändert. Schildern Sie die Situation so, wie sie ist. Ihre Gefühle, so wie sie sind. Gefühle, die als so genannte Ich-Botschaften verpackt werden, lassen sich nicht wegdiskutieren. Konkrete Fallbeispiele versachlichen und sprechen für sich. Nennen Sie Perspektiven, die Sie sich wünschen und vielleicht sogar denkbare Entwicklungswege dahin. Vereinbaren Sie gleich einen Termin zu einem Anschlussgespräch. Das ist dringend empfehlenswert, denn Chefs tendieren ja dazu, Dinge als erledigt zu betrachten in dem Moment, in dem sie sie aussprechen. Und wenn das alles nicht nützt, werden Sie immerhin im Anschluss sehen, dass Ihnen Ihre Kündigung, wenn Sie denn sein muss, erheblich leichter über die Lippen geht.

Warum mehr Sekretärinnen kündigen als gekündigt werden

Kündigungen gehen ja meistens zulasten einer Seite, eine Person erlebt eine größere Kränkung als die andere. Man trifft sich ja selten in der Mitte und sagt wie aus einem Munde: »Oh, denken Sie auch gerade das, was ich denke? Wir sollten uns trennen, nicht wahr? Oh ja, gut, dass Sie's gerade ansprechen. Kommen Sie, wir setzen uns gleich hin und trennen uns.« Ich wage zu behaupten, dass die überwiegende Mehrzahl der Kündigungen eines Chef-Sekretärinnen-Arbeitsverhältnisses auf Wunsch der Sekretärin und nicht des Chefs geschehen. Mir fallen drei Erklärungen ein:

1. Der Eins-zu-eins-Beziehungsfaktor
In kaum einem anderen Job muss die Arbeitsebene so sehr mit der Beziehungsebene in Deckung gebracht werden, nirgendwo sonst hängt die erfolgreiche Berufsausübung so an einer wackeligen Trefferquote: der gelungenen Kombination zweier Persönlichkeiten. Es sei denn, ein Chef teilt sich seine Sekretärin mit fünf anderen und hält sich relativ beziehungslos fernab des Großraumbüros auf. In allen anderen Fällen mag ein Chef ein genialer Visionär sein mit jeder Menge interessanter Ideen, aber all das nutzt wenig, wenn er laut seiner Assistentin ein cholerischer Mistkerl ist, der alle zwei Minuten anruft oder im Türrahmen steht. Unser Befinden, unsere Leistung und unsere Arbeitsqualität hängen in hohem Maße von der psychologischen Verfassung und dem Führungsvermögen des Vorgesetzten ab. Launen, Unfähigkeiten und Marotten, die für Dritte nicht unbedingt wahrnehmbar sind, bekommen wir ungefiltert mit. Und das alles wird nicht unbedingt besser, je höher man kommt auf den Etagen und je fokussierter man für einen solchen Menschen arbeitet. Dieses Abfiltern kann zu einer immensen nervlichen Belastung werden – und zur Kündigung führen. Auch und gerade kreative Branchen, in

denen sprunghaftes Verhalten und gelegentliche Ausraster der »besonderen Persönlichkeit« des Chefs geschuldet sind oder wo vor lauter Lockerheit schon einmal die guten Manieren vergessen werden, erleben eine größere Fluktuation gerade bei den so genannten »Office Pearls«, die am ehesten als austauschbar gelten. Und dann gibt es noch die Jobhopper unter den Assistentinnen, die mal hier, mal da in Teilzeit tätig sind, im Callcenter oder im eBüro, als Mail-Adresse und Stimme im Home-Office und sich überhaupt das Leben sehr flexibel gestalten – Generation Facebook: »Was mir nicht gefällt, ›dislike‹ ich und lasse es sein.«

2. Entwicklungsgrenzen

Assistentinnen kommen in einem Unternehmen schneller an die Grenzen ihrer Entwicklung als andere Mitarbeiter. Das liegt nicht daran, dass sie klüger oder schneller als alle anderen wären, sondern schlicht daran, dass bei ihnen die Grenzen näher liegen. Ihre Büros sind mitunter ein wenig »eng«. Sie sind in ihrer Tätigkeit selten branchengebunden und wagen deswegen öfter als andere einen Neuanfang mit erhofften interessanteren Aufgabengebieten und mehr Verantwortung.

3. Chefs tun es ja selten von sich aus!

Wenn es darauf ankommt, sind Frauen entschlossener als Männer, auch was die Trennung angeht. Wir springen zuerst ins Wasser, während er noch am Ufer steht und erst mal noch eine raucht. Das kann man auf das Arbeitsleben, hier speziell auf die Kündigung, übertragen: Chefs sind nicht gut im Entlassen, obwohl auch das zu ihrem Jobprofil gehört. Doch Abmahnungen und Kündigungen gehen einher mit unbequemen Wahrheiten, die es auszusprechen gilt. Die Trennung von einer Frau, die man im Zweifel selbst eingestellt hat, ist unschön und unbequem. Dann lieber aussitzen, hinnehmen und damit leben wie mit einer Laktoseintoleranz. Oder könnte man andere machen lassen? Wie sagt man so schön: »Was Gunst erwirbt, verrichte selbst, was Ungunst, lasse andere machen.« Die Kündigung der Sekretärin lässt sich aber schlecht delegieren, und an die große

Glocke will man sie auch wieder nicht gleich hängen. Es reicht auch nicht aus, einfach fernzubleiben, einfach nicht mehr anzurufen, wie man das bei Trennungen auf privater Ebene so macht. Chefs tun sich schwer mit Kündigungen.

Und wie war das noch einmal mit dem Mut zur Kündigung? Sicher, sie ist oft der allerschwierigste Teil in einem Arbeitsleben. Das Neue ist vielleicht unberechenbar, das Alte auf jeden Fall trügerisch verlässlich. Und je älter wir werden, desto mehr Angst haben wir, vom Regen in die Traufe zukommen. Wer weiß schließlich, wer da draußen noch alles frei herumläuft? Und dennoch: Ich habe keine meiner Kündigungen bereut, denn oft muss man erst eine Tür schließen, bevor sich eine andere öffnet. Selbst Ihr PC hat ein Reset-Knöpfchen. Die einfachste Richtschnur ist: Schlechte Chefs gehören verlassen. Sonst werden sie nie besser. Und man selbst auch nicht.

».... Es war toll mit euch. Und übrigens, Frau Dr. Keller, Sie verdienen 20 000 Euro weniger als Herr Schmidt, der ja denselben Job wie Sie macht.«
Aus der Abschieds-Mail einer Sekretärin oder Wie man es nicht macht

4. WIE TICKT DER CHEF? – DIE WELT DER VORGESETZTEN

Aphatiere sind auch nur Menschen

»Ich habe einen neuen Chef, und es fühlt sich an, als hätte ich die ganze Firma gewechselt« – das ist ein Satz, den man häufig hört in der Assistentinnenszene. Eine zunehmende Sachorientierung und mehr Projektarbeit im heutigen Office-Management befreien uns nicht von folgender Gesetzmäßigkeit: Alles steht und fällt mit unserem oder unserer Vorgesetzten, mit seinem oder ihrem Verständnis von Hierarchie und Führung, letztendlich mit seinem oder ihrem Charakter. Den nimmt man schließlich als unveränderbare Basisausstattung überall mit hin – in die Konzernspitze genauso wie ins Bürgermeisteramt von Bad Lippspringe. Wo auch immer er oder sie auftaucht, ändert sich mal mehr mal weniger spürbar das Klima, zumindest für die engere Umgebung. Es ist ein bisschen wie Auswandern. Und je enger die Positionen aufeinander ausgerichtet sind, desto eklatanter kann ein Wechsel sein. Das gilt im Übrigen auch umgekehrt für einen Chef, in dessen Sekretariat plötzlich eine Neue sitzt, die alles anders macht als ihre Vorgängerin.

Als Assistentin wünscht man sich manchmal allerdings sehr wohl Veränderung herbei: »*Ich mache und tue, lasse keine Fortbildung, kein Seminar aus. Und mein Chef bleibt einfach so, wie er ist*« – auch das höre ich oft, und ich habe es sehr oft selbst gesagt. Ich sage es noch heute. Wir sind kurz vorm Adaptions- und Optimierungs-Overkill, aber was bringt uns die beste Fortbildung, wenn wir all das mit ihm oder an ihm nicht praktizieren können? Weil er so ist, wie er ist. Warum sollte er sich auch ändern, wenn er sich wohlfühlt, da wo er ist, wenn das, was er tut, zu funktionieren scheint? Es sagt ihm ja auch niemand etwas anderes.

Die Frage, ob wir im Job Einfluss nehmen können und uns wohlfühlen, hängt wesentlich davon ab, wie gut wir unseren Vorgesetzten kennen und einschätzen können. Oft sagt ein Bild mehr als tausend Worte: Wenn ich in Seminaren oder Workshops die Teilnehmerinnen auffordere, ihre Chefs zu malen, ernte ich erst einmal große Fragezeichen in den Augen und fünf Minuten später großes Gelächter, wenn die Porträts fertig sind: Es sind ausdruckslose Mondgesichter dabei, Smileys mit Sprechblasen (»Kannste mal eben?«), kleine Jungs, zappelnde Strichmännchen oder gleich nur Körperteile in Form von aus dem Bild rennenden Beinen. Oft wird auch nur ein Smartphone oder ein einziges Fragezeichen gemalt. Das alles vollzieht sich mal mit liebevoller Akribie, mal mit emotionslosem Schulterzucken. So sieht therapeutisches Malen aus. Einige Assistentinnen nehmen die Bilder auch mit – »Das zeige ich ihm!« Wie umgekehrt die Führungskräfte ihre Assistentinnen malen würden, vage aus dem Gedächtnis heraus, wollen wir uns lieber nicht vorstellen.

Den »typischen Chef« gibt es schon lange nicht mehr, und es hat ihn vielleicht auch niemals gegeben. Noch dazu weht mit der neuen Chefgeneration ein neuer Wind in den Arbeitswelten. Den jüngeren Führungskräften wird nachgesagt, dass sie nahbar, allürenfrei und uneitel sind, egal auf welcher Managementebene sie wirken. Wird die Zusammenarbeit dadurch emanzipierter, einfacher und transparenter, oder entfernen wir uns zusehends voneinander? »Ich brauche ihn. Aber er stört« – das ist mein Lieblingskommentar einer Assistentin. Was jedenfalls erstaunt: Workshops und Seminare mit dem Thema »Wie tickt mein Chef?« sind nach wie vor der Renner unter den Assistentinnen. Da lassen sich die Frauen, die doch eigentlich qua Job intime Kennerinnen der Führungskräfte sein sollten, ihre Chefs erklären von jemandem, der noch nie in ihrer Firma war. Typischer Kommentar: »Es gibt kaum etwas, was ich nicht über ihn weiß, seinen Hochzeitstag, seine Pins und Puks, seine Freunde und Feinde. Ich weiß genau, was er gern tut und was er in die hinterste

Ecke knallt. Ich kenne seine Jubelattacken und seine Schreianfälle. Nur wie er eigentlich tickt, das ist mir immer noch schleierhaft.« Und was veranlasst eine Sekretärin zu sagen: »Ich habe keine Ahnung, was in seinem Kopf vorgeht« und fast im selben Atemzug »Über Persönliches kann ich mit dem nicht sprechen. Dafür interessiert der sich doch gar nicht.« Wie kann sie Letzteres behaupten, wenn sie nicht weiß, was in seinem Kopf vorgeht? Schön fand ich den Kommentar einer Assistentin, die sich im Rahmen einer Veranstaltung zu mir setzte und sagte: »Wissen Sie, seitdem ich mich rein theoretisch mehr damit beschäftige, wie Manager eigentlich generell ticken oder ticken müssen, und das alles durch die ›Männer-Brille‹ sehe, verstehe ich unseren Narrenkäfig in der Firma besser.«

Die Generationenfrage – Wer wird uns heute »vorgesetzt«?

Wenn ich Führungsverhalten zeige, bin ich dann Führungskraft? In gewissem Sinn ist ja heute jeder Führungskraft. Dafür muss man nicht erst einem älteren Herrn über den Zebrastreifen helfen. Auch das Wort »Manager« hilft nicht wirklich weiter – wann hat dieses blutleere Etikett eigentlich Einzug in unseren Sprachgebrauch gehalten? Es wird so gern und häufig benutzt für das, was »Chef« tut, ganz einfach weil es so offen ist, ein grob gestrickter Mantel, der die unterschiedlichsten Werdegänge und Qualifikationen großzügig und griffig abdeckt. Davon wiederum mögen manche profitieren, andere würden sagen, dass sie bei diesem Begriff ziemlich leer ausgehen. Und das kann eine Frau, die im Übrigen genauso pauschal »Sekretärin« oder »Assistentin« heißt, gut nachvollziehen. Wir scheinen zusammen mit unseren Chefs in jeweils unerforschten Berufsgebieten zu leben. Wir halten ihnen den Rücken frei für, ja, für was eigentlich genau? Was ich im Folgenden schildere, mag nicht unbedingt auf Ihren Chef zutreffen, doch es markiert die Extreme, zwischen denen sich Führungskräfte heute im Unternehmensalltag bewegen.

Wie werden also all die Manager gemacht? Woher kommen die? Gibt es irgendwo ein Nest? Es scheint ein Massenberuf zu sein, der trotzdem kein gutes öffentliches Ansehen genießt. Laut »Trust Barometer« der amerikanischen Kommunikationsberatung Edelmann halten nur 37 Prozent von insgesamt 32 000 Befragten in 28 Ländern Firmenchefs für glaubwürdig. In Deutschland lag der Wert sogar nur bei 28 Prozent. Wer sich mit seiner Visitenkarte als General Manager zu erkennen gibt, liefert keinerlei sachdienliche Hinweise auf seine Tätigkeit oder Ausbildung, sondern eher auf Position und Gehalt. Was haben ein Geschäftsführer, ein Vorstand, ein Prokurist oder ein Abteilungsleiter studiert? Was können sie besonders gut, und zwar hier und jetzt im Job? Ist Ihr Chef vielleicht in Wahrheit Natur-, Kultur- und Geisteswissenschaftler, Philosoph, Soziologe oder Psychologe? Wahrscheinlich ist er das eher nicht, denn Personalberater für das so genannte Topmanagement stellen einen Mangel an Ausbildungsvielfalt auf Managerebene fest. Häufig trifft man auf dieselben Stationen, wenn man die Lebensläufe heutiger Unternehmenslenker liest: Studium der Wirtschafts- oder Rechtswissenschaften, MBA, Ausland, Unternehmensberatung, ein bis zwei Wechsel, dann interne Karriereleiter, Eigengewächs mit »Stallgeruch« – Ende 30, Anfang 40, international, prozessorientiert, schnell, schlau, smart, perfekt. Nichts mit Abendstudium oder Babypause. Immer mehr Assistentinnen arbeiten für Chefs, die zehn Jahre jünger als sie selbst sind. Das ist nicht nur bei Start-ups der Fall, sondern mittlerweile auch bei Traditionsunternehmen.

Junge Chefs – »Beam me up, Scotty«

Die Arbeitgeber betreiben beim Recruiting von potenziellen Führungskräften einen »War for Talents«, und dementsprechend selbstsicher kommen auch bereits die Berufsanfänger ins Büro: »Hi, ich bin der Jens. Kannst du mich mal eben für den Kalender freischalten?« Jens gehört schon zur Generation Z, ist Digital Native und 1995 oder später geboren. War die Generation Y noch eher sanft und sinnsuchend, so ist die Generation Z klar karrierebewusster, so sagt man. Das dürfte ja übrigens auch für die Vertreterinnen unseres eigenen Berufsstands gelten. Im digitalen Zeitalter sind Teams und flexible Organisationsstrukturen mit hohem Abstimmungs- und Anpassungsvermögen angesagt, damit man in möglichst geringer Zeit ein Maximum an neuem Input sicherstellen kann. Zeiteinteilung und Teamkonstellationen ändern sich ständig. Die Chance, sich als Assistentin im Projektmanagement zu engagieren und neue Aufgaben zu übernehmen, für die man sich nicht langfristig festlegen muss, war noch nie so groß wie heute. Und wo bleibt die Führung? Was tun, wenn sich ab einer bestimmten Hierarchieebene die Dinge nicht so leicht mit Milchschaumgetränk aus dem Coffeeshop herauschecken lassen und man nicht mehr so gänzlich um das Thema Führung herumkommt? Viele Neuankömmlinge auf den Chefetagen treibt es dann auch in abenteuerliche Welten: Sie melden sich an zu »Stepping into Leadership«. An zwei Tagen. Mit Abschlussqualifikation. Andere ziehen sich langsam heraus aus den gemeinsamen »Koch-Sessions« mit den Kollegen und entscheiden sich für den Workshop »Führung – Macht – Stolz: Bewusster Umgang mit Einfluss & Status«, um sich aus dem Team heraus ht für das Einzelbüro zu machen. Ehe sie es sich versehen, finden sie sich unter Umständen auch wieder in genau den Seminaren, die ihre Assistentinnen schon seit Jahren besuchen: Perspektiven- und Rollenwechsel, Sozialkompetenz, typgerecht führen, Feedback und konstruktive Kommunikation, Konfliktmanagement.

Die Führungsetage wird zum einzigen Trainingslager, damit jeder in der Rolle ankommt, die das Unternehmen ihm oder ihr zugedacht hat. Geübt wird am lebenden Objekt, und viele junge Chefs kommen sich vor wie bei Star Trek: Beam me up, Scotty. Sie werden vom Teamleiter zum Bereichsleiter, vom Bereichsleiter zum Geschäftsführer und landen schließlich auf der großen Bühne mit den großen Erwartungen: Die Chefs der Chefs oder die Gesellschafter erwarten große Erfolge, die Analysten gute Zahlen, die Mitarbeiter eine Gallionsfigur, souverän, aber bitte nahbar, die Konkurrenten suchen nach Fehlern, und die Assistentin fragt sich: Hat der denn auch eine Ahnung, wie ICH funktioniere? Oder, um kurz Spiderman zu zitieren: »With great power comes great responsibility.« Manchmal bekommen Karrieren eine Dynamik und Geschwindigkeit, die den Menschen überholt.

Laut einer Umfrage des Verbands Die Führungskräfte e.V. in Essen füh-
len sich nur ein Drittel der Vorgesetzten gut oder sehr gut auf die Führungs-
aufgabe vorbereitet. So manche Assistentin wird ein Lied davon singen
können, wenn der Chef vor lauter Überforderung in die innere Immigration geht oder umgekehrt ein ständiges Abstimmungsbedürf-
nis hat (»Wir müssen heute Abend noch eine Telko mit München
machen, und wie viele Meetings habe ich morgen nochmal, bevor
mein Flug zum Get Together geht?«). Man wird auch skeptisch, wenn
ein offensichtlich seit frühester Kindheit resonanzverwöhnter Chef
seine Assistentin ständig fragt: »Wie war ich?«, sodass Außenstehende schon auf ganz andere Gedanken kommen. Zugleich eröffnet gerade das für die Frau im Sekretariat viel Raum für Unterstützung, Koordinierung, Entlastung und auch mehr Augenhöhe. Irgendjemand
muss ja schließlich die Fäden in der Hand behalten, wenn die Chefs
»into Leadership steppen«.

Sommerfelds Kopfkissen

Nehmen wir an, dass der Chef, der früher seine Assistentin ständig
fragte: »Wie war ich?«, irgendwann nach statistischen acht Jahren im
Unternehmen im statistischen Alter von 45 Jahren ein so genann-
tes »Alphatier« wird, sagen wir in der direkten Berichtsebene zum
Vorstand. Da kann es in den unteren Etagen noch so teamorientiert
und hierarchisch flach zugehen, die Systeme werden geschlossener,
je größer die Organisationen sind und je höher er kommt auf der
Karriereleiter. Er gibt seine Lockerheit jeden Tag ein bisschen mehr
am Empfang ab. Unser Chef wird sich seine Frage »Wie war ich?«
abgewöhnen, denn wem Akzeptanz und Beliebtheit wichtig sind, der
hat es schwer auf den Etagen mit dem Edelholzparkett. Sollte es unser Chef nach weiteren statistischen vier Jahren zum Vorstand gebracht haben und siebenstellig im Jahr verdienen, dann wird das
Leben nicht einfacher. Der Preis für sein Salär: Arbeit und Verantwortung bis an die persönlichen Grenzen, Aufgabe des Privatlebens,
öffentliche Bewertung. Und die Macht ist meistens nur geliehen. Die

Versuchung, das zu vergessen, ist manchmal groß. Freie Arbeitszeitverfügung, Entscheidungsbefugnis und geringe soziale Kontrolle sind fast schon biblische Verlockungen. Und dann fängt es ganz langsam an: Man lässt Besucher ohne Entschuldigung warten, die Frage des Reisemittels und des Hotels ist keine Kostenfrage mehr, das Sekretariat, die persönliche Firewall, ist besetzt rund um die Uhr in zwei Schichten. Die Welt scheint plötzlich voller netter Menschen: in Höflichkeit geschulte Mietwagenservicebedienstete für die Silver- oder Golden-Card-Inhaber, Bodenpersonal, das Security Fast Lane und Priority Boarding möglich macht, Stewardessen in der Business-Class, zuvorkommende Hotel-Rezeptionisten, bis hin zum Sous-Chef im Sterne-Restaurant. Eine Riesenportion Watte, eine einzige Riesen-Senator-Lounge. Das Gefühl für »Normalität« und für Angemessenheit gehen schleichend verloren. Dass das wahrscheinlich so passiert, wenn auch mal mehr, mal weniger dezent, kann man sogar wissenschaftlich nachweisen, wenn man Menschen nur lange genug Entscheidungsbefugnisse über andere gibt. Berufe verändern Menschen am augenfälligsten, und Erfolg entlarvt sie. Eng getaktete Terminkalender lassen keine Denkschleifen, keine Zweifel mehr zu, das Hirn scannt nur noch, und dummerweise geht man mit diesem Hirn dann auch nach Hause.

Nicht nur als Assistentin, sondern auch als Chef muss man hier und da zwangsläufig ein guter Verdränger sein, um mit seinem Job klarzukommen. Ich habe die großen und kleinen Verzweiflungen zur Abwechslung einmal aus Chefsicht in einen Dialog gebracht. Denn Big Boys don't cry. Nur die persönlichen Assistentinnen bekommen hinter den Kulissen die sorgsam versteckten Krisen mit. Ich habe also dem schon erwähnten Vorstand im statistischen Alter von 52 Jahren Leben eingehaucht und ihn ganz willkürlich Marcus Sommerfeld genannt. Sagen wir, er steht gerade da, wo Chefs oft stehen, wenn sie länger telefonieren: im Stau. Geschwindigkeitsbegrenzungen sind bereits echte Herausforderungen. Stillstand dagegen ist nur zu ertragen, wenn man ihn sozusagen als eine Art von »mindfulness based stress reduction« begreift. Und dann kommt plötzlich Bewegung ins

Spiel – nicht auf der Straße, sondern im Kopf. Hier schüttet Marcus Sommerfeld (STIMST – stehe im Stau) nicht seiner Assistentin, sondern seinem Coach per WhatsApp und Telefon sein Herz aus und wartet auf schnelle Antwort (WASA).

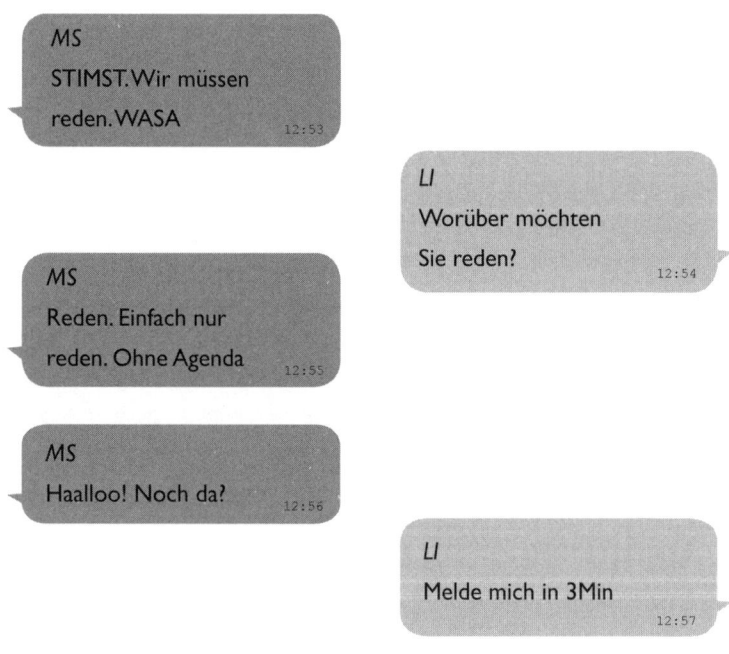

MS
STIMST. Wir müssen reden. WASA
12:53

LI
Worüber möchten Sie reden?
12:54

MS
Reden. Einfach nur reden. Ohne Agenda
12:55

MS
Haalloo! Noch da?
12:56

LI
Melde mich in 3Min
12:57

LI (jetzt am Telefon): »Da bin ich. Was ist los?«

MS: »Habe heute meine Assistentin angeblafft, wegen eines 80-mal-80-Kopfkissens im Hotel.«

LI: »Oh. Das kommt mir bekannt vor.«

MS: »Mein Gott, wenn ich noch nicht einmal mehr mit einem größeren Kopfkissen klarkomme. Das darf man ja keinem erzählen.«

LI: »Sonst hat Ihnen doch so etwas auch nichts ausgemacht. Warum jetzt?«

MS: »Ich weiß manchmal gar nicht mehr, wer ich eigentlich bin. Komme mir ganz toll und ganz ärmlich zugleich vor, wenn ich die Leute wegen so etwas zur Schnecke mache. Manchmal merke ich das, manchmal merke ich es nicht. Ich komme aus der Nummer nicht raus, als ob ich im Tunnel wäre. So verbissen. Ich war früher ganz anders.«

LI: »Wie denn?«

MS: »Anders. Komplett anders.«

LI: »Vielleicht etwas genauer?«

MS: »Da muss ich nachdenken. Ich wollte Dinge voranbringen, frischen Wind in die Bude bringen. Und jetzt erlebt mich meine Assistentin eher als Luftzug, wenn ich mal kurz da bin. Ich wollte die Leute mitnehmen. Ist aber jetzt nicht mehr so einfach. Die Leute reden zwar noch mit mir, aber es ist nicht mehr dasselbe.«

LI: »Inwiefern?«

MS: »Wasserträger, alles Wasserträger. Risikovermeider. Die haben keine eigene Meinung mehr, die haben eine ›Agenda‹. Mir fehlt jemand, der mir mal seine echte Meinung sagt. Ich weiß gar nicht, wo die ganzen Teams geblieben sind. Dachte, die Probleme werden kleiner, je höher ich komme. Meta und so. Und jetzt stehe ich im Stau und rede über Kopfkissen! Shit.«

LI: »Wie schlecht oder gut fühlen Sie sich gerade auf einer Skala zwischen 1 und 10?«

MS: »0,5 würde ich sagen. Manchmal könnte ich mich morgens glatt selbst ersticken mit dem Kopfkissen, wenn ich wieder diesen 6-Uhr-50-Flieger habe.«

LI: »Deswegen 80 mal 80? Warum tun Sie es nicht?«

MS: »Haben Sie eine Ahnung, wie fest ich da zudrücken müsste?«

LI: »Scherz beiseite. Was brauchen Sie, damit Sie sich besser fühlen?«

MS: »Und dann sitze ich da im Terminal. Durchleuchtet, abgetastet, downgeshiftet und weggestöpselt. Mit nichts als meinem Laptop, einem Aufladekabel, einem Satz Wäsche zum Wechseln und einem Tütchen Flüssigkeiten im Bordcase. Auf dem Weg ins Ungewisse. Es kommt immerhin zwischendurch der erste Kaffee des Tages, vielleicht noch ein Wasser, und dann muss das Tischchen auch schon wieder hochgeklappt werden. Ach.«

LI wiederholt seine Frage: »Was brauchen Sie, damit Sie sich besser fühlen?«

MS: »Hm, wohl am ehesten Zeit. Komme gar nicht mehr zum Nachdenken über so was. *Sogar zum Wahnsinnigwerden fehlt mir die Zeit. 50 Prozent des Jahres sind ab Januar allein mit Routineterminen verplant. Danach füllt sich der Terminkalender mit Minuten-Slots. Sie werden von Ihren Assistenten auf Schiene gesetzt, und dann müssen sie laufen. Wie auf Speed. Ich habe im Schnitt mindestens drei Away-Days in der Woche. Erst kommt man sich da noch ungeheuer wichtig und effektiv vor. Ein Wort von Ihnen, und alles tanzt. Egal wo Sie hinkommen. Und dann stellen Sie irgendwann fest, dass Sie häufiger den Atlantik als die Straße überqueren.«*

LI: »Oh.«

MS: »*Mein Gott, bin ich froh, dass ich jetzt im Stau stehe. Vor 22 Uhr bin ich selten zu Hause. Dann kommen die Mails dran. Und wenn ich nachts wach werde, geht sofort der Film los. Der komplette Themenkatalog. Auf 80 mal 80 Zentimeter ist das besonders schlimm*«.

LI: »Und am nächsten Morgen?«

MS: »*Da stehe ich um halb sechs auf und gehe joggen oder mache Sit-ups auf dem Hotelteppich, damit ich wenigstens noch ein bisschen fit aussehe. Und dann geht der Zirkus mit den ersten Telkos um 8 Uhr von neuem los. Und irgendwann kommt die Wut, und ich kriege bei jedem unter mir, der Dienst nach Vorschrift macht, Schnappatmung.*«

LI: »Herzprobleme?«

MS: »*Herrje, jeder von uns hat doch so sein eigenes kleines Krankheitsbild.*«

LI: »Was ist am schlimmsten?«

MS: »*Wollten Sie früher auch immer auf den Tiger?*«

LI: »Wie bitte?«

MS: »*Na, auf dem Rummel, auf diesen Kinderkarussels mit den Tieren. Giraffen, Elefanten, Tiger. Wissen Sie, ich reite den Tiger ganz vorne, und es geht immer rund. Unaufhörlich. Da sitze ich auf dem verdammten Teil und kann nicht absteigen.*«

LI: »Warum nicht?«

MS: »*Herrje, ich sitze vorne, muss das Teil am Laufen halten.*«

LI: »Vorne? Ich dachte, Karussells seien rund?«

MS: »*Erzählen Sie mir nicht, wo hinten und wo vorne ist!*«

LI: »Warum fühlen Sie sich nicht wohl auf dem Tiger?«

MS: »Das, was richtig Spaß macht, Leidenschaften, Mut und Überzeu-
gungen, das lassen Sie ein Stüfchen weiter unten in der Hierarchie.
Hauptsache souverän bleiben und sich keinen Zweifel anmerken lassen,
nicht mit dem geringsten Augenzucken. Sie haben die Verantwortung
für Tausende von Leuten, und dahin ist die Spontaneität. Selbst meine
Assistentin ist abgeklärter als früher. Wenn ich die frage, wie es ihr geht,
dann legt sie den Kopf schief und sagt: ›Sie wollen doch was von mir?‹«

LI: »Schaffen Sie es, zu Hause abzuschalten?«

MS: »Zum Rasenmähen fehlt mir die Persönlichkeitsstruktur.«

LI: »Aha.«

MS: »Früher war meine Stärke mal die Geduld. Kann ich mir heute gar
nicht leisten. Es ist paradox. Wie stehe ich denn da, wenn die sagen
›Der ist geduldig?‹«

LI: »Schon mal versucht das mit der Geduld?«

MS: »Hab ich keine Zeit für. Alles, was ist, dauert nur drei Sekunden: eine
für vorher, eine für nachher und eine für mittendrin. Ich kann mich nur
im Sekretariat noch etwas gehen lassen. Und wenn Sie nicht gerade
der große Entertainer sind, dann sind Sie, zack, in der Schublade, auf
der ›ungeduldig‹ steht. Dann sind Sie das Gegenteil von dem, was Sie
früher waren. Und selbst wenn Sie es eigentlich gar nicht sind, werden
Sie aber doch so behandelt, und irgendwann sind Sie es dann auch,
verdammt.«

LI: »Was sagen Ihre privaten Freunde?«

MS: »Hab ich ja kaum noch. Die alten Kumpels sagen sich: ›Der ist nicht
mehr der Alte‹. Aber die wollen mich nicht stressen, wo ich doch eh
schon keine Zeit habe. Die lassen mich eher in Ruhe.«

LI: »Was würden Sie denen am liebsten sagen?«

Sommerfeld fehlen die Worte, er legt auf und bedient sich der Zeichen-
sprache: **HELP**

»When I hear somebody sigh, ›Life is hard‹,
I am always tempted to ask ›Compared to what?‹«
Sydney J. Harris.

Die Hierarchie und das Statusspiel

Wieso erscheinen uns manchmal gerade die uns anvertrauten Männer unter den Führungskräften – selbst die, die noch weit entfernt sind von Sommerfelds Sorgen – wie vom anderen Stern? Es könnte daran liegen, dass sie die ganze Zeit ein Spiel spielen, dessen Regeln und Codes uns verborgen bleiben. Setzen wir uns doch einmal mit in den Sandkasten.

Das tun wir selten, denn wir betrachten das Verhalten anderer aus dem eigenen Blickwinkel heraus, und damit entstehen trügerische Erwartungshaltungen. Unter Umständen beschweren wir uns über das »unmögliche« Verhalten des Chefs, wenn dieser die Leute anblafft oder sie erst gar nicht beachtet. Unser Job ist immerhin geprägt vom »Miteinander«, von Konsens und Fairness. Das ist unser »Code«. Er dagegen hat zwar per se nichts gegen das »Miteinander«, doch seine Position bedingt in der einen oder anderen Situation eben auch das Zelebrieren von Distanz, damit er Alphatier im Hühnerhaufen bleibt. Es ist ein Ränkespiel.

Das bringt uns zunächst zum Thema Hierarchie. Eine Hierarchie ist zunächst nichts anderes als ein System von Elementen, die einander über- beziehungsweise untergeordnet sind. Wir kennen das aus der Mathematik, aus der Tierwelt – und aus den Unternehmen. Hierarchien haben Vorteile: Sie geben klare Abgrenzungen von Befugnissen vor, aufwendige Abstimmungsprozesse halten sich in Grenzen. Es sind Mechanismen zur Vermeidung von Konflikten und damit zur Vermeidung von Stress. Sie können durchaus effizient sein – wenn man mitspielt. So sehen nicht nur Männer das, sondern vor allem alle Verhaltensforscher. Es muss etwas Gutes daran sein, wenn sie in der Tierwelt so verbreitet genutzt werden: Bees do it, Affen, Hühner, Wölfe, Hirsche etc. kämpfen einmalig um das Futter oder um das Weibchen und fügen sich anschließend ohne großes Gezeter der Rangordnung.

Nehmen wir an, Sie wollen aus einem dringenden Grund kurz mit Ihrem Chef sprechen. Wenn aber zeitgleich Mitarbeiter im Büro Ihres Chefs sind, kann es sein, dass er vor versammelter Mannschaft nur ein »Jetzt nicht« in Ihre Richtung raunt. Sehr »bossy«. Ohne Blickkontakt. Er mag vielleicht grundsätzlich sehr nett und kooperativ Ihnen gegenüber sein – aber eben nicht in dieser Situation. Sie haben ihn auf dem Spielfeld »Position zementieren« erwischt. Hierarchie hat Vorrang, auch vor Inhalt. Wenn Sie einen Termin mit Ihrem Chef haben, um wichtige Dinge mit ihm durchzusprechen, und mittendrin platzen zwei seiner Kollegen in den Raum, um »mal vorbeizuschauen«, dann erwarten Sie nicht unbedingt, dass er sagt: »Oh, ich habe hier gerade ein Gespräch mit meiner Assistentin. Ich melde mich gleich bei euch«. Nein, die Person, die wieder einmal das Feld relativ spontan räumen wird, sind wohl eher Sie: »Wir machen das später weiter.« Ihre Termine mit ihm sind immer die ersten, die verschoben werden. Also zurück auf Los, auch wenn sich Ihr Ego gerade ziemlich mies behandelt vorkommt und Sie das unhöflich und arrogant finden. Die gute Nachricht: Es ist nur ein Spielzug. Ihre Position im Spiel ist kontextabhangig: Sind Sie gerade allein mit Ihrem Chef und haben seine ungeteilte Aufmerksamkeit, sind Sie die Nummer 1. Sobald aber jemand Ranghöheres dazukommt, ändert sich die Spielaufstellung, und Sie werden zur gefühlten Nummer 3 458. Wie im gut durchnummerierten Hühnerstall.

Ein Gefühl für die »Spielregeln« bekommt man vor allem in Meetings, wo gleich mehrere Spielteilnehmer verbal wie nonverbal ihre Muskeln spielen lassen. Das kann unbewusst, kaum wahrnehmbar, subtil oder hochnotpeinlich vonstattengehen. Sie ahnen: Es ist nicht so, dass man die Mitarbeiter von zahlreichen Meetings verschonen müsste, sondern eigentlich sollte man die zahlreichen Meetings von den Mitarbeitern verschonen ... Wir kennen das, wann immer wir dabei sind: In der ersten Viertelstunde sind die meisten Männer, die im Team etwa denselben Rang bekleiden, erst einmal damit beschäftigt, ihre Duftmarken zu setzen, ihre Position im Spiel zu sichern. Es kommt zu raumgreifenden Gesten, es werden Schultern geklopft, diskret das Äußere gecheckt, Sprüche gewagt und beherzt in die Selection-Keks-Mischung gegriffen – Verbreiten guter Laune und unverkrampfter Souveränität, egal wie kurz die Nacht oder wie schlecht der Tag bisher war. Es ist ein Ritual und bereits Teil des Spiels »Wer ist am besten drauf? Wer ist am entspanntesten?« Wenn der Ranghöchste, vielleicht Ihr Chef, sich dann räuspert und ein »Dann wollen wir mal« verlauten lässt, warten die anderen Spielteilnehmer erst einmal ab, bis er alle Antworten auf seine Fragen selbst gegeben hat. Dann beginnt das Spiel »Wer sagt zuerst etwas?«: »Ich denke, wir sollten da noch einmal den Chancen-Risiko-Blickwinkel reinbringen« ist stets eine beliebte Option, mit der man nicht allzu viel falsch machen kann. Sie führen vielleicht Protokoll und müssen auch die »Jenachdemer« noch zu Wort kommen lassen, bis überhaupt etwas eingebracht wird, das sich zu notieren lohnt. Das ist ganz normal. Sollten Sie selbst einen mündlichen Beitrag wagen, dann wird das oft erst einmal so aufgenommen, als würden Sie gerade beim Konzert der Berliner Philharmoniker Ihre eigene Geige auspacken. Also nicht wundern und mutig sein. Wundern Sie sich auch nicht, dass sich Ihre Kollegen immer so breit machen im Meeting und in den Stühlen hängen wie Matt Dillon in *Rauchende Colts*. Es ist vielleicht gar keine Nachlässigkeit, sondern gezielt eingesetzte Spieltaktik. Auch Ihr Körper ist wichtiges Instrument im Statusspiel: Nahmen Sie die ganze Sitzfläche Ihres Stuhls ein. Sollte Ihr Stuhl Armlehnen haben, legen Sie Ihre Unterarme oder Ellbogen darauf. Breiten Sie sich auch ruhig etwas aus auf der Tischfläche, vor allem wenn Sie sowieso Protokoll schreiben. Mitspielen ist eine Alternative zum verschämten Distanzieren, zum Persönlichnehmen und zum Nervenzusammenbruch.

Manchmal wäre ich schon gern ein Mann, so rein jobtechnisch. Haben Sie schon einmal überlegt, ob Sie Sekretär geworden wären, wenn Sie als Junge zur Welt gekommen wären? Ich beneide Männer darum, dass sie es leichter haben, weil sie es sich leichter machen. Beispiele:

1. *Wütend sein dürfen:* Würde uns intuitiv einfallen, uns die Tierwelt zum Vorbild zu machen? Wir kennen nur die »Zicke«, und die erschwert uns eher das Leben, sobald wir dieses Wort benutzen. Männer leben ihre Antriebsstrukturen viel plakativer und unbeschwerter aus als wir Frauen. Eigene Werte werden von ihnen mit viel größerer

Vehemenz verteidigt. Verstößt jemand dagegen, werden sie tendenziell eher wütend. Frauen werden in der derselben Situation tendenziell eher traurig. Es gibt Untersuchungen, die zeigen, dass zum Beispiel die Verkündung schlechter Quartalszahlen eher akzeptiert wurde, wenn der Vorstand dabei wütend war. Ein weiblicher Vorstand hätte eine ähnliche Überzeugungskraft nur erreichen können, wenn sie die Quartalszahlen mit einem Ausdruck des Bedauerns verkündet hätte. Fazit: Wütende Frauen gelten als hysterisch, wütende Männer als überzeugend. Traurigkeit steht Frauen besser. Aber wie oft wären wir lieber wütend als traurig.

2. *Konflikte austragen:* Männer leiden nicht unter Konflikten. Sie kämpfen sie aus. Wir dagegen haben es nicht so mit Wettbewerb und offenem Konflikt. Wir schmollen auf dem Mädchenklo und ziehen ganz langsam die Giftspritze auf – während die Jungs kurzerhand ihre Konflikte raufenderweise direkt auf dem Schulhof austragen oder im Give-and-Take-Prinzip das beste Pausenbrot aushandeln. Und danach ist alles vergessen! Ich habe einem Chef einmal absichtlich und wortlos ein Kännchen Dosenmilch in seinen Le-Corbusier-Sessel gekippt, statt ihm einfach das zu sagen, was mich dazu brachte.

3. *Nicht nachtragend sein und gönnen können:* Bloß nicht jammern, sich beschweren oder erklären und somit ein Bild der Schwäche abgeben. Männer sind gut im Fünfe gerade sein lassen. Sie sind viel seltener nachtragend als wir Frauen. Wenn Sie Paare im achten Ehejahr befragen, ob sie ihren Partner aus heutiger Sicht noch einmal heiraten würden, dann bejahen das 65 Prozent der Männer, aber nur 45 Prozent der Frauen. Unser Rabattheft scheint erheblich dünner zu sein. Männer dagegen grübeln weniger lange nach. Noch ein Beispiel: Die Chefs, die in meinem ersten Buch nicht gerade rühmlich davonkamen, haben sich nicht lange über ihre Darstellung geärgert. Im Gegenteil: Der Herr, den ich Dr. Stanz genannt hatte, ließ verlauten: *»Meine Ex-Sekretärin schreibt Bücher. Doof war sie nicht, sonst hätte ich sie ja nicht eingestellt. Und ich war ihr offenbar so wichtig, dass sie sogar eines über mich geschrieben hat.«* Ein gönnerischer Satz, und die

Sache war im Kasten. Männer ertragen keinen Gesichtsverlust und suchen stattdessen noch im größten Gau nach etwas Positivem, das ihnen besser stehen könnte als das Beleidigtsein.

4. *Selbstsicher sein:* Wenn Ihr Chef Sie fragt, ob Sie sich ein Projekt zutrauen, dann müssen Sie im Zweifel erst noch eine Nacht darüber schlafen. Ihr Kollege dagegen sagt sofort Ja. Er ist »geboren für diese Aufgabe« und würde nie den Anschein erwecken, unsicher zu sein. Sein Motto: Spiele, um zu gewinnen, oder spiele nicht. Wettbewerb, Ziel, Renommée und Nutzen gehen vor Logik, vor Selbsteinschätzung und vor kleinteiliger Planung. Im Wald wäre es schließlich auch ziemlich leise, wenn nur die begabtesten Vögel singen würden. Sicher, ein spontanes »Ja« birgt die Gefahr der Überforderung, aber manchmal wächst man ja auch mit seinen Aufgaben. Denken Sie an die Komfort-, Wachstums- und Panikzone, über die ich im Kapitel über das Delegieren und Übernehmen von Aufgaben schrieb. Männer verlassen die Komfortzone viel schneller, wenn sie sich etwas davon versprechen dürfen. Manche von ihnen kennen sogar nur den Übergangsbereich zwischen Wachstums- und Panikzone, haarscharf an der Grenze zur Überforderung, und fühlen sich da immer noch wie zu Hause. Der Amazon-Chef Jeff Bezos geht sogar so weit, dass er sagt: »You should always avoid day 2.« Will heißen: Alles, was er angeht, setzt er bereits am ersten Tag auf die Schiene. Sagt er. Er muss wohl gute Assistenzen um sich herum haben, die ihm »day 2« abnehmen ... Mit Bezug auf dieses Zitat dürften Sie auch Ihrem Chef jede Mappe vorzeitig entlocken, in der er noch Dinge unterzeichnen muss – on day 1.

XX und XY ungelöst – die Chefin

Das Statusspiel ist hauptsächlich ein Spiel der großen Jungs – noch. In wohl kaum einem anderen Berufsfeld ist die Trefferquote für folgende Rollenverteilung so hoch wie in unserem: Der Mann ist in der Führungs-, die Frau in der Dienstleistungsfunktion. Doch das geht auch anders! An dieser Stelle möchte ich eine Lanze brechen, für all jene, deren Quote immer noch sehr viel Luft nach oben hat: die männlichen Assistenzen und die weiblichen Chefs. Denn das eine oder das andere oder womöglich beide als Team gelten heute immer noch als die Ausnahme. Gender-Diversity hin oder her. In meinen Assistenz-Workshops und Seminaren ist kaum je ein Mann dabei, und wenn ich frage, wer eine Frau als Chefin hat, gehen fünf bis zehn Hände in die Höhe – bei einer Gesamtteilnehmerzahl von 40. Da sprechen wir vom mittleren Management. Auf den Geschäftsführungs- und Vorstandsetagen sieht es noch viel übersichtlicher aus: Laut einer Studie der Beratungsgesellschaft EY arbeiteten in den 160 börsennotierten Firmen aus dem Dax, MDax, SDax und TecDax zum 1. Januar 2017 gerade einmal 45 Frauen in Vorstandspositionen. Demgegenüber stehen 630 Männer. Daraus ergibt sich ein Frauenanteil von gerade einmal 6,7 Prozent. Das ist immerhin noch etwas mehr als die Quote von kläglichen 1,5 bis 2 Prozent Männern im Vorzimmer. »Wenn ich mich auf eine Stelle als Sekretär oder Assistent bewerbe, bin ich kurz davor, meine Unterlagen vorher mit Chanel No. 5 (für Damen) einzusprühen, um Chancen zu haben. Da kann noch so fett ›Assistent/in‹ in der Anzeige stehen«, sagte mir einmal einer der wenigen Männer, die im Office-Management tätig sind. So sieht – zur Abwechslung einmal – die Diskriminierung des männlichen Geschlechts aus! Wegen eines einzigen mickrigen Y-Chromosoms.

Wenn wir also den Spieß einmal umdrehen und die Rollen vertauschen, werden uns umso plakativer die tief verankerten, oft unbewussten Rollenzuordnungen und Stereotype vor Augen geführt, nach denen das Sekretariat gemeinhin weiblich besetzt zu sein hat und der Job der Führungskraft gemeinhin eher männlich. Die Sache mit dem Damenduft ist übrigens gar nicht so weit hergeholt: In einem Versuch an einem der mittlerweile zahlreichen Gender-Lehrstühle – man spricht von über 100 Professuren bundesweit – schnitten bei einem Arbeitgeber, der auf der Suche nach einer Führungskraft war, jene Bewerbungen am erfolgreichsten ab, die zuvor mit Männer-Parfum eingesprüht waren. Und das unabhängig davon, ob Männer oder Frauen die Entscheidung trafen. Das ist verrückt und entbehrt jeglicher fachlichen Logik, beweist aber, wir tierisch instinktiv wir bei aller bemühten Neutralität immer noch ticken.

Die Chance, dass wir mehr Frauen in die Chefposition kriegen, als Männer ins Vorzimmer, ist definitiv größer. Ist es nun – aus Sekretärinnensicht – ein Unterschied, ob Frau für eine Frau oder für einen Mann arbeitet? Vorab: Ob wir im Sekretariat oder im Chefbüro sitzen, wir Frauen haben überall mit denselben Klischees zu kämpfen: Brüllt der Chef, gilt er als durchsetzungsstark. Brüllt die Chefin, hat sie sich nicht im Griff und »giftet«. Sie gilt als weniger stressresistent als ihre männlichen Kollegen, weil sie sich als Frau einfach »mehr Sorgen mache«, was ihre emotionale Stabilität schwäche, sagen die Wissenschaftler! Wenn sie sich an Leistung und Konsequenz orientiert, über alle mühsam aufgebauten Reviermarkungen der männlichen Kollegen hinweg, gilt sie als »verbiesterte Spaßbremse«. Aus meinen Coachings weiß ich: Für weibliche Chefs müssen Assistentinnen oft mehr und härter arbeiten, die Chefin schont sich ja selbst nicht. Dafür wird aber tendenziell a) mehr und b) klarer kommuniziert, planvoller delegiert, und Mitarbeiter werden gewissenhafter entwickelt. Definitiv dürfte ein höherer Frauenanteil in den Führungspositionen mehr Kommunikation und mehr Einbindung für die Assistenz bedeuten. Da müssten wir Frauen doch zusammenhalten und unseren typisch weiblichen Impulsen folgen! Sicher, Chefinnen kritisieren ihre Mitarbeiter auch schon mal recht schonungslos und direkt. Das wird als Härte empfunden – aber auch nur, weil Männer im Zweifel gar nichts sagen und fünfe gerade sein lassen. Ob sie Letzteres aus Klugheit, Großherzigkeit, Ignoranz oder Bequemlichkeit tun, sei dahingestellt. Wenn eine Assistentin den Satz »Darüber müssen wir noch einmal reden« oder den gern getätigten Optiker-Spruch »Wir gucken mal« hört, dann ist es ein Unterschied, ob sie eine Chefin oder einen Chef hat. In 90 Prozent aller Fälle reden und »gucken« Chefs danach nicht mehr eigeninitiativ, sehr wohl aber die Chefinnen.

Erst wenn wir auch bei den Frauen die gesamte Bandbreite von guten bis schlechten Führungspersönlichkeiten, von »netten« bis unsäglichen Typen haben werden, erst dann sprechen wir von echter Gleichberechtigung, was diese Positionen angeht. Bisher schaffen es vielleicht eher die »toughen Arbeitstiere« unter den Frauen nach ganz oben in die Chefpositionen. Und wenn Frauen dann doch generell als »zu nett« oder »nicht tough genug« gelten, dann liegt das daran, dass sie bislang mehrheitlich Positionen besetzen, auf denen sie noch nett sein können. Es gibt Frauen, die sind nicht minder knallhart als Männer, nur leben die wenigsten Frauen das heute schon aus. Die weibliche Fraktion spielt ja generell erst seit 50 oder 60 Jahren im Geschäftsleben mit – die Jungs sind bereits seit ungefähr 4000 Jahren dabei. Es wird noch dauern, bis die alten Muster auch innerhalb der oberen Führungsebenen aufweichen. Was Chefs über Chefinnen denken, bekommt hinter verschlossener Tür manchmal eben auch die Assistentin mit, wenn der Chef meint, dass seine Kollegin im Meeting wieder »schmallippig«, »penibel« oder einfach nur »schwierig« gewesen sei und überhaupt »wieder mal ein Fass aufgemacht« hätte mit ihren Fragen. Oft vergessen sie dabei, dass sie das gerade einer Person erzählen, die selbst eine Frau ist. Aber muss ich meinem Chef die Frauen erklären? Es sieht so aus.

Befragt danach, ob sie als Assistentin lieber für eine Frau oder für einen Mann arbeiten würden, antwortet immer noch die überwiegende Mehrheit aller Frauen in unserem Job: »Ich arbeite lieber für Männer. Die sind lockerer.« Damit befördern wir zwar den Geschlechtermix, aber eben auch wieder nur die alt bekannte Rollenverteilung und das klassische Hierarchiegefälle: Mann führt. Frau folgt. Wenn dagegen ein männlicher Sekretär den Kopf schüttelt, weil er seiner Chefin morgens ihr Rennrad die Treppe herauftragen muss und ihr anschließend den Tee aufsetzt, so ist das doch fast schon wieder ein Fest der Gender-Diversity! *Mischen possible!* Gemischte Teams in den unüblichsten Zusammensetzungen sind messbar erfolgreicher für ein Unternehmen – vorausgesetzt, dass Andersartigkeit anerkannt, als bereichernd empfunden und genutzt wird. Es bleibt zu hoffen, dass wir endlich bald nicht nur mehr Frauen, sondern vor allem eine buntere Auswahl von Frauen in die Führungspositionen bekommen – darunter dann auch solche, die sich auch mal mit ihrer

Assistentin oder ihrem Assistenten verquatschen, um anschließend wieder die Blusenärmel aufzukrempeln. Oder wann haben Sie das zuletzt mit Ihrem Chef gemacht?

Was heißt hier »typisch«?

An dieser Stelle werden Sie vielleicht eine Typen-Gebrauchsanweisung erwarten. Quadratisch, praktisch, gut. Aber was würden Ihre Kollegen und Vorgesetzten sagen, wenn ich Sie jetzt auffordern würde, diese in Chaoten, Morgenmuffel, Diven, Tyrannen, Choleriker, Schweiger, Ignoranten, Entertainer, Erbsenzähler und Ordnungsmonster einzuteilen? Zugegeben, Schubladen machen das Leben einfacher. Wir kennen das aus den Persönlichkeitstests der Frauenzeitschriften: Da beantwortet man gewissenhaft alle Fragen. Ganz spontan. Und am Ende kommt heraus, dass man ein Mischtyp (!) ist. Zack, und schon klemmt man irgendwo zwischen den Schubladen und kommt sich ziemlich uneindeutig und schwierig vor. Wir lieben eindeutige Zuordnungen, mitunter auch bei den Chefs. Doch was denkt dieser, wenn seine Assistentin ihn kurzerhand und sozusagen postfaktisch zum »Ernie-Typ« macht (spontan, kommunikativ und leicht chaotisch) und sich selbst als »Bert-Typ« tituliert (organisationsstark, den Überblick behaltend und unterstützend). Das Ernie-und-Bert-Modell gibt es tatsächlich im Dschungel der zweifelhaften Bürotypenlehre, und es hat mindestens einen entscheidenden Nachteil: Sie werden Ihren Chef ständig im gestreiften Ringelshirt vor sich sehen und sich selbst im hochgeschlossenen Rollkragenpulli. Andere Modelle geben immerhin eine Auswahl von zehn Typen vor. Aber was machen Sie, wenn Sie Ihren Chef nicht neunzigprozentig darin wiederfinden, auch nicht als Mischtyp? Wenn er durchs Raster fällt? Allzu plakative, manchmal sogar vorschnelle Typisierungen bergen die Gefahr, dass wir den Personen, denen wir bestimmte Eigenschaften zuschreiben, keine wirkliche Chance geben, sich auch einmal anders zu verhalten. Dann ist alles, was sie sagen und tun, eben »typisch«. Doch selbst der Chef, der in Ihrer Wahrnehmung haargenau ins Raster passt, hat immer noch drei Charaktere: a) einen, den er hat b) einen, den er zeigt und c) einen, den er gern hätte. Wie Sie selbst. Ja, eigentlich sind Sie und Ihr Chef mindestens zu sechst im Zweierteam, und diese wilde Horde gilt es zu sortieren! Sie sehen: Die Wahrheit über Sie und Ihren Chef ist ziemlich vielschichtig und ein fragiles Ding – das haben Wahrheiten so an sich. Es wird Ihnen persönlich nichts anderes übrig bleiben, als einen ganz individuellen Blick auf Ihre ganz individuellen Chefs und Kollegen zu werfen. Nehmen wir Ihren Chef: Es mag helfen, wenn Sie einfach sein typisches Verhalten in einer typischen Situation beobachten.

Das Riemann-Thomann-Spielfeld

Was meinen wir wirklich, wenn wir wissen wollen, wie jemand tickt? Menschen sind verschieden in der Art, wie sie Kommunikation gestalten, wie sie Entscheidungen treffen, wie sie mit Krisen und Konflikten umgehen. Sie bleiben dabei meistens in einem individuellen Muster, auf das sie zurückgreifen, weil es ihrem Bedürfnis nach Nähe (zwischenmenschlicher Kontakt, Austausch) nach Distanz (Unabhängigkeit, Ruhe, Individualität), nach Dauer (Ordnung, Struktur, Kontrolle) oder nach Abwechslung (Spontaneität, Kreativität) entgegenkommt. Da sind wir auch schon bei den vier Grundformen der Persönlichkeit, die uns und unser Verhalten bestimmen und leiten. Die beiden Psychologen Riemann und Thomann haben daraus ihr gleichnamiges Modell entwickelt, das – halten Sie sich fest – tatsächlich quadratisch-praktisch-gut ist und so gänzlich ohne Schublade auskommt, da wir hier von »Spielfeldern« sprechen, auf denen sich jemand am liebsten bewegt. Die vier Motive Nähe und Distanz auf der einen und Dauer und Wechsel auf der anderen Seite kommen bei jedem Menschen in unterschiedlicher Ausprägung vor. Sie lassen sich in einem Koordinatenkreuz darstellen. Die y-Achse ist dabei die Senkrechte mit den beiden Extremen Dauer und Wechsel. Die x-Achse ist die Waagrechte mit den Extremen Distanz und Nähe. Jeder Mensch hat eine Grundausrichtung und bestimmte Schwerpunkte.

Ich habe mich der besseren Anschauung halber einmal selbst positioniert, und zwar im rechten oberen Spielfeld. Da bin ich am ehesten zu Hause. Auf die vier Grundausrichtungen übertragen heißt das: Ich brauche Ordnung und ein gewisses Maß an Ruhe, damit ich gut bin, in dem, was ich tue. Sehr extrem bin ich dabei nicht, ich bin sozusagen nicht an den äußeren Rändern angesiedelt. Manchmal überkommt mich ein Bedürfnis nach Austausch. Und kreativ bin ich auch. Also kann ich mich auch ein bisschen in die anderen Spielfelder vorwagen. Aber am besten bin ich in meinem »Heimatgebiet« im Spielfeld rechts oben. Da fühle ich mich am wohlsten, und das ist kaum änderbar. Oder, um mit Marlene Dietrich zu sprechen: »Das ist, was soll ich machen, meine Natur.«

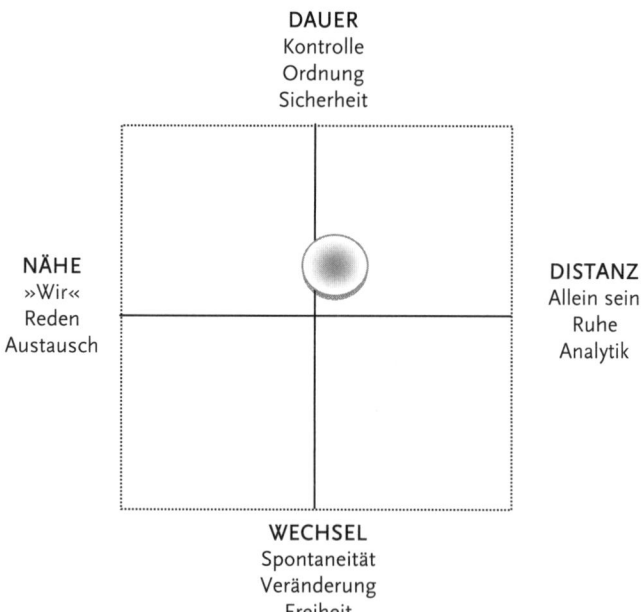

Wie lässt sich das Miteinander im Job, sagen wir als Assistentin gegenüber ihrem Chef, »typgerecht« gestalten? »Typgerecht« heißt hier: Wie erkenne ich die Motive und Bedürfnisse, die hinter dem Verhalten des anderen stecken? Und wie kann ich darauf so reagieren, dass sowohl ich als auch der andere es überleben?

Ich habe nachfolgend die vier »Typen« in ihren Extremen beschrieben. Dabei ist zu beachten:

- Nichts ist »gut« oder »schlecht«.
- Niemand ist nur das eine oder nur das andere.
- Es ist egal, ob jemand männlich oder weiblich ist.
- Es ist egal, ob jemand zur Generation 60plus, Babyboomer oder Y gehört.

Arbeitstypen

Der Dauer-Typ

Was er oder sie braucht: Sicherheit, Ordnung, Struktur, Planung, Gründlichkeit, Pünktlichkeit, Prinzipien, Kontrolle, Ziele, Verantwortung, Verbindlichkeit, Regeln, Analysen, Details

Typische Sätze: »Das haben wir immer so gemacht«, »Ich muss das kurz checken«, »Um sicherzugehen…«, »Erst die Arbeit, dann das Vergnügen«, »Da bin ich ganz konsequent.«

Rote Knöpfe: Andere halten sich nicht an Regeln, mehrere Bälle gleichzeitig in der Luft haben, Veränderung, Risiko, Kontrollverlust, Fehler/auch Flüchtigkeitsfehler

Wie Sie Gespräche mit ihm oder ihr vorbereiten: Dieser Mensch plant gut und hält konkrete Termine ein. Er mag eine Agenda, zumindest die Ahnung, dass Sie vorbereitet sind! Er behält gern die Kontrolle während des Gesprächs. Springen Sie möglichst nicht im Thema herum. Er geht thematisch gern in die Tiefe. Entscheidungen können dauern, sind dann aber wasserdicht. Verbal kommt gut: »Wie wollen wir genau vorgehen?«, »Punkt für Punkt«, »1., 2., 3. etc.«

Wie Sie Konflikte mit ihm oder ihr meistern: Er regt sich schnell auf, wenn etwas nicht so läuft wie geplant oder es seinen Prinzipien widerspricht. Lassen Sie ihn erst einmal allein. Dann sichern Sie sich ab, bringen logische und gut begründete Argumente/Erklärungen vor, denn er glaubt immer, es besser zu wissen. Benennen Sie Konsequenzen und liefern Sie wasserdichte Lösungen.

Ihre Chance mit ihm oder ihr: Verlässlichkeit und profundes Wissen!

Tipp: Zeit für Planungen in den Kalender einbauen, Absprachen treffen, Richtlinien aufstellen, Zwischenstände geben, Zahlenmaterial liefern.

Der Wechsel-Typ

Was er oder sie braucht: Flexibilität, Spontaneität, Freiheit, Veränderung, Kreativität, Brainstorming, Risiko, Dynamik

Typische Sätze: »Wir könnten ja mal ...«, »Da ist mir noch eingefallen«, »Was halten Sie davon ...?«, »Ich habe da eine Idee ...«, »Öfter mal was Neues!«, »Lieber auf neuen Wegen stolpern, als in alten Bahnen auf der Stelle treten«, »Das erledige ich auf dem kurzen Dienstweg.«

Rote Knöpfe: Festgelegt werden, starre Vorgaben beachten müssen, Deadlines, Langeweile, Endgültigkeit

Wie Sie Gespräche mit ihm oder ihr vorbereiten: Haben Sie Ihr Ziel fest vor Augen und weisen Sie mehrmals darauf hin. Er bzw. sie verschiebt gern und springt gern im Thema. Lassen Sie sich nicht vom Charme und vom Enthusiasmus »einlullen«. Halten Sie Ergebnisse schriftlich fest. Nerven behalten!

Wie Sie Konflikte mit ihm oder ihr meistern: Dieser Mensch reagiert hektisch und überdreht, trägt aber nichts allzu lange mit sich herum. Hier gilt besonders: nichts allzu sehr persönlich nehmen und sehr geduldig sein bei zahlreichen Terminverlegungen und Umbuchungen.

Ihre Chance mit ihm oder ihr: Vielseitigkeit und Lockerheit! Mit diesem Typen können Sie am ehesten mutig sein.

Tipp: Bieten Sie ihm bei anstehenden Entscheidungen zwei Optionen an – und natürlich öfter mal was Neues! Immer Puffer im Terminkalender für Zeitüberschreitungen. Entscheidungsreife Vorbereitungen sparen Zeit! Nie Originale aus der Hand geben.

Der Nähe-Typ

Was er oder sie braucht: Beziehung, Dialog/Absprache, Harmonie, Empathie, Verständnis, Dinge mit anderen entwickeln, im Konsens sein, Bestätigung von außen – der klassische »Team-Typ«

Typische Sätze: »Darüber müssen wir reden«, »Fragen wir mal die anderen«, »Das möchte ich nicht allein entscheiden.«

Rote Knöpfe: Jemand scheint mich nicht zu mögen, ich bin ausgeschlossen, jemand spricht nicht mit mir, ich bin auf mich allein gestellt.

Wie Sie Gespräche mit ihm oder ihr vorbereiten: Nähe-Typen brauchen Resonanz. Beziehen Sie sich auf gemeinsame Interessen (Win-win-Aussichten darstellen!), geben Sie während des Gesprächs viel Aufmerksamkeit, stellen Sie Fragen, Small Talk, Mimik und Blickkontakt kommen bei diesem Typ besonders gut an.

Wie Sie Konflikte mit ihm oder ihr meistern: Nähe-Typen sind konfliktscheu und »schmollen« eher wortlos. Sie sind dünnhäutig gegenüber Kritik. »Verkaufen« Sie das, was Ihnen nicht gefällt, immer zusammen mit einer Alternative/einer Lösung (»Okay, verstehe ich. Darf ich aber für das nächste Mal einen Vorschlag machen...?«), andererseits sagen Sie gegebenenfalls auch »Nein«, um sich vor allzu viel Nähe abzugrenzen.

Ihre Chance mit ihm oder ihr: Teamarbeit, Kommunikation und Austausch

Tipp: Häufig loben und um Rat fragen. Kontaktdateien inklusive aller Geburtstage immer up to date halten. Nähe-Typen sind Netzwerker! Nötig: Puffer im Terminkalender, falls er sich »festquatscht«.

Der Distanz-Typ

Was er oder sie braucht: Ruhe, Selbstständigkeit, Autonomie/Freiraum, Verschwiegenheit, Sachlichkeit, Ratio

Typische Sätze: »Jetzt lassen Sie mich erst mal in Ruhe«, »Ich muss erst mal darüber nachdenken«, »Das kriege ich alleine hin«, »Das sieht doch jeder Blinde!«

Rote Knöpfe: Abhängigkeit, private Themen, zu viele Worte, »doofe« Fragen oder zu viele Rückfragen, Emotionalität, Vereinnahmung

Wie Sie Gespräche mit ihm oder ihr vorbereiten: Mit Fakten überzeugen, keine Nebensächlichkeiten! Klar und direkt sein, nicht einschüchtern lassen von ernster Mimik und »kühler« Verhaltensweise.

Bereiten Sie sich inhaltlich gut vor, denn dieser Typ spricht weniger und hört dafür mehr zu.

Wie Sie Konflikte mit ihm oder ihr meistern: Rückzug ermöglichen, aber ruhig am Ball bleiben und offen und sachlich ansprechen, denn konfliktscheu ist dieser Typ nicht! Er kann im Gegenteil unwirsch und konfrontativ sein, wenn er sich eingeengt fühlt.

Ihre Chance mit ihm oder ihr: Freiraum und Selbstständigkeit

Tipp: Öfter mal die Tür zumachen, allzu viele Rückfragen meiden.

Vielleicht haben Sie bereits sich selbst und/oder Ihren Chef auf diesem Schachbrett »einsortiert«. Richtig spannend ist es tatsächlich, sich damit in das facettenstarke Reich der »Mischwesen« zu wagen, denn jede Position im Feld hat ja sozusagen einen Längen- und einen Breitengrad. Wenn ich Assistentinnen und Chefs auffordere, sich selbst und den anderen im Koordinatenkreuz an einer bestimmten Stelle der vier Spielfelder zu positionieren, so ist oft festzustellen, dass sich die Frauen eher im linken oberen Feld sehen (Nähe in Kombination mit Dauer/Ordnung). Die Männer, in diesem Fall die Führungskräfte, sehen sich eher im rechten oberen (Distanz gepaart mit Dauer/Struktur) oder rechten unteren Feld (Distanz gepaart mit Wechsel/Dynamik).

Sollten Sie also jemals in die Lage geraten, ein Mitarbeitergespräch zu haben mit einem distanzgeprägten Veränderungsjunky (Spielfeld rechts unten), dann habe ich zwei Nachrichten für Sie. Zuerst die schlechte: Sie haben es gegebenenfalls mit einem ungeduldigen, divenhaften Einzelgänger zu tun, der permanent das Thema wechselt und sich nicht wirklich für Sie interessiert. Diese Spielfeldposition eines Chefs lässt so manche Assistentin verzweifeln, denn die Kombination aus Distanz und Dynamik ist so ziemlich die anspruchsvollste in Sachen »Pflege«. Aber hier die gute Nachricht: Sie können diesem Chef ohne allzu große Umschweife eine echte Veränderung vorschlagen, diese glasklar und faktenreich begründen und anschließend Ihr Ding machen, ohne dass er das ständig kontrollieren wird. Sie können für sich – beziehungsweise für Sie beide – Dinge verändern, und er wird Sie in Ruhe lassen. Das ist nur ein Beispiel dafür, wie Spielzüge auf dem Schachbrett aussehen könnten, auf dem sich unsere Begegnungen und unsere Zusammenarbeit abspielen. Wichtig ist, dass Sie Ihr eigenes Spielfeld und das Ihres Chefs kennen und es bespielen können.

5. EINBAHNSTRASSE ENTWICKLUNG UND KARRIERE?

»Und was machen Sie beruflich?« – unser Label

Erfolg hat, wer sich selbst folgt, sagt man. So weit, so gut. Fangen wir beim Namen an oder – um die Marketingsprache zu bemühen – bei unserem »Label«. Wie nennen wir uns also, und stimmt das Bild, das wir dabei im Kopf haben, überein mit der öffentlichen Wahrnehmung unseres Berufs, mit unserem Image innerhalb und außerhalb der Firma? Die Suche nach der zeitgemäß treffsicheren Berufsbezeichnung für die Frau, die »immer da ist und alles macht«, ist bereits seit Jahren in vollem Gange, Tendenz steigend. In den heutigen Stellenangeboten ist das rein begrifflich alles kein Problem mehr, man hat sich auf dem Papier meilenwert entfernt vom Begriff »Sekretärin«. Gender-Policy und Globalisierung lassen grüßen – wir werden ins Englische übersetzt und »vermännlicht«! Aus der Assistentin wird der Assistant (m/w) oder der Office-Manager (m/w). Das »-in« dahinter gibt es höchstens noch in den Köpfen der Suchenden, die sich eben doch hauptsächlich eine Frau vorstellen, wenn sie ihren »Assistenten in Teilzeit (m/w)« suchen. Ohne »-in« am Ende hört es sich irgendwie gleich viel professioneller an, finden Sie nicht?

Bohrt man sich hinab in den Wortstamm des Begriffs Sekretärin, landet man bei den mittelalterlichen Secretarii, intimen Ratgebern des Königs, die ihm auch zutrugen, wenn die Stimmung im Volk zu kippen drohte. Aus diesem »Sekretär«, dem »Geheimschreiber«, Schreiber und Schriftführer, der bis Mitte des 19. Jahrhunderts noch Rang und Namen hatte und ein Beruf war, der ausschließlich Männern vorbehalten war, wurde ja erst im Zeitalter der Industrialisierung und der Schreibmaschinen-Säle die Sekretärin. Mit ihr wandelte sich das Berufsbild – aus einer rein männlichen wurde im 20. Jahrhundert eine rein weibliche Angelegenheit. Es wurde »feminisisiert«, Frauen schwammen vorwiegend fremdbestimmt im Schreibpool, die Löhne sanken, und Männer gingen fortan in lukrativere Positionen. Der Sekretär wurde eher ein Möbelstück mit Aufsatz – oder eben ein höherer Beamter in der öffentlichen Verwaltung oder Politik (Staatssekretär, Gewerkschaftssekretär, Generalsekretär, Parteisekretär). Und die paar Männer, die klassisch »entlasten«, nennen sich »Büroleiter«, »Koordinator« oder »Referent«. Das klingt gleich ganz anders, oder?

Auf der Zunge liegen uns Frauen nach wie vor eher die Assistentin oder – noch neutraler – die Assistenz oder eben die Sekretärin. Die meisten nennen uns schließlich immer noch so. »Executive Assistant«, »PA« oder »Head of Backoffice« sind nicht unbedingt selbsterklärend, wenn uns in Wuppertal an der Bushaltestelle eine interessierte Person nach unserem Beruf fragt. Diese Titel schmücken Visitenkarten. Spricht man sie aber aus, machen sie ein bisschen Angst, finde ich. Die typische Small-Talk-Frage »Was machen Sie denn so beruflich?« erfüllte für mich immer den Straftatbestand der Folter, weil er ins Herz meines individuellen Selbstverständnisses zielte und ich befürchtete, bei der Antwort »Sekretärin« in meinem Gegenüber Assoziationen zu wecken, die nichts mit dem zu tun hatten, was ich beruflich wirklich tat. Ich habe meine Berufsgenossinnen gefragt, und nicht wenige gingen dabei erst einmal elegante Umwege. Eine Hochschulsekretärin antwortete: »Wenn jemand wissen will, was ich beruflich mache, sage ich einfach, dass ich an der Uni arbeite.« Andere Frauen aus dem Assistenzbereich lassen verlauten: »Ich arbeite in der chemischen Industrie« oder »Ich arbeite für den Vorstand«. Das alles hat irgendwie Klasse und ist nicht falsch, aber es ist eben auch keine Berufsbezeichnung, und spätestens bei genauerer Rückfrage stellt sich mitunter eine Art Erklärungsmodus ein. Es gibt keinen nicht-angelsächsischen Begriff, für das, was uns wirklich ausmacht, ohne dass diverse Umschreibungen, Ausschmückungen und Formulierungsupgrades bemüht werden müssen. Zudem wird jede diesen Beruf anders ausfüllen können, dürfen und wollen, einen anderen Charakter, eine andere Selbstverständlichkeit und eine andere Ausstrahlung mit einbringen. Wir sind ja auch nur – höchst unterschiedliche – Menschen und arbeiten auch nur für – höchst unterschiedliche – Menschen in höchst unterschiedlichen Unternehmen. Das Selbstverständnis hat sich komplett gewandelt. Da sagt eine »PA« (Personal Assistant): »Intern ›gebranded‹ bin ich als PA. Ich arbeite nur einem einzigen Chef zu. Aber ich sehe uns alle mehr als Team. Ich nenne mich Teamassistentin«. In einigen Unternehmen existieren bereits komplett unterschiedliche Stellenprofile für »Sekretärinnen« einerseits und »Assistentinnen« andererseits. Sekretärinnen würden rein ausführend und personenorientiert, also eher »klassisch«, »repräsentierend« und »nach Anweisung« arbeiten, während Assistentinnen eher mit eigenen Aufgabengebieten und mit mehr Augenhöhe zum Chef tätig seien, sagt man da, während man abwägend den Kopf hin und her neigt und sich dabei wohl gerade selbst überlegt, ob Assistentinnen dann nach dieser Logik »ohne Anweisung« arbeiten. Ich selbst kenne Fälle aus der Praxis mit hoch qualifizierten Sekretärinnen und weniger qualifizierten Assistentinnen. Die gewollte Trennschärfe auf diese beiden Begriffe zu stützen, halte ich für falsch. Und meine Frage lautet dann auch, ob es folglich grob fahrlässig sei oder gar gegen die Vorschriften verstoße, wenn da eine Mitarbeiterin Reden schreibt, Events organisiert, die Buchhaltung für ganze Teams macht, die Teamassistentin einstellt und den Vorstand in schweren Zeiten tröstet und berät – und sich inbrünstig und höchst glaubwürdig »Sekretärin« und nicht »Assistentin« nennt. Wäre das rein faktisch so etwas wie ein Amtsmissbrauch? Nein, nein, das sei natürlich auch nach wie vor okay, sagt man mir dann, während der Kopf sich immer noch hin und her neigt.

Differenzierungsnot und Imagefalle

Besonders seit Anfang der Nullerjahre hat es viele bemühte »Umbenennungen« gegeben, um den Beruf »moderner« aussehen zu lassen. Für einen Beruf ist eine allzu häufige Umbenennung kein gutes Zeichen. Allein das Lehrgangs- und Weiterbildungskonzept des Bundesverbands Sekretariat und Büromanagement e. V. listet je nach Qualifizierungsschwerpunkt 18 verschiedene Berufsbezeichnungen auf, deren Lehrgänge bundesweit in 55 Bildungseinrichtungen angeboten werden – von der Volkshochschule über Euroschulen bis zu privaten Akademien und Instituten unterschiedlichster Art. Das ist die Antwort auf einen Markt, der selbst einen Wandel durchlebt: Was das Sekretariat angeht, so wird in den Firmen einerseits fusioniert, verflacht und gekürzt, andererseits werden breitere Kenntnisse in allen möglichen Projektbereichen gefordert – ein Spagat, der Qualifizierung und Fokussierung nicht gerade einfacher macht.

Einen bundesweit einheitlich geregelten Ausbildungsweg für die Assistenz im Management gibt es nicht. Mich hat neulich jemand gefragt, ob »Office Manager« IT-Experten seien, die sich besonders gut mit Microsoft Office auskennen – für ihn arbeiten wir somit nicht mehr *im* Office, sondern nur noch *mit* Office … Der aktualisierte offizielle Ausbildungsberuf (drei Jahre im dualen System) trägt laut Berufsbildungsgesetz seit 2014 den Namen »Kaufmann/Kauffrau für Büromanagement«. Letzteres wäre doch schon einmal eine Basis. Aber hier sprechen wir eben »nur« von der kaufmännischen Lehre. Die meisten Assistentinnen haben jedoch entweder noch eine klassische Sekretärinnenausbildung oder eben eine andere der diversen Aus- und Weiterbildungen im Sekretariatsbereich belegt. Ich zum Beispiel bin qua Ausbildung an der »Akademie für Wirtschaft und Verwaltung« »Europasekretärin« oder »International Management Assistant nach ESA«. Damit können Sie jeden in die Flucht schlagen, der Sie abends beim Drink arglos fragt, was Sie denn beruflich so machen. An einer Bar in London oder New York könnte das anders aussehen: Wenn wir einen Blick ins Ausland wagen, so finde ich es jedenfalls bewunderns- und beneidenswert, mit welcher Selbstverständlichkeit sich Frauen »Executive Assistant« oder »Administrative Assistant« oder eben schlicht »PA« nennen und Kurse belegen am »Duncan Leadership Institute« zum Beispiel – wo ausschließlich »Executive Assistants« aus- und fortgebildet werden. Hierzulande trauen wir uns nicht, uns das Wort »Leadership« offiziell auszuleihen von unseren Vorgesetzten, die wir durch den Alltag »leaden«.

In den größeren Firmen und Institutionen kommt es in der Praxis dann letztendlich auch oft zu unternehmensspezifischen Bezeichnungen, die sich an angelsächsischen Vorbildern orientieren. Der Klassiker auf Leitungsebene ist »Personal Assistant to Mr. ...«. Die deutsche Sprache gibt auf dieser Ebene höchstens ein neutrales »Büro« oder »Sekretariat« her. Je nach Hierarchieebene und Tätigkeitsfeld können die Bezeichnungen sehr schnell wechseln. Wir alle kennen diese »Berufsänderungsmeldungen« aus den sozialen Netzwerken. Nehmen wir an, eine gelernte Industriekauffrau macht per Weiterbildungsmodul an 11,5 Tagen über ein Jahr verteilt einen Abschluss, der sich »Office-Managerin« nennt und arbeitet bald darauf als »Teamassistentin« für ein Unternehmen. Dort macht sie Urlaubsvertretung für die Chefsekretärin und nennt sich auch so am Telefon während der Vertretung. Zwei Jahre später wird sie »VPA« (»Vice President Assistant«) – weil sie eben so benannt wird in der großen internationalen Unternehmensberatung, bei der sie sich beworben hatte. Und wenn der- oder diejenige, für den sie jetzt arbeitet, irgendwann nicht mehr »Vice President« ist, dann ist sie mit Pech auch nicht mehr VPA. Fällt der fremde Reiter, fällt auch der fremde Mantel.

Es könnte auch sein, dass sich die Assistentin und Vertraute des Aufsichtsratschefs der Deutschen Bank »Assistant« nennt – und ebenso die Frau im Schreibpool 30 Etagen tiefer, auch wenn die beiden komplett andere Verantwortungslevel haben und sehr unterschiedlich vergütet werden. Und eignet sich eine »Chefsekretärin« als »Projektassistentin« oder umgekehrt? Sollte eine Senior Projektmanagementassistentin beim Wettbewerb »Deutschlands beste Sekretärin« mitmachen? Denn ja, das tut sie – Chaosbewältigung, Organisationstalent und Schnelligkeit sind Schnittmengen »artverwandter Berufe«. Und mit dem verliehenen Titel »beste Sekretärin« muss man dann eben leben. Sind die wenigen Männer, die es in unserem Beruf gibt, größenwahnsinnig, wenn sie sich mit gesundem Selbstbewusstsein »Executive Personal Manager« oder »Internationaler Organisationsreferent« nennen? Die können das aussprechen, ohne dass es sich irgendwie staksig oder gar arrogant anhören würde. Und wer will schon nachprüfen, was diese Bezeichnungen legitimiert? Können umgekehrt Hochschulsekretärinnen mit Ausdrücken wie »wissenschaftsstützendes Personal« oder (kein Scherz, sondern Bürokratendeutsch) die »Sonstigen« leben, weil sie in der verstaatlichten Wissenschaftswelt durch alle Raster fallen? Was ich auch oft zu hören bekam: »Ach, dies ist Frau Münk. Die gute Seele der Firma.« Ich fand das fürchterlich. Das lag merkwürdigerweise wohl eher am Wörtchen »gut« vor der Seele, das meinem Job einen irgendwie barmherzigen Touch zu geben schien. Ich wollte keine »gute Seele« sein, jedenfalls nicht wenn es um meine Berufsbezeichnung ging und solange mein finales Stündlein noch nicht geschlagen hat. Von meinem Chef sagte man ja schließlich auch nicht, er sei »der gute Hirte«. Einer seiner Geschäftspartner sprach immer von »Ihre Büroleiterin«, wenn er mich meinte. Das fand ich wiederum toll und wusste noch nicht einmal warum eigentlich. Es fühlte sich gut an, wohl weil mich da jemand rein sprachlich zur »Leiterin« befördert hatte. Ich ließ ihn gewähren und bildete mir bald ein, dass ich tatsächlich plötzlich mehr »leitete«. Der Gedanke, wer ich eigentlich sein könnte, formte mein Verhalten – das funktioniert übrigens im Positiven wie im Negativen. Wir nennen uns oft so, wie wir uns fühlen. Die rechte Hand von Rudolf Augstein sagte in einem Interview, sie sei kurz davor gewesen, »Lebenshilfekraft« zu sein, was tief blicken lässt. Und wenn Sie sich »Mädchen für alles« nennen, beschweren Sie sich nicht, wenn Sie »alles« machen müssen. You feel how you name it and you get what you say.

»Guck mal, das ist doch was für dich!«, »Gibt's denn wirklich solche Typen in eurem Job?« Das sind Fragen, die ich mir vor einiger Zeit ernsthaft von meinem ansonsten durchaus reflektierten Freundeskreis anhören musste, nachdem man beim Zappen durch die Fernsehkanäle bei *Sekretärinnen – Überleben von 9 bis 5* hängen geblieben war, einer »Workplace-Comedy« von RTL, die glücklicherweise inzwischen eingestellt wurde. Sie ahnen: Alle Differenzierungsbemühungen sind dahin, wenn die Medien ein klischeehaftes Bild bedienen, das mit einem Schlag alles andere überlagert. Ich winkte grinsend ab: »Ja ja, wir sind selbstverständlich alle blond, gefällig, giftig oder naiv oder beides, tragen ausschließlich Pumps und arbeiten nur bis fünf – eben die übliche, rückwärtsgewandte Überzeichnung für das Massenpublikum. Wir sind ja auch nicht die einzige Berufsgruppe mit diesem Problem. Alle Krankenschwestern, Kriminalhauptkommissare und Pathologen werden ein Liedchen davon singen können. Lass sie nur.« Doch noch am selben Abend surfte ich im Internet. Ich wollte wissen, ob die öffentliche Darstellung unseres Berufes tatsächlich sooo schubladenorientiert ist. Gibt es da weitere Beispiele? Leider ja: Die Presse setzt sich bisweilen durchaus differenziert mit dem Beruf der Assistenz auseinander. Doch am Ende sind die Artikel nicht selten illustriert mit Sekretärinnenfotos aus den fünfziger Jahren. Und man möchte in den Redaktionen anrufen und sagen: »Nur zur Info: Ramses II sucht derzeit keine Assistentin!« Headlines wie »Von wegen Tippse« oder »Fräulein Müller, zum Diktat!« knipsen noch vor der Lektüre des Artikels das Kopfkino mit dem alten Schwarz-Weiß-Film in den Köpfen an. Sie führen gedanklich wieder geradewegs ins Stereotyp – egal, was man danach korrigierend liest. Das Bild von der »Tippse« und »Fräulein Müller« ist da und bleibt im Kopf. Es ist ein bisschen so, als würde ich Ihnen an dieser Stelle sagen: Stellen Sie sich jetzt bitte keinen Elefanten mit rosa Punkten vor.

Ich hätte auch nie gedacht, wie viele Frauen noch an Schreibmaschinen arbeiten, wenn man dem Netz glaubt. Da ist der Google-Algorithmus noch ein bisschen altmodisch. Das ist ein echter Nachteil der Berufsbezeichnung »Sekretärin«. Beim Suchbegriff »Assistentin« stimmt die Fotoauswahl schon eher mit der Realität überein, nur diese Berufsbezeichnung kann sich in Deutschland außerhalb der Fachpresse nicht durchsetzen. So warte ich auch vergebens darauf, dass offizielle Köpfe unseres Berufsstands auf die Idee kommen, beim insgesamt nicht gerade um Aktualität bemühten Wikipedia-Eintrag »Sekretär« den Austausch der Fotos zu veranlassen (aus den Jahren 1627, 1943 und 1951, immerhin nach Christi) oder diese zumindest um ein zeitgemäßes zu ergänzen, solange es Frauen gibt, die sich Sekretärin nennen beziehungsweise von anderen so genannt werden. Die größten Stellenmärkte für den Bereich Sekretariat, Assistenz und Office-Management lassen sich immerhin noch über das Wort »Sekretärin« finden. Bleiben wir noch bei dem, was Wikipedia da unter »Sekretär« schreiben lässt, übrigens ohne Mitverwendung der weiblichen Form (Sekretär/-in), obwohl doch zumeist Frauen vorkommen in diesem Eintrag. Es ist nicht auszuschließen, dass sich Journalisten oder andere an diesem Beruf Interessierte hier bedienen, wenn sie etwas darüber erfahren wollen, und so kommt man spätestens beim Absatz »Karrierechancen« ins Grübeln. Lesen Sie ihn gern gelegentlich selbst. Der Text zu diesem Thema hört übrigens Ende der 1970er Jahre auf. Und ich frage Sie: Müssen wir uns Sorgen machen?

Tatort-Assistentinnen-Rollen nehmen wir jederzeit und gern entgegen, um etwas mehr TV-Vielfalt ins deutsche Wohn- und Vorzimmer zu bringen, denn vielleicht geht »Beckchen« (*Tatort* Konstanz) irgendwann in Rente? Bis dahin warte ich ganz tapfer weiter vor dem Fernsehbildschirm auf eine originelle und etwas anspruchsvollere fiktionale Auseinandersetzung mit unserem Beruf, provokativ und höchst unterhaltsam wie in *Erin Brockovich* oder hoch brisant mit leisen Tönen wie in *Frau Böhm sagt Nein*.

Trennschärfe? Ja, bitte!

In kaum einem anderen Berufsfeld gibt es eine solche Qualifikationsvielfalt, oder sollte ich gar sagen ein solches Qualifikationsgefälle, hinter den Begriffen. Gerade was Bezeichnungen, Kenntnisse und Tätigkeitsfelder angeht, ist es höchste Zeit, eine übersichtlichere und öffentliche Ausbildungs-, Laufbahn- und Karrieretransparenz mit Trennschärfe zu schaffen, die Schluss macht mit der beliebigen Auswahl zwischen zwei Dutzend Abschlüssen im Sekretariatsbereich. Wir sollten inhaltlich mehr in die Tiefe statt in die Breite gehen. Denn von welchen zukunftsfähigen Szenarien reden wir im Assistenzbereich? Ist das, was aus uns werden kann, wirklich so unübersichtlich, dass wir aus dem Benennungs- und Qualifikationsspagat, den wir glauben hinlegen zu müssen, nicht mehr herauskommen? Es ist wie mit dem Nein-Sagen: Das traut man sich ja heute kaum noch in einer Arbeitswelt voller Leistungsnormen, die auf flache Strukturen, Teamarbeit und eine »Alles-ist-möglich-Arbeitshaltung« setzen und wo einem ein »Könntest du das nicht auch machen?« ins Ohr geflötet wird. Aber manchmal steht einem ein »Entweder-oder« sehr viel besser als ein »Sowohl-als-auch«. Vielleicht reichen also bereits drei Jobprofile und Laufbahnszenarien aus, um einen praxisfähigen Unterbau für Ausbildung und Entwicklung zu haben:

1. *Da ist die Projektassistentin oder gar die Projektmanagerin, die einen inhaltlichen Fokus hat und Spezialistin in ein oder mehreren Aufgabengebieten ist. Ihre Laufbahnplanung könnte unter Umständen ganz aus dem Assistenzbereich hinausweisen.*

2. *Auf der anderen Seite gibt es die persönliche Assistentin oder Sekretärin, die eine Generalistin mit Ausrichtung auf ein bis zwei Führungskräfte ist und für die komplette organisatorische Unterstützung ihrer Manager zuständig ist. Sie arbeitet personenorientiert mit den Schwerpunkten Organisation und Kommunikation. Sie ist Platzhalter im oberen bis mittleren Management und der erste Kontakt gegenüber Dritten.*

3. *Die dritte Laufbahn ist die der Teamassistentin, deren Stärken im Multitasking, im schnellen Wechsel von Personen und Aufgaben sowie im Schnittstellenmanagement liegen. Sie ist Teamkoordinatorin.*

Wie auch immer ein einheitlicher Unterbau aussehen mag, unser Beruf sollte von Anfang an je nach persönlichen Stärken und Interessen einerseits und je nach unternehmerischen Anforderungen andererseits die nötigen Bezeichnungen, Kompetenzzuordnungen und Ausschlusskriterien erfahren. Ansonsten haben wir keinen »Fußabdruck« und verlieren uns womöglich vor lauter Multidefinition und

Multitasking am Ende noch selbst. Das dürfte doch ein spannendes Projekt sein für alle Projektmanager bei den Aus- und Weiterbildungsträgern, Verbänden, PR-Beauftragten, Netzwerken und Personalbereichen! Bisher kochen alle noch ihr separates Süppchen, und deshalb geht vorerst an Sie als Assistentin mein Vorschlag: Nehmen Sie eine Berufsbezeichnung, die Ihnen ohne Zögern und erhobenen Hauptes über die Lippen geht, und füllen Sie sie aus. Sagen Sie, was Sie machen, was Sie nicht machen, wie Ihr Fokus aussieht und wie Sie sich Ihre Qualifizierung und Entwicklung in den nächsten Jahren vorstellen – auf dass irgendwann in ferner Zukunft der Mann an der Bar wissend nicken und interessiert weiterfragen wird, wenn Sie ihm sagen, dass Sie Sekretärin sind!

Let's talk about money – Gehälter

»Frauen bekommen ein Fünftel weniger Lohn als Männer!« titeln momentan allerorts die Zeitungen. Laut statistischem Bundesamt erhalten weibliche Beschäftigte für ihre Arbeit durchschnittlich 21 Prozent weniger Geld als ihre männlichen Kollegen. Zwei Drittel dieser Differenz lassen sich damit erklären, dass Frauen häufiger in Teilzeit arbeiten, seltener gut bezahlte Führungspositionen bekleiden und weniger oft in den Hochlohnbranchen der Industrie beschäftigt sind. Bei der Berufsgruppe der Sekretärinnen und Assistentinnen ist das alles in doppelter Hinsicht recht schwierig zu untermauern: Erstens haben wir kaum männliche Kollegen mit identischer Berufsbezeichnung und vergleichbarem Aufgabenfeld, und zweitens bewegen wir uns meist im Umfeld einer Gehaltsklasse, mit der wir uns tunlichst nicht vergleichen sollten, um nicht vollends im Jammertal zu landen. Wir sind »rechte Hände« von Führungskräften, die auch schon einmal das Fünf- bis Zehnfache unseres Gehalts haben. Wir haben einen der »klassischen Frauenberufe«, bei denen die Dienstleistung im Vordergrund steht. Dementsprechend sehen die Gehälter aus. Wie viel Zeitersparnis und Effizienz wir den Führungskräften genau bringen, ist nicht in Unternehmenszahlen bezifferbar. Wir bekommen auch nicht mehr Gehalt, je mehr Zeit wir anderen einsparen, ob das zwei, drei oder vier Stunden täglich sind. Kaum jemand kommt auf die Idee, eine solche Rechnung aufzumachen, obwohl sie naheliegend wäre, wenn man sich den Stundenlohn so mancher Chefs vor Augen hält. Was uns zudem von anderen Berufszweigen unterscheidet, ist die Vielfalt von Ausbildungswegen, von Qualifikationen und Tätigkeitsprofilen, die immer noch allzu häufig auch gehaltsmäßig »über einen Kamm geschoren« werden. Oder kennt Ihr Chef Ihre Ausbildung, Ihre Vita, Ihre drei vorherigen beruflichen Stationen oder gar Ihr monatliches Nettogehalt?

Von Fließbandlohn bis Manager-Gehalt

Wenn es um die Anerkennung geht, konzentrieren wir Frauen uns immer noch allzu sehr auf bloße Worte. Nicht auf das Gehalt. Letzteres kann aber je nach Branche und innerbetrieblicher Stellung sehr wohl von Brisanz sein: Eine verheiratete dreisprachige Hochschulsekretärin mit Studium und Steuerklasse fünf, die mit ihrem Teilzeitjob ungefähr das Nettogehalt einer Supermarktkassiererin mit nach Hause nimmt, sagt sarkastisch: »Wir haben definitiv kein Drogenproblem. Die könnten wir uns gar nicht leisten, dafür verdienen wir einfach nicht genug.« Sie hat gar keine Chance auf einen Vollzeitjob und bekommt in der tariflichen Niedriglohneingruppierung E5 für »wissenschaftsstützendes Personal« jeden Monat 594,24 Euro netto überwiesen. Ich selbst hatte Chefs, die diese Summe auch schon einmal für ein Abendessen ausgaben.

Der andere Fall ist eine gleichaltrige Assistentin bei einer Frankfurter Unternehmensberatung. Sie sagt: »Ich kann mir keinen regulären Job vorstellen, in dem ich ohne Studium auch nur annähernd so viel verdienen könnte.« Beide hier genannten Frauen planen Termine und Reisen für ihr Umfeld, bereiten Meetings und Präsentationen vor, verwalten Budgets und organisieren Events. Vielleicht machen sie noch viel mehr, aber das ist nicht nach außen sichtbar und steht schon gar nicht im tariflichen oder internen Stellenprofil für ihren Job, an dem sich das Gehaltsgefüge orientiert. Die eine verdient weniger als der bundesdeutsche Durchschnitt, die andere hat das Gehalt einer Führungskraft aus dem mittleren Management: 60 000 Euro Jahressalär in Vollzeit. Die eine managt den Lehrstuhl, die andere das Direktionsbüro – alles unter der sehr pauschalen Berufsbezeichnung »Sekretärin«. Willkommen im Amazonas!

Diese Gehaltsgräben lassen sich auch in einem einzigen Erwerbsleben als Assistentin erleben: Wenn Sie von der Vorstandssekretärin ins Projektmanagement möchten, BWL in Abendkursen belegen und diverse andere Fortbildungen anhängen, um schließlich bei einem anderen Unternehmen als »Projektassistentin« im Marketing anzuheuern und dort Überstunden en masse zu produzieren, werden Sie unter Umständen zwei Dinge feststellen: a) Sie haben weder komplett den Beruf noch ihre Persönlichkeit gewechselt, sie haben sich lediglich zusätzliche Fachkenntnisse angeeignet. b) Sie bekommen ein anderes Gehalt als vorher, nämlich ein sehr viel niedrigeres. Im Assistenz- und Sekretariatsbereich orientiert sich die Höhe des Gehalts in den allermeisten Fällen weniger an Qualifikation und Leistung, sondern sehr viel mehr an der hierarischen Einordnung von Position und Chef. Sollten Sie also bei Ihrem Chef bleiben, wenn dieser zum »Chief Executive Officer« der Firma aufsteigt, dann sind Sie Knall auf Fall ohne weiteres Zutun »CEA« (Chief Executive's Assistant). Sie übernehmen kurzerhand seinen Titel und setzen das Wort »Assistant« dahinter. Gehaltserhöhung nicht ausgeschlossen. Sachbearbeiterinnen mögen aufgrund ihrer spezifischen Qualifikation einen besser bezahlten Berufseinstieg haben als vergleichbare Berufsanfängerinnen bei den Sekretärinnen, aber später, als Geschäftsführungs- oder Vorstandsassistentin, als »PA«, können Letztere unter Umständen weit höher vergütet werden, ohne dass eine Zusatzqualifizierung nötig wäre. Das ist schließlich bei den Chefs – wenn auch in einer anderen Gehaltsdimension – nicht anders. Wer als Vorstandsassistentin im Topmanagement oder als Partnersekretärin bei renommierten Kanzleien landet, verdient auch schon einmal zwischen 60 000 und 80 000 im Jahr. Andernorts sitzt Frau fest im innerbetrieblichen Gehaltsgefüge und darf sich bereits mit 3 500 Euro im Monat zum gehobenen Durchschnitt zählen.

Facts & Figures – Traue nicht jeder Statistik

Bevor Sie sich jetzt gleich auf den Weg zu Ihrem Chef machen, um mehr Gehalt zu fordern, lesen Sie lieber erst noch weiter. Es ist keine ganz einfache Aufgabe, an verlässliches Zahlenmaterial zu kommen, was die Vergütung von Sekretariats- und Assistenzkräften angeht. In den so gern in der Presse zitierten Gehaltsübersichten der Personal- und Managementberatung Kienbaum wird unsere Berufsspezies mittlerweile nicht mehr explizit ausgewiesen, seitdem sich in der Branche ungläubiges Augenreiben verbreitete, als Kienbaum vor Jahren die Durchschnittsgehälter für Sekretärinnen in einem Spielraum zwischen 40 000 bis 60 000 Euro pro Jahr taxierte. Man hatte wohl eher die Chefs der finanzstarken Kunden in München oder Frankfurt befragt und nicht deren Angestellte selbst. Später ergaben weitere Befragungen niedrigere Gehälter. Ich habe zwei andere Quellen identifiziert, die meines Erachtens verlässliches und realistisches Material liefern: Da ist zum einen der »Lohnspiegel«, der vom Wirtschafts- und Sozialwissenschaftlichen Institut der Hans-Böckler-Stiftung (WSI) laufend durchgeführt und online gestellt wird (www.lohnspiegel.de). Dieser bietet Informationen zu den tatsächlich gezahlten Löhnen und Gehältern in über 380 Berufen in Form von Online-Lohn- und -Gehaltschecks. Im Berufssegment Büro und Verwaltung wurden je nach genauer Berufsbezeichnung Fragebögen von durchschnittlich 1 000 Beschäftigten ausgewertet. Die darin angegebenen Jahresgehälter enthalten keine Sonderzahlungen wie zum Beispiel Weihnachts- oder Urlaubsgeld. Ich habe jeweils folgendes Profil eingegeben: Frau, 5 bis 8 Jahre Berufserfahrung, keine Leitungs- und Vorgesetztenposition, in einem Unternehmen mit 100 bis 500 Beschäftigten in den westlichen Bundesländern (regionaler Durchschnitt West), bei einer Wochenarbeitszeit von 38 Stunden. Die Auswertung kam zu folgenden, von den Beträgen her sehr überschaubaren Ergebnissen:

Berufsbezeichnung	Bruttoverdienst im Monat	im Jahr
Kauffrau für Büromanagement	2 572 Euro	30 864 Euro
Abteilungssekretärin	2 773 Euro	33 274 Euro
Assistentin der Geschäftsleitung	2 907 Euro	34 888 Euro
Direktionsassistentin	3 598 Euro	43 186 Euro

Das Ost-West-Gefälle ist nach wie vor gegeben: Eine Sekretärin in den östlichen Bundesländern erhält im Schnitt 18 Prozent weniger Lohn.

Berufserfahrung zahlt sich aus: Eine Abteilungssekretärin mit 5 Jahren mehr Berufserfahrung bekommt im Schnitt 400 Euro brutto im Monat mehr. Im Alter zwischen Ende dreißig und Ende vierzig steigt die Gehaltskurve am stärksten, danach beginnt eine deutlich sichtbare Verflachung.

Überstunden
Rund 38 Prozent der Assistentinnen arbeiten im Allgemeinen mehr als vertraglich vereinbart. Circa 58 Prozent davon bekommen dafür eine entsprechende Bezahlung oder Freizeitausgleich, knapp 42 Prozent erhalten keine Überstundenvergütung.

Auf höhere Durchschnittsverdienste kommt das Personaldienstleistungsunternehmen Robert Half, das mehr als 400 Standorte weltweit hat und für 2017 eine Gehaltsstudie für Assistenz und kaufmännische Berufe in Deutschland veröffentlicht hat. Hier wird eine Abteilungssekretärin mit 6 bis 9 Jahren Berufserfahrung mit einer relativ hohen Gehaltsspanne zwischen 40 250 und 44 250 Euro angegeben. Eine Vorstands- und Partnersekretärin mit identischer Berufserfahrung verdient danach zwischen 49 250 und 60 750 Euro im Jahr. Eine weitere Aufschlüsselung nach Unternehmensgröße und Regionen erfolgte nicht.

Das Städteranking in Bezug auf das Gehalt in unserer Branche sieht nach der Studie von Robert Half wie folgt aus: Weiterhin liegt München mit 9 Prozent über dem Bundesdurchschnitt vorn, dicht gefolgt von den Städten mit ebenfalls hohen Lebenshaltungskosten: Frankfurt und Stuttgart. Im Durchschnitt liegen Hamburg und Düsseldorf. Köln und Essen liegen leicht unter dem Durchschnitt. Weit abgeschlagen ist Berlin mit 13 Prozent unter dem Gehaltsdurchschnitt.

Bei den Branchen, die durchweg höhere Gehälter zahlen, hat sich nichts geändert. Nach wie vor zählen dazu die Technologiesegmente, IT, Unternehmensberatungen, Banken und Versicherungen, Kanzleien und Private-Equity-Firmen. Laut Studie sind heute vor allem IT- und Maschinenbauunternehmen auf der Suche nach qualifizierten Assistenzen. Auch Start-ups oder Branchen wie Immobilien, Metall und Dienstleistungen hätten einen hohen Bedarf. Technologiebasierte Geschäftsprozesse und soziale Medien sorgten in Unternehmen für eine nie da gewesene direkte Kundenbeziehung, die von geeigneten Fachleuten gepflegt werden müsse.

Was die Unternehmensgröße angeht, ist es nicht durchweg so, dass Konzerne besser zahlen als Mittelständler. So zahlen Kleinunternehmen laut Gehalt.de generell in Hamburg und Bayern verhältnismäßig hohe Gehälter. Großunternehmen und Konzerne kalkulieren vor allem in Baden-Württemberg, Hessen und Bayern mit hohen Gehältern, in Hamburg und Berlin liegt der Verdienst bei ihnen hingegen auf unterdurchschnittlichem Niveau. Aus meiner eigenen Berufserfahrung kann ich das bestätigen.

Gehalt und Entwicklung – »Schön, dass Sie sich was vornehmen«

Wie oft nicken wir im Vorstellungsgespräch viel zu schnell, wenn die in Aussicht gestellte Entlohnung auch nur ansatzweise dem entspricht und nicht weniger ist, als wir in unserer vorherigen Position hatten. Vor allem wenn ein Personaler sagt, der Gehaltswunsch liege »im Rahmen«, dann sollte man unbedingt nachfragen, wo denn dieser »Rahmen« genau anfängt und – wichtiger – wo er aufhört. Und dann wissen Sie noch nicht, wie flexibel und dehnbar dieser »Rahmen« ist. Haken Sie nach! Ein Gehalt nachträglich signifikant zu erhöhen, ist viel schwieriger.

So selten das Gehalt wirklich verhandelt wird, so selten fällt in unserem Berufssegment auch das Wort »Zielvereinbarung«, wenn das Mitarbeitergespräch am Ende oder am Anfang des Jahres ansteht. Das Office-Management scheint anderen Parametern zu unterliegen als die anderen Jobs mit dem Wort »Management« drin. Tatsächlich ist die Leistungsbewertung doch allzu oft eine formale Angelegenheit und lästige Pflichtübung auf standardisierten Fragebögen von Personalern, die unter Umständen noch nie einen analogen Fuß in Ihr analoges Büro gesetzt haben. Und leider steht das Thema »Leistung« nicht gerade jeden Tag als Rückmeldung und Feedback auf Ihrer Tagesordnung, oder? Vom »Ziel« ganz zu schweigen. Wenn ich meinem Chef mit Zielen in eigener Sache, Kriterien, Messgrößen und variablen Vergütungsanteilen kam, dann guckte er stets so, als zerrte ich »das Ziel« an einer dicken Schnur wie das trojanische Pferd durch seine Glastür. Oder als steckte ich in einem grünen Ganzkörperanzug mit Antenne auf dem Kopf. Aber um Worte war er nie verlegen: »Ziele? Die brauchen wir für Sie nicht. Sie machen doch einen super Job!« oder »Ziele? Tun Sie sich den Stress doch nicht an! Wenn Sie die dann erreichen, müssen Sie sich neue vornehmen!« oder »Meine Ziele sind Ihre Ziele, Frau Münk. Wir sind ein Team!« Ja, jetzt plötzlich war ich »im Team« – als schwer zu beziffernder, diffuser Mehrwert, der erst auffällt, wenn er fehlt. Einen »Team«-Anteil auf seine Boni habe ich jedenfalls nie bekommen.

Tja, das mit den individuellen Zielen und ihrem monetären Mehrwert schwarz auf weiß ist etwas schwierig in unserem Job. Woher nehmen und nicht stehlen? Wir sind Windschattenwesen. Die Leistungen unserer Berufssparte lassen sich nicht in Unternehmenszahlen bemessen, der »Return on Investment« von frei gehaltenen Rücken steht nirgendwo. Unser Mehrwert steht dem Chef höchstens ins entspannt lächelnde Gesicht geschrieben. Dass dies nicht umsonst zu haben ist, davon will die Firma meist nichts wissen. Als seien wir wie Marilyn Monroe, die gesagt haben soll: »Ich will kein Geld. Ich will nur wunderbar sein.« Hm. Beides wollen ist auch eine Option.

Erfolgs- und leistungsorientierte Vergütung in Form von Prämien, Boni und sonstigen Jahresabschlussvergütungen sind in unserem Berufsfeld immer noch bei weniger als 30 Prozent der Unternehmen fester Gehaltsbestandteil, also deutlich niedriger als in anderen Berufsfeldern und Positionen. Mancherorts beschleicht einen gar der Verdacht, dass im Gehalt eines »Sekretariatsjobs« von Beginn an statt einer Leistungs- eine »Nichtzutrauenskomponente« eingebaut ist. Eine Assistentin mag viel besser und engagierter arbeiten als ihre Berufskolleginnen im Büro nebenan und sich initiativ Ziele vornehmen, aber auf dem Gehaltszettel herrscht traute Egalität. Was bleibt? Gut, vielleicht ein Lob, anerkennendes Kopfnicken, ein Blumenstrauß mit Manschette für das Organisieren der 400 Mann starken Vertriebstagung, vielleicht ein Drei- statt Zwei-Zonen-Monatsticket für die öffentlichen Verkehrsmittel oder zwei Gleittage im Monat. Wertschätzung in Naturalien und Gesten. Und die Aussicht, nicht eingespart zu werden. Wer denkt da allen Ernstes auch noch an leistungsbezogene Gelder? Im Sekretariat! Und das Wort »Sekretariat« wird dann so ausgesprochen, als habe man gerade eine heiße Kartoffel im Mund. Um Himmels willen. In großen Konzernen wird eher pauschal nach Hierarchiestufen und nicht nach tatsächlicher Tätigkeit eingruppiert. Die Vorgesetzten selbst haben den Handlungsspielraum, das zu ändern, geben ihrer Assistenz aber nicht immer die notwendige Rückendeckung dazu.

Eine Assistentin erzählte mir, sie habe ihren Chef jetzt beherzt gefragt, was sie denn bekäme für die Erreichung gesteckter Ziele. Er habe ebenso beherzt »Nichts« gesagt. Sie fragte weiter: Was denn im Umkehrschluss passiere, wenn sie die Ziele nicht erreiche? Bekäme sie dann »nichts« von »nichts«? Das habe ihn dann doch etwas nachdenklich gemacht.

Womöglich wird nicht jede von Ihnen den Anlass für ein selbst initiiertes Gehalts- und Entwicklungsgespräch sehen. Es gibt zum Beispiel im öffentlichen Dienst der Länder gerade in unserem Berufssegment erhebliche Riegel vor der Tür durch Tarifeingruppierungen, die so starr sind wie Kruppstahl. Zudem ist es immer auch eine Typfrage, wie entschlossen man sich im Job verändern will. Oder eben auch nicht. Vielleicht wollen Sie eher alles so belassen, wie es ist, weil Sie zufrieden sind mit den Dingen, wie sie momentan laufen. Sie wollen sich nicht selbst vorauseilen. Dann besteht keinerlei Veranlassung, irgendetwas daran zu ändern oder sich gar unter Druck zu setzen. Sie selbst sind der absolute Gradmesser. Für alle anderen Fälle, könnten einige der folgenden Punkte nützlich sein.

Vorausgeschickt: Laut der Arbeitsmarkstudie von Robert Half nennen Arbeitgeber eine Gewichtung bei den wichtigen Faktoren, um einem Mitarbeiter eine Gehaltserhöhung zu geben:

- Fachliche Kompetenz/messbare Ergebnisse (43 Prozent)
- Professionalität/Zusammenarbeit/Teamarbeit (37 Prozent)
- Übernahme zusätzlicher Aufgaben außerhalb des Verantwortungsbereichs (34 Prozent)

1. Vorbereitung – Erkennen Sie Ihre eigene Stärken, benennen und nutzen Sie sie.
   Folgende Fragen könnten helfen:
   - Welches sind die Top 3 Ihrer fachlichen, methodischen und sozialen Stärken? Aus der Kombination daraus könnte sich Ihr persönliches Alleinstellungsmerkmal ergeben.
   Können Sie es benennen?
   - Haben Sie Berufserfahrungen und Qualifikationen aus einem ganz anderen Tätigkeitsfeld, die bisher noch gar nicht Berücksichtigung fanden?

- Was haben Sie bisher alles erreicht oder in die Wege geleitet für das Team? Heutige Assistentinnen beweisen oft genug fachübergreifende Expertise in gleich mehreren Bereichen.
  Wie genau sieht die bei Ihnen aus? Was davon ist messbar?
- Steht das in Ihrem schriftlichen Stellenprofil? Ist das up to date, und liegt es Ihrem Chef vor?
- Was genau ist Ihr Verhandlungsziel? Gibt es ein kurzfristiges, mittelfristiges, langfristiges Ziel, das realistisch, messbar und klar terminiert ist und für eine Zielvereinbarung geeignet wäre?
- Gibt es vielleicht sogar ein »Sahnehäubchen-Ziel«, an das Sie sich eigentlich nicht herantrauen?
- Wenn Sie mehr Verantwortung übernehmen möchten, was genau möchten Sie tun?
  Was genau hätte das Team/das Unternehmen davon? Wie könnte das messbar sein?

Dieses sind Fragen, die wir uns so detailliert viel zu selten stellen. Oft bleibt das Bild, das wir uns von unserer Zukunft machen, viel zu unkonkret. Kennt man dagegen den eigenen Mehrwert, kann man auch seinen Marktwert beziffern und »verkaufen«. Im »Sich-selbst-auf-die-Schulter-klopfen« waren wir Frauen noch nie gut. In den Coachings wird der Aufforderung »Erzählen Sie mal, was Sie denn schon alles erreicht haben!« oft erst im dritten Anlauf entsprochen. Notieren Sie Ihre Antworten, sobald Sie sie haben, also bitte schriftlich!

2. Orientierung an Vergleichswerten
   Damit Sie sicher sein können, wie viel Sie wert sind, lohnt sich eine Recherche, wie hoch das Einkommen in vergleichbaren Positionen, mit vergleichbaren Qualifikationen und vergleichbarer Berufserfahrung ist. Zwei sehr verlässliche Informationsquellen habe ich weiter vorn in diesem Kapitel genannt. Realistisch sind durchschnittlich Gehaltserhöhungen von 3 bis 10 Prozent. Nun können Sie sagen: »Pah, 150 Euro brutto mehr im Monat. Was ist das

schon!« Doch denken Sie daran, dass das 1800 Euro im Jahr sind. Dazu kommen gegebenenfalls Urlaubs- und Weihnachtsgeld. Davon lässt sich eine Urlaubsreise finanzieren.

3. Zweite Meinung einholen

Wie oft schwimmen wir in unserem Süppchen, das wir ganz geheim im stillen Kämmerlein nach höchst persönlichem Rezept angerührt haben. Dabei würden Ihrem Gericht ein paar fremde Gewürze und Geschmacksverstärker durchaus guttun. Fragen Sie Vertraute aus Ihrem persönlichen oder privaten Umfeld, was in einem Gespräch mit Ihrem Vorgesetzten noch erwähnenswert wäre über Ihre Person. Sie werden staunen, zu welchen Ideen und Argumenten Sie angestiftet werden!

4. Timing ist alles

Die finanzielle Lage Ihres Unternehmens sollte gerade gut sein, das versteht sich von selbst. Warten Sie nicht unbedingt auf das ritualisierte Jahresgespräch, sondern schlagen Sie eine »Wasserstands-Unterredung« ruhig auch mitten im Jahr vor, vielleicht nach Abschluss einer Projektphase. Dann stehen die Chancen gut, dass Sie nicht Slot Nr. 24 im Jahresendgesprächsmarathon sind und Ihr Chef im Autofokus läuft. Sie würden natürlich auch niemals ein Gespräch direkt vor der Aufsichtsratssitzung oder morgens früh oder kurz vor dem Wochenende suchen. Beide Seiten sollten direkt am nächsten Tag die Möglichkeit haben, etwaige »Spätmelder«, also Dinge, die einem erst nachträglich noch eingefallen sind, aufzunehmen. Die berühmten »Hätte ich doch ...« oder »Warum habe ich bloß nicht ...«-Gedanken« sollten auf jeden Fall einkalkuliert werden.

5. Gegenleistung anbieten

Ich habe mich über einen Gehaltssprung immer am meisten gefreut, wenn dieser auch mit Entwicklungsmaßnahmen gekoppelt war, weil ich zusätzliches Commitment angeboten hatte. Gibt es eine Fortbildung, die Sie belegen würden? Wie könnte ein zusätzliches Verantwortungsgebiet, eine zusätzliche Aufgabe aussehen, und was bringt das Ihnen, dem Team, dem Chef, dem Unternehmen? Wo genau liegt der Mehrwert?

6. Verhandlungsalternativen besitzen

Wenn Ihr Chef das alles nicht so recht einsieht, weil er meint, das sei für ihn erst einmal mit Arbeit verbunden oder eine Gehaltserhöhung in Ihrem Falle nicht gänzlich gerechtfertigt, dann wird er Sie so angucken, als müsse er sich Ihren doch sicherlich sehr überschaubaren Gehaltssprung höchstpersönlich vom Munde absparen, der Arme. In diesem Fall sollten Sie ihm die Frage stellen: »Wenn das nicht geht, was geht dann?« Ihr Verhandlungsspielraum wird größer, wenn Sie Alternativen in der Hinterhand haben. Vielleicht gibt es auch eine kleine Lösung, die man zunächst einmal angehen kann. Die Profis verkaufen ihr eigentliches Verhandlungsziel ganz zum Schluss als »Alternative«, zu der man dann ja nicht mehr Nein sagen kann. Das hilft, mit spontaner Skepsis oder gar Ablehnung aufseiten Ihres Chefs umzugehen. Antizipieren Sie seine Reaktionen und stellen Sie sich darauf ein. Wenn ihn jemand kennt und einschätzen kann, dann doch wohl Sie!

7. Verbale und nonverbale Kommunikation

Es geht nicht nur um Argumente, sondern auch um die Taktik, Mimik, Gestik und Wortwahl. Sie werden wissen, wie Ihr Chef denkt, wie er zu Entscheidungen kommt und welche Rhetorik er dabei verwendet, welchen Sprachgebrauch er hat. Nutzen Sie das für Ihr Gehalts- und Entwicklungsgespräch! Erinnern Sie sich zum Beispiel an das »verbale Lieblingsreich« Ihres Chefs aus dem Kapitel »Das Schweigen der Männer«: Wenn Sie etwas für sich erreichen möchten, dann verwenden Sie dabei die Worte, die er selbst verwendet, wenn er etwas für sich erreichen will!

8. Geld ist nicht alles

Nun, wenn wir kein Geld haben, dann brauchen wir wenigstens gute Ideen. Überlegen Sie, welche anderen Verhandlungspunkte Ihnen wichtig sind: eine Unterstützung bei der Aus- und Weiterbildung, ein anderes Arbeitszeitmodell, vielleicht sogar ein Home-Office-Tag pro Woche oder pro Monat, ein Anspar- oder Versicherungsmodell, Unterstützung bei der Unterbringung von Kindern, Fahrkostenzuschüsse? Denn ganz abgesehen vom Gehalt, muss auch das Gesamtpaket stimmen, das ein Unternehmen Ihnen bieten kann.

Und was kann man den Vorgesetzten raten? Ganz einfach: Sie sollten sich ihre »rechte Hand« genau anschauen, sich mit ihr unterhalten, sie werten, und zwar ganz individuell. Wenn es dann irgendetwas an dieser Frau gibt, das im Job außerhalb genormter Kostbarkeiten liegt und von dem sie profitieren, dann sollten sie dafür zahlen – nach Leistung und nicht nach Schublade. Personalentwicklung nennt man so etwas wohl. Dafür werden die Chefs schließlich bezahlt.

Merkwürdig, wie unwichtig unsere Tätigkeit ist,
wenn wir um eine Gehaltserhöhung bitten,
und wie wichtig sie wird, wenn wir einen Tag freinehmen möchten.
Unbekannt

Piercing und Perlenkette – Wie »alt« sind wir?

Um es gleich vorwegzunehmen: Ich bin altermäßig kein »Hüpfer« mehr, das war ich auch nicht mehr bei meiner letzten Sekretärinnentätigkeit – da hatte ich »schon« 45 Jahre im Kontor, wie man in Hamburg sagt. 45 Jahre Lebenserfahrung, 23 Jahre Berufserfahrung. Das machen mir nur noch Gleichaltrige oder Ältere nach. Heute halte ich mich immer noch für »agil«, flexibel, integrativ, durchaus spontan und sozialmedial einigermaßen up to date. Young at heart. Das neue

50 ist das alte 40. Das ist zwar immer noch alt genug, aber wenn ich heute 20 wäre und würde mir selbst begegnen, wie ich heute bin, dann würde ich mir gar nicht soooo alt und »irgendwie anders« vorkommen. Ich würde vielleicht höchstens denken: ›Die hat ja die Ruhe weg, ist Legasthenikerin in Social Media und verdient mit ihrem alten Vertrag doppelt so viel wie ich.‹ Man duzt mich noch in Kneipen und in den Geschäften des Hamburger Schanzenviertels. Zugegeben, im Job habe ich es nicht so mit dem »Rudel-Duzen« in den flachen Hierarchien von heute. Und wenn mich die mir unbekannte Frau an der Kasse unseres Drogeriemarkts mit einem langgezogenen »Haaallooo« begrüßt, sage ich freundlich, aber bestimmt »Guten Tag«. Und kurze Röcke trage ich nur noch am Strand, denn ich bin jetzt 50plus. Eigentlich ganz schön spießig. Nur mein Orthopäde und mein Gleitsichtbrillenoptiker verstehen mich. Ich bin wohl doch etwas »anders« als noch vor 30 Jahren, und die bange Frage treibt mich um: Bin ich überhaupt noch zukunftsfähig?

Lippenbekenntnisse und Tatsachen

»Arbeitgeber sind begeistert von älteren Beschäftigten« titelte vor kurzem die *Frankfurter Allgemeine Zeitung* in ihrem Wirtschaftsteil. Man bezog sich darin auf die Ergebnisse einer Umfrage unter mehr als 13 000 Unternehmen durch das Institut für Arbeitsmarkt- und Berufsforschung. Ergebnis: Wer älteren Bewerbern eine Chance gebe, werde diese Entscheidung nicht bereuen. Vor allem Verlässlichkeit, Motivation und Teamfähigkeit zählten zu den Pluspunkten, die Arbeitgeber an ihren routinierten Beschäftigten zu schätzen wissen. Gut zu wissen, dachte ich mir und las weiter. Aber dann kam es: Ältere Menschen hätten es aber am Arbeitsmarkt immer noch schwerer als jüngere. Das Abschaffen staatlicher Anreize zur Frühverrentung und die Erhöhung des Renteneintrittsalters befördere diese Situation noch. Ich fragte mich kurz, ob die jetzt mit »älteren Menschen« auch mich meinten. Ich befürchte, genau das ist der Fall. Spätestens wenn ich 55 bin, werde ich endgültig als »schwer vermittelbar« gelten und zum gesundheitlichen Risikofaktor werden – nur noch gut zum Bücherschreiben. Bis dahin sollte ich da sein, wo ich bis zur Rente bleiben und so mitlaufen kann. Wo soll man als Assistentin oder Office-Managerin überhaupt bis 67 arbeiten? Es gibt ja noch nicht einmal mehr Archive, in denen man uns verstecken könnte. Und es soll Sekretärinnen geben, die in ihren Chefs ihre ehemaligen Auszubildenden erkennen. Und die Ex-Auszubildenden sollen jetzt der Ex ihres Ex-Chefs sagen, was sie zu tun hat. Das ist für beide Seiten nicht einfach. Oh je. Und während mir das alles klar wurde bei der Lektüre, kam ich mir gleich gefühlte fünf Jahre älter vor. Nun gehöre ich schon längst der Altersgruppe Ü40 an. Ich könnte auch Ü50 sagen, aber Ü40 stimmt ja auch. Doch letztere ist ebenso bereits ein Ausschlusskriterium bei der ersten Sichtung der Bewerbungsunterlagen für eine Assistentinnenstelle, wenn man dem Glauben schenken darf, was manche Personaler hinter vorgehaltener Hand sagen. Als man noch Bewerbungen auf Papier verschickte, habe ich einmal meinen Lebenslauf mit dem offensichtlich für interne Zwecke bestimmten Bleistiftvermerk »zu alt?« zurückbekommen. Sonst hatten sich solche oder andere enttarnende Bemerkungen höchstens auf der Klarsichthülle durchgedruckt, wenn man sie gegen das Licht hielt. Immerhin stand damals ein Fragezeichen hinter »zu alt«. Da war ich 45 Jahre »alt«. Ausgereift und abgesagt. Jenseits der »No-Future-Grenze«. Zu teuer und zu unflexibel, was immer das genau heißen mag. Niemand will mehr in Gehalt investieren für klassisch ausgebildete, vorstandsgestählte Europasekretärinnen, auch wenn sie die letzten ihrer Art sind. Vielleicht gerade deswegen. »Wenn man sie hat, schätzt man sie. Wenn man sie neu einstellen soll, kommt man ins Grübeln. Da hat man manchmal ein komisches Gefühl, weil die Bewerberin so viel älter ist als man selbst. Was natürlich Quatsch ist.« So hat es mir einmal eine junge Personalerin geschildert.

Die jüngeren Bewerberinnen in der Altersgruppe U30 haben es nicht unbedingt einfacher. Auch die Bundesjugendspiele können verdammt hart sein, ich will mich gar nicht daran erinnern. Wollen die Unternehmen heute bei mir kein Geld investieren, so wollen sie bei der Altersgruppe U30 auch keine Zeit investieren für Qualifikation und Entwicklung on the Job. Die jüngeren Kandidatinnen nehmen erst einmal einfacher die Einstellungshürde, denn die Altersgrenze gerade im Assistenz- und Sekretariatsbereich verschiebt sich weiter nach unten. Doch dann gibt es für die U30-Frau zwei Szenarien, wenn sie Pech hat: Entweder das »kalte Wasser«, also der nicht unbedingt einfache Umgang mit vergleichsweise lebensgesättigten 50-jährigen Alphatierchen, denen gelinde gesagt nicht nach Augenhöhe ist, oder das Versorgen personalstarker Teams als Mädchen für alles, mit kargem Vollzeitvertrag oder in Teilzeit, oft unter Umgehung all ihrer Talente. Und die Selbstsicherheit, all dem angemessen zu begegnen, ist eben mit Mitte 20 noch nicht so ausgeprägt.

»Sie siezt mich!«

Wie unsicher so manche Kraft, die führen sollte, ist, wenn es darum geht, DIE erfahrene, junge, frische, preiswerte, topqualifizierte und jugendlich fröhliche »Senior Assistant« mit Kleidergröße 36 und »den aktuellen Kenntnissen« zu finden, mag vielleicht folgender Dialog zeigen. Es handelt sich um einen Chef (Andreas, 55 Jahre), der sich mit seiner Kollegin (Helen, 32 Jahre) unterhält. Beide arbeiten, das muss ich vorausschicken, in einem deutschen Konzern, der – die Exportquote lässt grüßen – vor allem ein internationaler Konzern ist, der gerade die Schwelle zur Arbeitswelt 4.0 nimmt. Ein Ozeandampfer auf rauer See sozusagen, der schon viel zu groß für die sicheren Häfen ist. Mitarbeitergespräche heißen dort jetzt »Pulse Checks«:

 Andreas: »Hast du mal kurz Zeit?«
Helen: »Nein.«
Andreas: »Ich will mich gar nicht lange aufhalten. Ich habe morgen den
   Pulse Check mit meiner Frau Winter. Ich dachte, du könntest mir da
   ein paar Tipps geben. Ich möchte ihr was anderes anbieten.«
Helen: »Ein eigenes Büro?«

Andreas: »Nein, ein kleineres Büro sozusagen. Sie ist ja, nun ja, bereits etwas erfahren und nicht mehr die Jüngste.«

Helen: »Nicht mehr die Jüngste? Die ist doch zwei Jahre jünger als du!«

Andreas: »Eben.«

Helen: »Das verstehe ich nicht. Nur weil sie gesagt hat, dass sie in ihrer Freizeit Dire Straits hört und Ed Sheeran nicht kennt?«

Andreas: »Nein, natürlich nicht. Aber sie trägt Perlenkette. Und sie siezt mich, wenn du weißt, was ich meine. Die hat schon für mindestens drei meiner Vorgänger gearbeitet. Die hatten echt noch Lametta auf den Schultern. An die Vergleiche, die die anstellt, will ich gar nicht erst denken.«

Helen: »Eine Perlenkette ist doch kein Trennungsgrund! Die ist doch voll nett – und mein Fels in der Brandung, wenn hier wieder mal alle austicken. Die denkt an Dinge, an die ich nie gedacht hätte.«

Andreas: »Ich kann der nicht länger was Langfristiges bieten. Mein eigener Job ist doch noch nicht einmal sicher! Beim Career-Development-Meeting hat man mir nahegelegt, mit ihr ein Gespräch zu führen. Sie ist teuer und hat noch nicht einmal die neuen Work-Tools drauf. Das Skill-Set passt einfach nicht mehr.«

Helen: »Aber sie ist doch nicht Programmierer in der IT! Die sitzt nur bei dir im Büro. Du tust ja gerade so, als hätte man sie vor Jahren wie Kaspar Hauser versehentlich im Wald aufgelesen. Dabei steht sie mitten im Leben!«

Andreas: »Aber ich bin eben ein bisschen wie Kaspar Hauser! Ich will die nicht immer um mich haben. So ein Teamsekretariat mit was Jüngerem könnte ich mir gut vorstellen. Muss ja nicht für ewig sein.«

Helen: »Hm. Denk an die Demografie. Der durchschnittliche Arbeitnehmer wird älter. So wie du.«

Andreas: »Hey, das kannst du aber nicht auf die Assistenz übertragen. Steven hat jetzt eine, deren Mutter sogar noch zu jung für ihn ist.«

Helen: »Stevens Assistentin arbeitet aber nicht so, wie sie aussieht. Und niemand kümmert sich um sie und erklärt ihr was.«

Andreas: »So viel macht sie nicht falsch. Auch wenn sie nicht alles richtig macht. Ich hätte auch gern eine, die altersmäßig ins Team passt, was Mittelaltes meinetwegen.«

Helen: »Was Mittelaltes? Das hört sich ja so an, als wären wir an der Käsetheke.«

Andreas: »Alle reden von ihren ›Mädels‹. Nur ich muss ›Frau Kröger‹ sagen.«

Helen: »Diversity! Ist auch nicht schlecht fürs Team! Ich würde mich auch mal wieder gern mit ›Frau Schuster‹ anreden lassen. Hat was.«

Andreas: »Na, dunkelblaue Hosenanzüge mit Typberatungstüchern helfen dem Team jedenfalls nicht weiter. Was mache ich jetzt mit ihr? Die wird ja auch teurer statt jünger. Sag mal was, Frau Schuster...«

Helen: »Dafür hat sie das Heirat-Baby-Eigenheim-Thema schon hinter sich. Schwanger wird sie auf jeden Fall nicht mehr.«

Andreas: »Was hast du gegen Mütter? Das ist doch gar nicht unser Thema!«

Helen: »Nein. Erst mal nicht. Will gar nicht daran denken, was ihr mit mir macht, wenn ich mal schwanger werde. Oder älter. Oder beides.«

Andreas: »Cross the bridge when you come to the bridge.«

Helen: »Ihr scheint euch gegenseitig anzustecken. Gerd hat jetzt auch eine neue Assistentin.«

Andreas: »Ach. Und wie sieht sie aus?«

Nun, ich will eigentlich auch nicht glauben, dass Astronauten, die erfahren, dass eine Frau zur MIR-Station mitfliegt, als Erstes fragen: »Ist sie hübsch?« Aber ausschließen können wir es nicht. Wo liegt jetzt das perfekte Alter für den Arbeitsmarkt von heute, wenn U30 und Ü40 gleichermaßen »schwierig« sind und sich dazwischen die gebärbereiten Frauen befinden, die sich in der so genannten »Rushhour« des Lebens befinden. Die Zeiten, in denen persönliche Lebenskonzepte hintenangestellt wurden, sind sowieso altersübergreifend vorbei. Keine berufliche oder private Biografie ist mehr linear durchgehend. Gerade im Sekretariats- und Assistenzbereich ist die Fluktuation groß, da dieser Beruf eben nicht branchengebunden ist und Arbeitgeber flugs umstandslos gewechselt werden. Auf Arbeitgeberseite wird heute aus Kostengründen eher in den jüngeren Alterskategorien gesucht, auch wenn diese Frauen noch nicht qualifiziert und erfahren sein können oder häufig ihren Beruf als Assistentin ohne einen geregelten Qualitätsstandard in der Ausbildung per se als befristeten »Job« sehen und ihr Commitment in andere Lebensbereiche legen. Man sieht auch vermehrt junge Akademikerinnen im Sekretariat. Viele von ihnen sind in diesen Job »gerutscht«, ohne das jemals geplant zu haben. »Besser als die Arbeitslosigkeit«, »super für die Überbrückung« oder »einziges Teilzeit-Jobangebot« sind Argumente, die in dieser Gruppe nicht selten zu hören sind. In der Generation Ü40 der klassischen Sekretärinnen dagegen gibt es andere Fragen, da stehen das Gehaltsniveau und der etwaige Fortbildungsbedarf in Sachen Neue Medien und Datenmanagement im Wege. Und wer in diesem Alter seine berufliche Heimat in einem Unternehmen gefunden hat, wird seinen gut bezahlten Job dort nicht mehr unbedingt so schnell wechseln wollen, geschweige denn, sich in schnelllebigen Themen fortbilden, solange diese nicht explizit gefordert werden. Das ist das Dilemma für jeden Personaler.

Das Mehrgenerationenbüro

Angenommen die Generation Y (1979 – 1985) trifft auf die Babyboomer der späten Jahre (1960 bis 1964) – das ist bundesdeutscher gelebter Alltag, an der Werkbank bei Opel wie in der Kreditorenbuchhaltung von Siemens. Es ist nicht unwahrscheinlich, dass dies selbst im Assistenzbereich der Fall ist. Y-Kollegin trifft Babyboomer-Kollegin. Und geht unsere Volkswirtschaft deswegen unter? Mitnichten. Es fehlen lediglich HR-Konzepte, die Berufseinsteiger fördern, indem sie diese von erfahrenen Personen begleiten lassen. Jetzt werden Sie lachen, aber ich bin ein großer Fan des Mehrgenerationenbüros. Was wäre das für ein tolles Team im positivsten Sinne: Wir hätten die Technologieaffinität der Ypsiloner, die Schnelligkeit und den Ehrgeiz der Generation X und die Erfahrung, Gelassenheit und Problemlöse-Mentalität der Babyboomer, die vielleicht sowieso langsam »einen Gang herunterschalten« möchten. Schnelligkeit träfe auf Genauigkeit, die Fehlerquote würde sinken und die Effektivität steigen. Wer zu Hause bemalte Tapeten, alle Kinderkrankheiten und tägliche Tobsuchtsanfälle mit Aufdenbodenschmeißen überstanden hat, ist nervlich gefestigt für den nicht unähnlichen, reizüberfluteten Business-Alltag. Zupackende Improvisationstalente sind Mangelware geworden – auf fast jedem Stockwerk einer Firma. Wer dagegen »Digital Native« ist und weiß, welche Team- und Projektmanagementsoftware das Standing im Sekretariat pushen könnte, der ist die perfekte und unverzichtbare Ergänzung. Die Losung könnte lauten: Ich bringe dir etwas bei, und dafür bringst du mir etwas bei. Das Modell: ein Mentorenprogramm in beide Richtungen, Job-Sharing zur Integration von Talenten, Wissen, Erfahrung und nicht zuletzt, um qualifizierte Nachfolgen in den Sekretariaten zu sichern.

Mit diesen Ideen bin ich nicht allein. Der Versicherer Allianz beispielsweise testet seit Dezember 2016 eine Intranet-Plattform, in der Auszubildende Kernkompetenzen und Nischenwissen angeben, alles was sie an digitalem Wissen haben und gut erklären können – Kommunikationsformen in den sozialen Medien oder bestimmte Kniffe bei der Nutzung von Smartphones und Tablets. Eine Führungskraft entscheidet sich für ein Thema, das sie erklärt haben möchte und bietet sich im Gegenzug als lebens- und berufserfahrener Mentor an. Das schafft effektive Lernformen und sichert gleichzeitig die wertvollen Erfahrungen und Wissensschätze älterer Generationen.

»They can get someone younger. They can get someone cheaper.
They can get someone with a better education,
but they will never find anybody who will work as hard as I do.«
Debra Leonard-Porch
Administrative Professional in Chicago mit 35 Jahren Berufserfahrung
November 2016 in einem Interview
mit *The Atlantic Times*

Der Sekretär – wenn wir Männer wären

A propos Vielfalt: Ich wünschte mir, es gäbe mehr Männer in unserem Job. Sie würden über alle Altersfragen hinweg ein anderes Selbstbewusstsein ins Office-Management bringen, und das Berufsbild, das Prestige und das Gehalt würden sich höchstwahrscheinlich schnell ändern, und zwar nach oben. Bei den männlichen Kandidaten, die es tatsächlich im Assistenzbereich gibt, muss man natürlich unterscheiden zwischen jenen, die den Job nur wenige Jahre machen und sich dann für Höheres empfehlen, also die klassischen Vorstandsassistenten, und jenen, die sich langfristig nicht mehr zu schade sind für die sonst eher Frauen zugeschriebene Assistenz- und Dienstleistungsfunktion. Schließlich kann diese mittlerweile verantwortungsvolle, abwechslungsreiche Inhalte und ein gutes Gehalt bedeuten und somit auch für Männer durchaus interessant sein. Unsere Kollegen leben dann auch damit, dass man sie mitunter so nennt wie ein wuchtiges Ausklappmöbel aus längst vergangenen Zeiten: Sekretär. Sie wundern sich auch nicht, wenn jemand vor ihnen steht und weiterhin stur nach der Sekretärin fragt oder wenn sie Antwort-Mails mit der Anrede »Frau Müller« bekommen, wo sie doch ihre Mail mit freundlichen Grüßen als »Herr Müller« verschickten. Aber schon jetzt ist es spannend zu sehen, dass männlichen Office-Managern allein aufgrund der Tatsache, dass sie Männer sind, zusätzliche Fähigkeiten zugeschrieben werden. Ob ihr Gehalt denn auch wirklich bis zu 5 000 Euro über dem durchschnittlichen Jahresgehalt vergleichbarer weiblicher Stelleninhaber liegt, ist nicht mit einwandfrei verlässlichen Daten belegt, aber dennoch anzunehmen. Ein Sekretär erzählte mir, man habe ihn ständig gefragt, welche Karriere er denn nun einschlagen wolle, weil man wohl automatisch davon ausgegangen war, dass der Job des Sekretärs nicht wirklich adäquat und nur eine Durchgangsstation für ihn sei. Einer Frau hätte man diese Frage nicht gestellt.

Männer im Sekretariatsbereich interpretieren und leben ihren Beruf auch anders als ihre mehrheitlich weiblichen Berufsgenossen. Ein Office-Manager sagte mir einmal, er habe keine Probleme mit purer Dienstleistung: »Meine Chefin bucht mich für meinen Service. In einem Restaurant wird man ja auch ›bedient‹, ohne dass das Dienen hinterfragt wird.« Und der Chef einer Galerie mit Sekretär sagt: »Es fällt mir einfach leichter, einem Mann zu sagen, dass er meine Skulpturen von A nach B tragen oder das Auto zum Reifenwechsel in die Garage fahren soll.« Vielleicht werden Männer weniger mit Samthandschuhen angefasst, weil man weiß, dass sie ihren Job mit selbstbewusster Unbekümmertheit leben. Dafür nennen sie sich dann auch Büroleiter, Referent, persönlicher Assistent, Koordinator – das klingt in der männlichen Form doch schon gleich viel professioneller.

Wagen wir ein Gedankenexperiment, denn wären wir Männer in unserem Job, liebe Leserinnen, würde einiges anders laufen: Wir hätten kein Nahverkehrsticket mehr, mit 30-prozentiger Kostenbeteiligung durch die Firma. Nein, wir hätten stattdessen ein kleines schwarzes Firmenauto mit festem Parkplatz. Und Einzelbüro? Verhandlungssache. Firmen-Smartphone und Visitenkarten? Basisausstattung. Wir würden nicht mehr kokettierend und augenzwinkernd vom »Co-Manager« reden, sondern diesen Begriff auf der Visitenkarte stehen haben. Und was nützt die schönste Basisausstattung, wenn man eine unter vielen ist? Die Lösung: Personal Senior Manager to the Executive, Personal Manager to the Executive, Coordination Manager to the Team und so weiter – nichts mit »Assistant«, klangvolle Titel stattdessen und klare Verhältnisse, auch was das Gehalt angeht. Wir hätten definitiv mehr Projekt- und Leitungsverantwortung. Privates für den Chef miterledigen? Kein Problem, dafür gäbe es lukrative Nebenverträge, und beide Seiten hätten ein astreines Gewissen. Und Weiterbildung? St. Gallen hätte schon längst einen Office-Management-Campus! Wer würde da noch einen Wettbewerb »Deutschlands bester Sekretär?« brauchen? Briefeschreiben und Ablage machen nach Stoppuhr? Wie erniedrigend und gestrig. Warum sollte man nicht die Chance erhalten, durch »herausragende Leistungen on the job« in die »Hall of Fame« der Office-Manager aufgenommen zu werden? Eine abgestimmte PR- und Öffentlichkeitsarbeit läge beim Stiftungsverband Office-Management, der gute Mitarbeiter in Vollzeit voll gut bezahlt. So machen das die Chefs. Und nun bitte alle aufwachen. Dieses Szenario ist männlichen Erfolgsfantasien entlehnt und für unseren Berufszweig noch meilenwert entfernt. Aber wenn wir nur 50 Prozent dessen erreichen könnten, wäre schon viel gewonnen! Wir müssen die Messlatte ja nicht so niedrig hängen, dass wir kriechen müssen.

Facelifting für die Lobby

Wer knüpft sich das Thema Verjüngung, Zukunftsfähigkeit, PR und Öffentlichkeitsarbeit und die zahlreichen anderen Schlüsselthemen unseres Berufs koordinierend, mutig und wirksam vor? Wer rüttelt uns kontinuierlich und nicht nur zwei Mal im Jahr für die eigenen Belange wach? Welche Netzwerke mit Pulsschlag gibt es, die optimalerweise bis in die Führungsetagen und die Personalabteilungen reichen, um andere Perspektiven und Handlungsspielräume mit einzubeziehen? Am schlagkräftigsten sind wir meiner Erfahrung nach da, wo wir selbst arbeiten: innerhalb der Unternehmen und Institutionen. Es gibt gute Beispiele: Da sind die Netzwerke der Hochschulsekretärinnen, die sich eine allgemeine Aufwertung ihres Berufsstands auf die Fahnen geschrieben haben, dabei auch politische Themen im Sinne der Frauenförderung an den Hochschulen aufgreifen und sich vor allem untereinander vernetzen. Oft sind sie den so genannten »Frauenbüros« angeschlossen, die sich um Gleichstellungsthemen kümmern und eben vorwiegend an Universitäten existieren. Auch in den Wirtschaftsunternehmen gibt es engagierte Teams, die für sich firmenintern eine Lobby bilden und sich um Themen wie Weiterbildung und Entwicklung, Arbeitsplatz- und Arbeitszeitgestaltung für die Assistenz kümmern. Man kennt diese Lobbyisten kaum und würde sich oft mehr öffentliche Aufmerksamkeit für sie wünschen.

Und nicht in jedem Unternehmen ist bekannt, dass es überhaupt einen Bundesverband für Sekretariat und Büromanagement e. V. gibt oder dass sich Assistentinnen auf internationaler Ebene über das IMA Network International Management Assistants organisieren und eine globale Lobby-Plattform bieten, die im letzten Fall sogar die Führungsstile und die Interpretation der »Assistenz« in anderen Ländern »im gelebten Wissenstank« hat. Das IMA-Netzwerk zum Beispiel knüpft sich bei seinen Jahresveranstaltungen Themen vor, die durchaus politisch sind und über den persönlichen Tellerrand hinausreichen. Es sprechen dazu Universitätsprofessoren, Medienvertreter und zuletzt beim Thema Ethik die ehemalige Assistentin von

Nelson Mandela. Wie viele von uns wissen das? Themen, die dem Beruf durchaus übergeordnet sind, würde ich mir für hiesige Konferenzen für die Assistenz auch wünschen. Es könnte mit ein bisschen Netzwerkpflege über den Beruf hinaus gar ein paar Lokalpressemenschen anlocken.

In Deutschland geschieht das Verbandsengagement zum größten Teil nebenberuflich und ehrenamtlich. Ein mutiges und vielleicht sogar kontroverses öffentliches Eintreten für den Berufsstand ist für die Amtsinhaber mitunter ein Spagat zwischen Mission an der einen und Broterwerb an der anderen Stelle. Es gibt zudem ein Generationenproblem, da gerade die jungen Assistentinnen ein anderes Berufsethos haben und in der Lobby-Arbeit, sofern überhaupt vorhanden, keine Anreize finden. Die Verbandsmitgliedschaften nehmen ab. Junge Assistentinnen heute möchten sich vor allem als Mitglied von Teams sehen, die eben auch andere Berufe in sich vereinen und würden darüber hinaus nicht mehr von einer »Berufung« sprechen, wenn sie den Outlook-Kalender für zwölf Kollegen verwalten und über Tag keine Zeit bleibt für ein Hinterfragen und Engagieren über den Schreibtischrand hinaus. Andernorts haben Assistentinnen bereits Aufgaben aus dem Tätigkeitsfeld ihrer Vorgesetzten übernommen, kümmern sich um das Berichtswesen, verwalten Etats oder akquirieren Kunden. Sie sind herausgekommen aus der »Schublade«, haben sowieso teils einen akademischen Hintergrund und sehen sich in einer anderen Rolle, die sie ganz autonom leben wollen, ohne »im Rudel« unterwegs sein zu wollen.

Diese kritische Beobachterrolle und der Gedanke »Lass die anderen mal machen ...« kennen Sie doch auch, oder? Mich hat sie spätestens ereilt bei dem erwähnten alljährlichen Wettbewerb »Deutschlands beste Sekretärin« eines uns allen bekannten Büromittelherstellers, wo die Veranstalter nicht davor zurückscheuten, öffentlichkeitswirksam unter Einblendung entsprechender Produkte die Ablagekompetenz und das Formulierungsgeschick der Teilnehmer/-innen per Stoppuhr zu ermitteln. Lange war diese Veranstaltung die einzige, durch die unser Beruf überhaupt eine größere Öffentlichkeit erreichte, leider mit einem etwas rückständig anmutenden Touch.

Ernsthaftere, verbandsgetriebene Maßnahmen und Veranstaltungen für den Büro- und Sekretariatsbereich sind in den meisten Fällen abhängig von Sponsorengeldern der Zeitarbeits-, Lebkuchenhersteller-, Büroausstatter- und Hotel-Lobby, die auf den Messen und Veranstaltungen für das Office-Management unübersehbar sind und sich ihrerseits Aufträge sichern von den Frauen, die für das Management entscheiden, wo bestellt und gebucht wird. Auch Köfferchen mit Haarpflegeprodukten oder Schmuckstände sind keine Seltenheit. Würden das Männer auch so machen? In so manchem Imagefilm der Branche kommen zudem immer noch mehr Datumsstempel, Hängeregistraturschränke und Aktenordner vor, als dem Beruf in der Arbeitswelt 4.0 guttut.

Langsam setzt sich die Vertretung auf den großen Personalmessen durch, auf Veranstaltungen also, die auch andere Berufe »bedienen« und nicht nur das Office-Management. Andere große Veranstalter der Sekretariatsbranche sind Medienunternehmen mit klarer Profitorientierung, die über das Budget verfügen, gute Weiterbildungen, Vorträge und Workshops für die Branche anzubieten – win win also. Doch bei Letzteren von einer Lobby-Arbeit zu sprechen, wäre zu weit gegriffen.

Was können wir tun? Sitzen Sie auch manchmal an Ihrem Schreibtisch und fragen sich, wie es den anderen eigentlich so geht? Wie oft surfen Sie im Internet nach der ultimativen Teambuilding-Maßnahme für das nächste Firmenevent, wo Sie doch mit einem einzigen Anruf ins Netzwerk das Problem lösen könnten und zwar umso schneller, je größer Ihr Netzwerk ist. Wie viele Firmenvisitenkarten werden ausgetauscht auf unseren Netzwerktreffen? Wer hat die überhaupt? An Vielfalt mangelt es ja nicht: Frauen, die Events mit 500 Teilnehmern »mal eben nebenbei« allein organisieren, treffen auf Frauen, die sich freitags um 18 Uhr um den Absturz von Chef-iPads kümmern. Und noch haben wir einen bunten Mix an Alterskategorien in unserem Berufsfeld. Wie steht es eigentlich generell mit dem Mut, sich ein Profil zu geben und sich jenseits der virtuellen Netzwerke und Foren in eigener Sache sozusagen »vor Ort« zu engagieren? Am einfachsten und effektivsten ist es, damit im eigenen Unternehmen anzufangen und sich dabei als Netzwerk durchaus auch zu trauen, die Personaler und die Führungskräfte offiziell mit in die Pflicht zu nehmen. Warum sollte man beispielsweise zu einem Thema, das allen Assistentinnen unter den Nägeln brennt, nicht eine Fragestunde mit einem Vorstandsmitglied oder der Geschäftsführung machen an einem der Netzwerkabende? Sogar Frau Merkel kennt solche Formate. Warum glauben wir immer, unsere Chefs kämen für so etwas nicht infrage, wenn wir sie noch nicht einmal fragen oder zumindest aktiv für Themen sensibilisieren? Es gibt schon viel zu viele Hotelbesichtigungen und Ernährungstage für die Assistenz.

Finding Mrs. Right – Haben wir die Personaler hinter uns?

»Wir finden einfach keine Gute.«

Stephanie Bschorr, Präsidentin des VdU, Verband deutscher Unternehmerinnen, hauptberuflich tätig in einer Wirtschaftsprüfungsgesellschaft, berichtete in diesem Jahr auf einer Veranstaltung des bSb, Bundesverband für Sekretariat und Büromanagement e. V., sie habe auf der Suche nach ihrer Assistentin 100 Bewerbungen bekommen – und nur drei Einladungen ausgesprochen. Solche und ähnliche Erfahrungen hört man branchenübergreifend heute öfter. Wir sprechen bereits bei der ersten Auswahl eher von einem »Destillat«, und man ist mehr mit grobem Aussortieren beschäftigt als mit der Frage: Wer ist die Richtige? Wie kommt das? Nun würde niemand auf der Suche nach einer Assistentin behaupten, man wolle das einzig passende Puzzleteilchen identifizieren oder die ultimative symbiotische »Pflegekraft« für die Führungskraft oder gar »the brain«, das mal eben nebenbei dem Wirtschaftsprüfer seinen Job erklärt. Nein, um auf den obigen Fall zurückzukommen: Eine Unternehmerin aus Leidenschaft sucht eine Assistentin aus Leidenschaft. Die sollte vielleicht noch SAP-Kenntnisse haben, Englisch beherrschen, sich mit MS Office auskennen, Erfahrungen in der Kundenbetreuung haben und eigenverantwortlich handeln und organisieren können. Das ist nachvollziehbar und legitim – und trotzdem offenbar nicht einfach. »Wir finden einfach keine Gute«, lautet das Fazit. Das lässt aufhorchen. Aber ein Wunder ist das nun auch wieder nicht: In unserem Berufsstand wird – wie in so vielen anderen auch – eingespart. 20 Prozent weniger Assistenzkräfte in einem einzigen Großunternehmen sind keine Seltenheit, und die Arbeit wird auf die verbliebenen Schultern verteilt. Zudem ist der Markt in den letzten Jahren von preiswerteren Zeitarbeitskräften und Quereinsteigerinnen bestimmt worden, von Allrounderinnen oder Teamassistentinnen mit operativem Schwerpunkt auf das Reise- und Terminmanagement. Die Person des Chefs, das berühmte Deckel-auf-Topf-Prinzip steht nicht mehr im Mittelpunkt, denn die klassische Zweierkonstellation »ein Chef und eine Assistentin« ist selten geworden – vor allem im mittleren Management, da wo überlastete Sandwich-Manager eigentlich dringend qualifizierte »Entlastung« bräuchten. Einige Unternehmen sind zudem dazu übergegangen, völlig autonome Assistenz-Pools einzurichten, die sich mit Schreiben, Reiseorganisation oder Projektbetreuung befassen, also mit standardisierten Aufgaben, die alle Assistentinnen übernehmen können, sodass nahezu unbemerkt entlassen, ausgetauscht und eingestellt werden kann. Die Retortenlösung. Für mich ist das ein unheimliches Phänomen unserer Zeit, das die Schreibsäle des vorigen Jahrhunderts heraufbeschwört: Wir sitzen in Großraumbüros vollvernetzt am Computer, tragen Headsets und geben Daten ein? Outgesourcte Schreib- und Buchhaltungsdienste funktionieren heute schon genauso. Spezialwissen und routinierter Umgang mit Herausforderungen auf Topmanagementebene werden Luxus, sofern man nicht bereit ist, dafür zu bezahlen. Für 1000 Euro netto im Monat wird es schwierig, »gute Leute« zu finden. Je mehr 1000-Euro-Jobs es gibt, desto mehr 1000-Euro-Qualifikationen wird es geben. Die Nachfrage bestimmt den Markt, hier beißt sich die Katze selbst in den Schwanz. Es kann nicht sein, dass wir irgendwann nur noch hoch bezahlte »High End PA's« auf Augenhöhe mit dem Management haben und auf der anderen Seite Halbtagsassistentinnen in Schreibpools, die sich aus weniger qualifizierten Frauen, jungen Müttern oder Frauen 50plus mit 900 Euro netto im Monat zusammensetzen.

In der klassischen Assistentenrolle der höheren Etagen findet man heutzutage immer mehr Hochschulabsolventinnen, junge »Digital Natives«, die auf diese Weise Einblick ins Management erhalten und sich für weitere Laufbahnen empfehlen oder tatsächlich auch da bleiben, wo sie sind: in der gut dotierten persönlichen Assistenz einer Führungskraft. Im Daten- und Prozessmanagement werden zunehmend methodische Kenntnisse gefordert, die eben auch in die Kompetenz von Hochschulabsolventen fallen. Klassisch ausgebildete Office-Manager dagegen rücken auch räumlich weg von denen, die führen. Heute delegieren die Personalabteilungen ohnehin die Suche nach Fremdsprachensekretärinnen oder Kauffrauen für Büromanagement an große, preisgünstige Zeitarbeitsfirmen, die es gerade im Assistenzbereich zuhauf gibt und die – etwas ketzerisch ausgedrückt – auch bei fluktuationsanfälligen Stellen das nötige »Ersatzteil« just in time und für alle Fälle erst einmal befristet liefern. Spricht bei diesen Personalvermittlungen die Fokussierung auf den Assistenz- und Sekretariatsbereich allein für Expertise und Qualität? Ich befürchte, dass auch hier das Portfolio der zu vermittelnden Kandidatinnen zusehends einheitlicher wird.

Ein Ausstieg aus dem Dilemma gelingt wohl tatsächlich zunächst einmal über präziser formulierte Inhalte der Stellengesuche. Diese sollten zumindest annähernd eine wahrheitsgetreue Abbildung der beruflichen Wirklichkeit geben. Manchmal ist weniger mehr, denn die traditionellen Aufgaben, die es in fast jedem Unternehmen immer noch zu erledigen gibt, können nicht weggeschönt werden, da helfen auch keine aufgetunten Stellenanzeigen mit Projektverantwortung und Leitungsfunktionen eines »Co-Managers«. Die Verfügbarkeit auf Abruf ist in der digitalen Welt fast noch grenzenloser geworden, und eine Ablage- und Reisekostenabrechnungserledigungs-App gibt es auch noch nicht.

Bei Lektüre der Stellenangebote überkommt einen nach wie vor die Frage: Wollen die jetzt eine selbstständige Unternehmerin, eine Projektmanagerin, eine Projektassistentin, eine Teamassistentin oder eine persönliche Sekretärin oder nur eine Pflegekraft für Daten und Termine oder gar ein Mädchen für alles? Trennschärfe Fehlanzeige. Häufig klaffen die Ansprüche der Firmen (»Co-Manager mit Durchblick«) und der Assistentinnen (»Teilzeit ohne Englisch«) weit auseinander, und manchmal kommt es zu erstaunlichen Missverständnissen: Es soll Frauen geben, die sich »das bisschen Büroarbeit« locker und arglos zutrauen, weil sie sich abends virtuell zur Büroassistentin fortgebildet haben und dann staunen, wenn sich der Jahresabschluss, der Produktlaunch mittels Social Media, die Vertriebsleitertagung in den Vogesen und die Fusionsgespräche mit den Chinesen zeitlich treffen, im Büro »ein bisschen« organisatorisch zusammenlaufen und man ihr zudem sagt, bei ihr hapere es mit der Rechtschreibung. Andernorts stößt eine studierte Volkswirtin an die Grenzen ihrer Flexibilität, wenn sie einen Putzplan für die Etagenküche entwerfen und Weihnachtskarten nach Diktat schreiben soll. Letzteres passt zu dem, was ein Adidas-Think-Tank-Manager einmal gesagt hat: »Man sucht die besten Leute. Man stellt sie ein. Und dann behandelt man sie wie die Kinder.« Anforderungen einerseits und Qualifikationen andererseits in Einklang zu bringen, scheint Hexenwerk zu sein – da nutzt der beste Personalalgorithmus beim Online-Bewerbungsverfahren nicht. Der filtert und sortiert höchst effektiv und pauschal vor, weil für persönliche Auswahl keine Zeit bleibt. Und die Bewerberin starrt auf die Bewerbungsplattform, die sich auf ihrem Bildschirm aufgebaut hat, macht sich ans Datenwerk und denkt sich bald: »Wie, jetzt schon der ›Weiter‹-Button? Ich wollte doch noch …« Und bald darauf bleibt nur noch »Send«. Husch, und dahin ist der Datensatz – wo genau er jemals landen wird, das weiß sie nicht. Sie kann nur hoffen, dass der »Gatekeeper« mit Kriterien gefüttert wurde, die den ihren entsprechen und es zu einer Trefferquote kommt. Und auf der anderen Seite des Datenreichs verpasst ein Chef unter Umständen seine Mrs. Right, weil der Algorithmus der Personalplattform sie kurzerhand vorher aussortiert hat. Es soll ja Frauen knapp über 20 oder jenseits der 45 geben, deren abenteuerlicher Lebenslauf in einer Persönlichkeit mündet, die in unerwarteter Weise genau zu der des Chefs passt, und ein potenzielles Dreamteam hat nicht die geringste verrückte Chance, Wirklichkeit zu werden.

Meine Lieblingspersonalreferentin ...

... kann natürlich auch ein Mann sein und »schaut mal rein«
Meine Lieblingspersonalreferentin kennt nicht unbedingt theoretisch alle methodisch ultimativen HR-Modelle aus ihrem vor nicht allzu langer Zeit absolviertem Studium der Arbeits- und Organisationspsychologie. Sie muss auch nicht unbedingt eine ehemalige Sekretärin sein, die sich in fünf Modulen über acht Monate im Fernstudium zur Personalreferentin machte. Verstehen Sie mich nicht falsch, ich will diese Werdegänge auf gar keinen Fall ausschließen, aber meine Lieblingspersonalreferentin sollte auf jeden Fall das haben, was man einen zupackenden Pragmatismus nennt. Sie legt mir manchmal ihre Hand auf die Schulter oder stemmt sich selbst die Faust in die Hüfte und sagt Dinge wie: »Fühlen Sie sich eigentlich wohl hier?«, »Passen die Stelle und Sie noch gut zusammen?«, »Passen Ihr Chef und Sie noch gut zusammen?«, »Soll ich denn mal mit Ihrem Chef sprechen?« Wer nimmt sich heute noch Zeit für einen Gang durch die Firma, um mal völlig unvernetzt hereinzuschauen, sozusagen zur realen Tatortbesichtigung und Zeugenbefragung? Wer hat heute schon den Mut, einem etwaigen Alphatier gegenüber auch unliebsame Dinge auszusprechen? Das mag in sich duzenden flachen Hierarchien wunderbar funktionieren, aber sobald die Organisation größer ist, scheint die Zahl der zu überwindenden Stockwerke abzuschrecken. Ich habe oft festgestellt, dass die Personaler sich gar nicht mehr so recht herantrauten an die Frage: »Ist bei Ihnen alles klar?« Das war umso ausgeprägter, je höher in der Hierarchie man arbeitete. Wer bleibt also dran und monitort Weiterentwicklung und getroffene Vereinbarungen mehrmals als nur einmal im Jahr? Korrekturen lassen sich viel schneller und effektiver durchführen, wenn

sie in vierteljährlichem Rhythmus erfolgen statt nur am Jahresende. Wer behält die Humanressource mit zwei Ohren dran noch im Auge, wo doch am eigenen Personalbereichsschreibtisch ein Umstrukturierungsprozess nach dem anderen folgt, eine HR-Prozessoptimierung die nächste jagt und der ganze arbeitswissenschaftliche Sachverstand für das Berichtssystem gefordert ist? Und die Mitarbeiter winken derweil aus profaneren Gründen mit der weißen oder roten Fahne, und nur meine Lieblingspersonalreferentin sieht es.

... hat Kenntnisse über Stellenprofile und Entwicklungspraxis

Meine Lieblingspersonalreferentin kommt vielleicht aus einer Generation, die Sekretärinnen bisher nur aus *Mad Men* kannte. Sie hat sich aber vertraut gemacht mit dem Beruf und dessen Stellenprofilen. Vielleicht hat sie bereits mit zahlreichen Assistentinnen gesprochen und sich bei den Verbänden und anderen Unternehmen auf dem Laufenden gehalten. Sie hat erkannt, dass wir hier von einer Schnittstelle in Sachen Führung sprechen. Und wenn dann eine ambitionierte Führungskraft auf der Suche nach einer »rechten Hand« eine »persönliche Managementzentrale mit vollumfänglichen Sach- und Soft-Skills, Verantwortungsbewusstsein und Entscheidungsfreude« möchte, dann weiß meine Lieblingspersonalreferentin eines: Im kleinen Team Chef & Assistenz erfordert ein solcher Suchbefehl in logischer Konsequenz die Fähigkeit zu einer engen Zusammenarbeit, klare Kommunikation und Kompetenzzuordnungen, Entwicklungsspielraum, eine gehörige Portion Delegationsvermögen und einen souveränen Vertrauensvorschuss. Und wenn das dann nichts mit der gelebten Wirklichkeit vor Ort zu tun hat, also schlicht die Matrix nicht passt und sich daran in absehbarer Zukunft auch nichts ändern wird, dann merkt das meine Lieblingspersonalreferentin und tut das auch kund, bevor es zu spät ist und wieder eine Kündigungsbetätigung und ein Zeugnis mehr geschrieben werden müssen. Und wenn die ambitionierte Führungskraft dann die ambitionierte Assistenz gefunden hat, dann begleitet meine Lieblingspersonalreferentin die beiden durch die Probezeit und darüber hinaus, statt vorzeitig einen Haken an den »Vorgang« zu machen.

... macht Führung zum Thema

Erinnern Sie sich an Kai Kaiser vom Anfang dieses Buches, die junge Führungskraft, der eine Assistentin nahe gelegt wurde? Er war gelinde gesagt etwas überfordert mit diesem Thema. Meine Lieblingsreferentin beobachtet dieses Nichtwissen und diese Unsicherheit seit geraumer Zeit vielleicht nicht nur bei Kai Kaiser, sondern auch bei anderen jungen Führungskräften, und sie geht zu ihrem Chef. Sie ist jetzt mal mutig und sagt:»Du, Chef, sollten wir nicht einmal ein gemeinsames Führungsverständnis hier entwickeln und den Jungs erklären, was eine Assistentin heute alles kann und wie wir uns hier das Delegieren, Entlasten und Führen vorstellen, denn es sieht so aus, als seien diese Themen bei denen im Studium nicht vorgekommen?« Denn das Führen am lebenden Objekt und auf die Bedürfnisse des Unternehmens vor Ort ausgerichtet, ist ja allemal spannender als ein Online-Kurs, eine App oder ein Vortrag zum Thema Führung am Zürichsee.

... fördert Leistungsträger

Meine Lieblingspersonalreferentin vergleicht innerhalb einer Gehaltsgruppe unterschiedliche Positionen, Profile, Tätigkeiten und »Performances«, wie es heute so schön heißt. Und sie überlegt zusammen mit dem jeweiligen Vorgesetzten (der nicht immer allein darauf kommt), inwieweit Leistung entlohnt werden kann, die in derselben Gehaltsstufe von anderen Mitarbeitern mit derselben Berufszeichnung nicht oder nicht im selben Maße erbracht wird. Das sollte natürlich optimalerweise für jeden Beruf gelten. In jedem Beruf gibt es auf der einen Seite Leute, die sich reinhängen und auf der anderen Seite geschmeidige Anpasser, die sich so durch den Betrieb schlängeln. Aber im Assistenzbereich ist der Kamm, über den geschoren wird, besonders breit und zugleich die Tätigkeitsprofile besonders unterschiedlich – wo doch gerade in diesem Bereich unterschiedliche Leistung und Motivation unmittelbare Folgen »nach oben« haben können: Es macht einen Unterschied, ob eine Führungskraft mit Personal- und Umsatzverantwortung optimal oder weniger optimal entlastet wird, ob sie Zeit verliert oder Zeit gewinnt.

... kennt alternative Arbeitszeitmodelle und fördert diese vis-à-vis der Führungskraft

Eine Sekretärin in Teilzeit kann noch so gut sein, wenn ihr Chef das Karrierestüfchen hinaufklettert, muss sie entweder mit – und zwar in Vollzeit – oder sie wird aufs Abstellgleis für Vormittagszüge gesetzt. Sicher, Verantwortung und Teilzeit sind in allen Berufen schwierig unter einen Hut zu bringen – aber es funktioniert noch am ehesten in unserem. Denn wir assistieren nur, wir leiten nicht die Firma. Und trotzdem gibt es vielerorts nur zwei Modelle: entweder die völlig überarbeitete Vollzeitassistentin oder die anonyme, schlecht bezahlte Teilzeit-Springerin. Warum hängt ein Vorstand an seiner wegen Stress schlecht gelaunten Sekretärin, wenn er zwei gut gelaunte haben kann sowie Wissen und Netzwerk mal zwei? Flexible Arbeitszeitmodelle sind auf vielen Etagen der deutschen Wirtschaft noch nicht angekommen. Die Chefs praktizieren sie ja selbst nicht. Nur ein anwesender Mitarbeiter gilt als guter Mitarbeiter. Es fehlt an Vorbildern und Unterstützung, und bis die Chef-Frauen im Management das durchgreifend ändern, wird es wohl leider noch dauern. Meine Lieblingspersonalreferentin stellt den Chefs solche Fragen und noch viele andere. Und damit beeinflusst sie Prozesse, Menschen, Gefühlslagen, Leistung und letztendlich Unternehmenszahlen. Kurzum: Sie ist in ihrem Element.

Meine Lieblingspersonalreferentin hat eine Chefin oder einen Chef, die oder der all das auch auf sie anwendet und es ihr somit vorlebt. Denn wir brauchen keine Feel-good-Manager. Wir brauchen nur gute Personaler.

Und was jetzt noch? –
Weiterbildung und Laufbahntransparenz

💬 *»Nach meiner Berufsausbildung zur Kauffrau für Bürokommunikation habe ich noch Verbandsweiterbildungen gemacht zur Managementassistentin, zur Fremdsprachensekretärin, zur Personalreferentin. Ich habe zusätzliche Seminare besucht: Controlling für die Assistenz, BWL für die Assistenz, Psychologie für die Assistenz, Selbst- und Zeitmanagement, Chef und Assistentin im Team, Telefontraining und was sonst noch alles. Aber jetzt merke ich: Ich bin seit 20 Jahren im Beruf und brauche nicht noch mehr Titel, die beweisen, dass ich meinen Job im Griff habe. Ich spreche fließend Englisch und Französisch, habe Grundkenntnisse in Italienisch und Spanisch. Uff. Was soll ich jetzt noch machen? Was bringt mir was, womit ist mein Lebenslauf aber auch nicht überladen und ich überqualifiziert? Ich bin in meinem Alter ja schon teuer genug. Gibt es noch etwas, das ich machen sollte?«*

Das ist ein typischer Stoßseufzer aus einem Assistentinnenforum der sozialen Medien. Die ewige Frage lautet: Was bewegt mich, und was soll ich noch bewegen? Gibt es noch Fortbildungen für mich, wenn ich gefühlt schon am Ende der Fahnenstange angekommen bin, wenn mein Chef sagt, er sei doch auch so ganz zufrieden mit mir? Ich sei doch bereits »fertig« und müsse ansonsten den Job wechseln, wenn ich »noch mehr« wolle? Ich mache ja schließlich von allem ein bisschen als Allrounderin und weiß auch gar nicht recht, wo ich denn da anfangen sollte mit der Vertiefung. Wie kann ich mich noch qualifizieren nach all den Seminaren von A wie Auftrittskompetenz und Ablage 4.0 bis Z wie Zero Energy Waste und Zahlen ohne Qualen? Und unser weiblich-kritisches Selbstgespräch wirft schließlich die Frage auf: Wie viel Fortbildung und Selbstverwirklichung verträgt der Job überhaupt? Wir machen uns nichts vor: Ein Talenttest ist zu spät für Frauen, die schon seit 20 Jahren im Beruf sind – es sei denn, sie wollen auf der Stelle heraus aus der Stelle und neues Land entdecken. Und den jungen Assistentinnen fehlt jegliche Orientierung. Sie lavieren irgendwo zwischen Teamassistenz und Projektmanagement und betreiben ihre Laufbahnplanung eigeninitiativ nach dem Trial-and-Error-Verfahren.

Wird der ganze Job zum »Projekt« auf Zeit?

Der Drang nach »Aktualisierung der eigenen Person«, nach Optimierung und Spezialisierung, die hinausweisen aus einem überholten klassischen Rollenprofil, ist gerade im Sekretariats- und Büromanagementbereich nicht von der Hand zu weisen. Willkommen im Trainingslager. Heute ist das Thema aktueller denn je, denn so flexibel wir auch immer schon zu sein hatten, die Flexibilität, die generell von Arbeitnehmern heute und in Zukunft erwartet wird, ist groß und wird noch größer werden. Aus dem jahrelangen Angestelltendasein von früher wird das Projektmanagement auf Zeit. Heute sollen wir nicht nur resilient, sondern auch »agil« sein – ein Wort, das ich früher für meine 80-jährige Großmutter benutzte, als die noch geistig und körperlich fit und beweglich war. So ändern sich die Zeiten. Der ganze Job wird zum Projekt – nichts ist mehr von Dauer. Teams, wohin man blickt. Führungskräfte appen sich schnell selbst ein Fahrzeug herbei oder tippen den Bericht im Terminal in der Cloud kurzerhand selbst herunter. Strukturen werden weniger hierarchisch und netzwerkartiger, Abläufe und Prozesse ändern sich permanent, temporäre und Interim-Beschäftigte strömen in die Unternehmen. Die Lebensläufe werden bunter und bringen die unterschiedlichsten Qualifikationen mit in die Office-Management-Welt. Das geht so weit, dass das klassische Stellenprofil, das die Aufgabe eines Mitarbeiters fixiert, schon gar nicht mehr existiert. Die Halbwertzeit digitaler Technik und organisatorischer Aufstellungen wird immer kürzer. Stattdessen werden Kompetenzen beschrieben, die man braucht, um seine Funktionen in einer bestimmten »Struktur« über einen bestimmten Zeitraum hinweg im »Team« zu erfüllen und »Feuer zu löschen«. Employability, sprich Beschäftigungsfähigkeit, ist ja fast schon wieder out so als Begriff. Heute ist »Change-Ability« und mit ihr das lebenslange Lernen angesagt. Als wären wir nie okay, einfach so, wie wir sind. Überall steht nur noch 4.0, wenn nicht schon 5.0, da kann einem manchmal schon etwas flau in der Magengegend werden. Wohin das alles noch führen mag, können auch die Unternehmen selbst nur bedingt einschätzen. Zumindest kann und möchte heute niemand mehr wie in Trance seinen Job »abziehen«, unter Umgehung jeglicher Veränderung oder Entwicklung – selbst wenn sich auf so mancher Karrieremesse der Sekretariatsbranche noch Ordner- und Tesafilmabroller-Hersteller, Kaffeekapselproduzenten und Obstlieferdienste tummeln und man dort Anbieter von Software, Apps und anderen Multi-Media-Neuerungen vergeblich sucht. Es ist ja auch nicht so, dass die heutigen Führungskräfte alle mit Sneakers, Bart und Hipsterbrille durch die Gänge wippen würden und jegliche Sekretariatsdienste für sich abgeschafft hätten.

»Machen Sie ruhig mal einen Kurs ...«

Der Wandel in der Arbeitswelt – sofern er denn gelebt wird – erfordert vor allem die Bereitschaft, sich mit Neuem zu beschäftigen. Und wenn sich das trifft mit nahbaren und kommunikativen Führungskräften 4.0, dann stehen die Chancen gut, dass wir heute mehr denn je dem Grundbedürfnis nachgehen können, das jeder von uns in sich trägt seit der embryonalen Phase im Mutterleib: Wachsen. Die Lösung für die Zukunft heißt nicht weniger oder überhaupt keine Assistenz, sondern bessere Assistenz! Da nicken alle Köpfe, aber der praktische Weg zur »besseren« Assistentin ist nicht immer ganz einfach. Wir kennen es fast alle: Fest entschlossen, uns selbst und dem Job ein autonomes, ein besseres Profil zu geben, machen wir uns höchst eigenhändig oder mit Segen des Chefs an unser »Job-Enrichment«. Das tun wir in unterschiedlichen Stufen, teils sogar ohne offiziellen Auftrag und natürlich kostenlos: »Ach, Frau Müller, Sie machen das immer so toll mit der Betriebsfeier. Möchten Sie die in diesem Jahr nicht auch wieder organisieren?« Wer sagt da schon Nein und tut ihm diesen »Gefallen« nicht? Und wenn die Betriebsfeier oder die Frage danach ausbleibt, optimieren wir heimlich im Kleinen, sozusagen im Mikromanagement: Erstellung von User-Manuals, erste Angebote für die Betriebsfeier im übernächsten Jahr, Entwicklung von ganzen Intranetplattformen, damit Prozesse schneller werden. Manche nennen es »Projekte«, obwohl diese doch nach außen eben nicht als »Projekte« sichtbar gemacht oder als solche eingeordnet werden. Leiden wir an »Projektitis«? Noch dazu, ohne dafür separat bezahlt zu werden? »If the people want extra work, give them extra work«, hat ein Chef mir mal gesagt und zuckte augenrollend mit den Schultern. Projekt des Projekts wegen also, damit die arme Seele Ruh gibt? Die Ergebnisse solcher Optimierungsmaßnahmen werden oft so hingenommen wie ein laues Lüftchen im Frühjahr und bleiben ansonsten folgenlos. Ja, der Chef glaubt mitunter, man sei unterfordert und habe noch zeitliche Ressourcen für mehr vom Immergleichen. Die Tüchtigkeit wird dann fast zum Fluch.

In den wenigsten Unternehmen gibt es eine ausgearbeitete Weiterbildungsstruktur für den Sekretariats- und Assistenzbereich, eine von Dritten vorgesehene Lernkurve, an der man sich orientieren könnte. Für dieses Berufssegment ist die Aus- und Weiterbildung bundesweit genauso uneinheitlich geregelt wie eine etwaige Laufbahn- und Karriereplanung. Folge: Streuverluste und eine falsche Investition der ohnehin schon knappen Weiterbildungsbudgets. Der Kosten-Nutzen-Faktor wird oft verkannt beim Blick in die Seminar- und Workshop-Welt, die uns immer noch tagtäglich über Newsletter, Incentive-Mails und bunte Leaflets von diversen Akademien, Instituten, Verbänden und sonstigen Bildungsträgern erreicht. Die Qual der Wahl bleibt ohnehin meistens den Assistentinnen selbst überlassen, und die Entscheidung fällt dann auch nach eigenem Gustus.

Was gibt es alles auf dem Weiterbildungsmarkt für die so genannten Office-Manager? Da sind zunächst die *berufsbezogenen Zertifikats-Lehrgänge, die mit »geprüfte/r....« enden.* Darunter gibt es eine beeindruckende Auswahl an unterschiedlichsten Abschlüssen. Es gibt Bildungsträger und Verbände, deren Lehrgangs- und Weiterbildungskonzept je nach Erfahrung und Qualifizierungsschwerpunkt weit über 10 verschiedene Berufsbezeichnungen und über 50 Bildungseinrichtungen auflisten. Gelehrt wird an Volkshochschulen, Euroschulen, Akademien und Instituten unterschiedlichster Art. Ein einheitliches Qualitätskonzept wird nicht ganz einfach zu monitoren sein. In immer mehr Fällen handelt es sich um reine Online-Workshops ganz ohne klassische analoge Arbeitsplatz- oder Prüfungssituation. Wir sind auch in der Ausbildung bereits virtuell. In Zukunft wird es noch weniger Präsenzausbildungen geben, sodass die Einarbeitungsphasen im Job wohl tendenziell länger werden.

Eine Information darüber, wer da eigentlich genau mit welcher Qualifikation lehrt und prüft, also eine Angabe zu den Dozenten, habe ich auf den Websites eher selten gefunden. Mit Pech werden die Abschlüsse verschiedener Bildungsträger nicht unbedingt untereinander anerkannt, was übrigens nicht verwundert, wenn das »4-tägige Kompakt-Seminar zur geprüften Management-Assistentin« keine Zugangsvoraussetzungen hat und mit einer »Multiple-Choice-Prüfung« endet. Es gibt weitere Aus- und Weiterbildungen außerhalb der Verbands- und IHK-Welt, die ebenso exotisch anmuten, so auch die Ausbildung zur »geprüften Chefassistentin« – als nebenberuflicher 150-Stunden-Fernlehrgang, inklusive einer Argumente-Handreichung für die Bewilligung der Fortbildung: »So überzeugen Sie Ihren Chef«. An so mancher Stelle würde man sich mehr Verbandsüberwachung wünschen. Ich vermute, dass kaum ein Personaler Organisation, Trägerschaft und Ausbildungsinhalte dieser Kurse parat hat, die dort erworbenen Abschlüsse auch nur annähernd qualitativ einordnen kann oder die Teilnahmebescheinigung von der Prüfungsbescheinigung unterscheiden kann. Oder wussten Sie, liebe Leserinnen, dass Sie noch gar kein geprüfter »Office-Manager« (Preis auf Anfrage) sind, auch wenn Sie bereits seit Jahren als Fremdsprachensekretärin arbeiten und Ihr Office managementmäßig voll im Griff zu haben glauben, so ganz ohne Zertifikat?

Heute stehen im Sekretariats- und Office-Management-Bereich On-Top-Qualifizierungen hoch im Kurs, die in Richtung Fachexpertise und Projektmanagement gehen. Die meisten Weiterbildungsangebote für

Assistentinnen gehen schon längst weg von der klassischen Büroorganisation rund um die Geschäftspost nach DIN-Norm etc.. Kenntnisse über betriebswirtschaftliche Zusammenhänge sind heute in größerem Maße Pflicht. Viele Sekretärinnen blicken ohnehin hinter die Kulissen des Topmanagements und lernen, was an keiner Uni gelehrt wird. So bietet der Markt auch komprimierte »Skill Sets« an in Personalrecht für die Assistenz, BWL und Controlling für die Assistenz, IT für die Assistenz, PR für die Assistenz, Eventmanagement für die Assistenz, Projektmanagement für die Assistenz. Fällt Ihnen etwas auf? Wenn ich einfach einen BWL-Kurs belegen möchte, muss ich suchen. Denn ich hätte gern einen BWL-Kurs für Menschen. Nicht für Assistentinnen. Man hätte ja auch gleich schreiben können »BWL für Nicht-BWLer«. Warum meint man immer, diese Angebote als Schnellkurs »für die Assistenz« eindampfen zu müssen? So kommen wir nie heraus aus der Schublade, befürchte ich. Ich bin der festen Überzeugung, dass sich eine Bereichsleiterassistentin aus der Logistik wunderbar macht, wenn sie für eine Datenmanagement-Fortbildung zusammen mit dem Key-Accounter aus der Logistik die Schulbank drückt.

Es gibt drittens all die Trainer, Coaches, Speaker und Consultants, die sich um das kümmern, was vielen von uns auf dem Herzen brennt, nämlich vor allem die Ressource ICH. Neben dem Zeit- und Stressmanagement stehen vor allem Kommunikation und Konfliktmanagement, Auftrittskompetenz, Selbstsicherheit und Entwicklungsplanung im Vordergrund. Hinter all diesen Angeboten dürfte das stehen, was die Frauen im Backoffice auf allen Ebenen antreibt und was in diesem Berufsfeld mehr als in jedem anderen zu kurz kommt: Freiraum, Selbstbehauptung, Entdecken und Ausarbeiten von Stärken und Talenten, Anerkennung und Wertschätzung, um Erfolge zu generieren und sichtbar machen zu können. Hier soll das Ego nicht zum Hindernis, sondern zum Tool werden, damit die Seele hinterherkommt, wenn wir durch die Dateien oder über die Flure hetzen. Sicher, die Inhalte all dieser Seminare und Workshops sind genauso aktuell für alle anderen Berufssparten, in denen man es entfernt mit Menschen zu tun hat. Auch Chefs würden sich nicht langweilen bei so mancher

Auffrischung in Sachen Soft Skills und neue Erkenntnisse gewinnen in »Das Geheimnis der verbalen Kommunikation«. Doch was sagt ein Chef, wenn er die Anmeldung zu »Der Chef. Das unbekannte Wesen« (habe ich selbst mal gehalten) unterschreiben muss? Ich habe die Teilnehmerinnen dann gefragt, was ihre Vorgesetzten denn gesagt hätten beim Freizeichnen dieser Maßnahme. Ob die nicht ein bisschen Angst oder zumindest einen Schluckauf bekommen hätten. Reaktion: allgemeines Augenzwinkern, Abwinken und Schulterzucken: »*Ich habe ihm das anders verkauft*«, »*Der guckt sich so etwas gar nicht lange an*«, »*Bei der gewaltfreien Kommunikation nach Rosenberg hat er nachher auch nicht gefragt, wie es war.*« Ich habe trotzdem das vom Veranstaltungsträger vorbereitete Zertifikat »erfolgreiche Teilnahme an ›Der Chef. Das Unbekannte Wesen‹« mit gehörigem Magengrummeln verteilt und konnte nur hoffen, dass das Blatt nie in irgendeiner Bewerbungsmappe als eine aus einer Vielzahl von diffusen »Qualifikationen« auftauchen würde. Ein Stück des »roten Fadens« im Kompetenzportfolio der Bewerberin wäre ich damit wohl nicht gewesen. Schließlich hatte ich das ganze als Vortrag und Diskussion, nicht als Qualifikation gedacht.

Die Chefs zeigen sich gegenüber Weiterbildungswünschen ihrer rechten Hände zwar theoretisch offen, übernehmen jedoch selten eine steuernde Rolle im Sinne einer aktiven und gezielten Förderung und Rückendeckung, die die Weiterbildungsmaßnahme überdauert. Die Mitarbeiterentwicklung ist per Definition Bestandteil dessen, was man »Führung« nennt, aber sie bleibt nur allzu oft schmückende Theorie: »Lernprozesse anstoßen und begleiten«, »Der Vorgesetzte als Coach, Entwickler und Enabler« – das ist ein Auszug aus dem Weiterbildungsrepertoire der Chefs. Hier werden nachher übrigens keine Zertifikate verteilt! Wenn man also die so erworbene Führungsqualität abprüfen würde wie beim Führerschein, wie viele würden da durch die Prüfung rasseln, zumindest was das eigene Sekretariat angeht? Nachhaltiges Selbstmanagement fängt ja schließlich nicht mit dem letzten Smartphone-Modell an, sondern mit der eigenen Managerin. Hat Ihr Chef jemals einen Blick in die Handouts geworfen, die Sie von Ihrer Fortbildung mitbrachten? Hat er jemals überprüft, ob organisatorisch oder fachlich etwas davon in den Arbeitsalltag umgesetzt werden könnte? Oder haben Sie das von sich aus angestoßen? Natürlich kennen die Chefs die fachlichen Qualifikationen ihrer Assistentin, aber oft ist es ihnen unmöglich, den Menschen im Büro nebenan losgelöst vom Job zu beurteilen. Sie kommen nicht darauf, dass es eine Diskrepanz geben könnte zwischen dem beruflichen Werdegang oder der derzeitigen Tätigkeit auf der einen Seite und den individuellen Stärken und Talenten auf der anderen Seite. Mit jeder Quereinsteigerin, mit jeder Hochschulabsolventin, mit jeder Wiedereinsteigerin im Sekretariat, mit jedem Job-Sharing mit zwei »rechten Händen«, mit jeder Frau, die nebenberuflich eine Fortbildung belegt, wächst das Wissensportfolio, das bei den Managern des Managements angezapft werden könnte. Bei jeder Neueinstellung wird zuerst der Job und dann der Mensch gesehen. Das im Nachhinein erfrischenderweise auch einmal umzukehren, ist verdammt schwierig. Ich weiß, wovon ich rede. Für eine Tätigkeit in der Presseabteilung eines Unternehmens, bei dem ich zuletzt acht Jahre beschäftigt war, wurde ich nie auch nur in Erwägung gezogen. Man schüttelte den Kopf, als ich mich ins Spiel brachte. Ich hätte mich genauso gut als Veterinärmedizinerin bewerben können. Wer wäre auch auf mich gekommen, auf die Sekretärin? Da hatte ich bereits verdeckt drei Bücher veröffentlicht. Den Job hat eine Akademikerin ohne Berufserfahrung bekommen, die ihre Masterarbeit zur Lyrik Friedrich Hölderlins geschrieben hatte.

Die Leute tun das, was sie können im Job. Nur: Oft tun sie eben nicht alles, was sie können im Job. Um das zu hinterfragen, fehlt schlicht die Zeit – aufseiten der Führungskräfte und aufseiten der Personaler. In der Regel müssen die Assistentinnen selbst erkennen, was sie brauchen und dies ihren Vorgesetzten mitteilen. Eine individuelle Auswahl der Weiterbildungsangebote wird nicht unbedingt in der Personalabteilung zentral getroffen, sondern nicht selten direkt im Sekretariat. Je höher man kommt in der Führungsebene, desto öfter ist das der Fall. Eine qualifizierte und individuelle Weiterentwicklung der Frauen, die organisatorisch bereits ganz oben in der Nahrungskette sind, zum Beispiel als Vorstandsassistentin, ist eine

Herausforderung und zugleich eine Marktlücke. In anderen Fällen werden Talente und Einflussmöglichkeiten ganz einfach verwässert, indem Frauen mit 15 anderen Leuten im nivellierenden Großraumbüro sitzen wie in einer überfüllten Schulklasse, in der man sich sehr, sehr schwer im allgemeinen Getöse durch individuelle Leistung, Talente und Verantwortungsbereitschaft hervortun kann. Chefs mögen zudem ein ureigenes Interesse daran haben, ihre Assistentin da zu lassen, wo sie ist – Fortbildung und Weiterentwicklung natürlich nicht ausgeschlossen. Das gehört heute zum Standard. Aber bitte für und innerhalb derselben Position, nicht aus ihr heraus. Gibt es also ein Zuviel an Mitarbeiterqualifikation im Assistenzbereich, das für einen Chef ganz persönlich kontraproduktiv zu werden droht, weil sich seine rechte Hand irgendwann von ihm verabschiedet? Dann doch lieber »So werden Sie jedem Chef gerecht« oder »Stressmanagement« unterzeichnen, die Motivation ein bisschen anknipsen, aber nicht zu sehr. Und wenn der Chef dann selbst die Firma verlässt, kümmert er sich eher seltener darum, dass seine Assistentin durch ihn, durch ein paar Worte gegenüber Dritten, durch ein individuelles Zwischenzeugnis den finalen Rückenwind bekommt, den sie braucht für ihre weitere Entwicklung in eben jener Firma.

Wir sind vor allem selbst in der Pflicht. »Es wissen nicht alle, was ich wirklich kann – oder was ich nicht kann«, sagt da eine Assistentin. Oft reflektieren wir nicht einmal selbst, welche Stärken uns eigentlich auszeichnen, welche Wissenslücken wir noch haben, geschweige denn wie man diese formuliert und ins Spiel bringt. Wer aufsteigen oder auch nur seinen Arbeitsplatz sichern will, muss bereit sein, etwas zu übernehmen, was für viele Assistentinnen nicht unbedingt selbstverständlich ist: Verantwortung. Unser Job definiert sich immer noch mehr über Reaktion – wir »arbeiten zu« – und weniger über Aktion. Daran kann man sich a) verdammt schnell und b) unmerklich gewöhnen. Es soll immer noch Sekretärinnen geben, die noch nie für sich selbst ein schriftliches Stellenprofil gemacht haben. Hauptargument: »Was ich mache, ist so wenig greifbar. Ich schwimme irgendwo zwischen Assistenz und Projektarbeit, und ich weiß sowieso gar nicht, wo ich da anfangen soll.« Ich sag's Ihnen: Sie fangen am Anfang an. Ein Stift reicht fürs Erste. Sie sollten morgens beginnen – bei der ersten dienstlichen SMS, bei der ersten Mail, beim ersten Anruf, beim ersten Kollegen, der mit Hundeblick vor dem Schreibtisch steht und etwas will. Es gibt nichts, was nicht greifbar wäre. Schreiben Sie eine Zeitlang lang alles auf, was Sie machen und leiten Sie aus dieser Standortbestimmung die genutzten und nicht genutzten Ressourcen ab, Kernkompetenzen, Lücken und Schwachstellen im System, Prioritäten, Aufgaben, die aufeinander aufbauen, Prozesse, die effektiver laufen könnten. Nur so kommen Sie darauf, ob sich die Kenntnisse aus »BWL für die Assistenz« auch wirklich in Ihrem Job unterbringen lassen. Eine ehemalige Abteilungssekretärin, die heute in einem anderen Team desselben Unternehmens, das sie ursprünglich als Sekretärin einstellte, eigenverantwortlich Flugzeugmotorenteile einkauft, nannte mir zwei zusätzliche Gründe für ihre Entwicklung: a) Niemals stagnieren, bereit sein, von der Komfortzone in die Wachstumszone zu springen, zur Not auch durch Kündigung und Wechsel in andere Positionen innerhalb der Firma und b) sich für Themen interessieren, die bei Vorgesetzten und Kollegen auf dem Tisch liegen, nicht der Entlastung, sondern des Wissens wegen.

»Ich hatte mir für jede Woche vorgenommen, meinem Chef mindestens fünf Fragen zu stellen zu den Dingen, mit denen er sich gerade beschäftigte. Und dann habe ich mein Wissen, meine Erfahrung und meine Menschenkenntnis so lange auf dem Silbertablett zwei Meter vor mir hergetragen, bis ich endlich in eine Abteilung kam mit mehr Frauen im Team, die sahen, was ich eigentlich alles konnte und die mir einen anderen Job anboten, in dem ich meine PS endlich ausfahren durfte.«

Weiterbildung mal anders

1. Spezialisierung und Alleinstellungsmerkmal

Die Entwicklung einer eigenen, unverwechselbaren Marke mit besonderen Qualifikationen innerhalb der Firma ist eine Alternative zur alljährlichen Teilnahme an Seminaren, die mit immer neuen Variationen derselben Themen aufwarten. »Ich habe mich auf die Themen ›Recht‹ und ›Reisen‹ spezialisiert und bringe mich sehr mit Vorschlägen bei der Geschäftsführung ein, die diese schon oft umgesetzt hat«, sagt da eine Assistentin. Es hört sich einfach an, aber die Frau hat eine Nische in ihrer Firma entdeckt und liegt damit im Trend. Die Gehaltsstudie im Assistenzbereich, die die Personalberatung Robert Half durchführte, ergab auch, dass es 89 Prozent der HR-Manager als Herausforderung sehen, qualifizierte Mitarbeiter zu finden. Der Fachkräftemangel ist auch im Sekretariat angekommen. Noch einmal: 69 Prozent vermissten Spezial- und Nischenwissen wie SAP-Kenntnisse oder den routinierten Umgang mit den Software-Produkten für Projekt- und Customer-Relationship-Management. Auch Tätigkeiten aus den Bereichen Qualitäts- und Prozessmanagement können zukünftig in der Verantwortung einer organisatorischen Schnittstelle liegen, wie sie ganz klassisch das Sekretariat ist. Es gibt Assistentinnen, die sich besonders in »visueller Gestaltung« qualifiziert haben und Powerpoint-Präsentationen abliefern, die auch Grafiker kaum besser hinbekommen. Sie kennen sich mit digitalen Whiteboards aus und schicken ihren Chef auch schon mal ganz mutig mit Overhead-Projektor und selbstgemalten Folien ins Meeting. Kein Witz – das fällt heute unter »Retro« und ist der letzte Schrei.

Weiterbildungen, die nur eine bis maximal zwei Kompetenzen gezielt vertiefen, dürften das Berufsbild – da wo es gewollt ist – nachhaltig wegbringen vom »Mädchen für alles«. Die anschließende geschickte Positionierung der Kenntnisse innerhalb der Firma trägt zum Erfolg bei. Männer können das eindeutig besser. Nach mühevoller Qualifizierung tun wir Frauen uns immer noch schwer mit dem Trommeln der Werbetrommel. Oder wir bilden uns fort zur Projektmanagerin und merken gar nicht, dass wir in Wahrheit nur die Assistenz des Projektmanagers sind und eigentlich das erledigen, was auch vorher schon zu unserem Job gehörte: Unterstützen, Entlasten, Einpflegen von Daten und Vorlagen zur Unterschriftsreife bringen, statt sie selbst zu unterschreiben. Was ist überhaupt ein Projekt? Wenn ich einen neuen Teppichboden für das Büro meines Chefs anschaffen soll, dann würden Männer in meiner Situation vielleicht sagen: »Mir wurde das Projekt ›Raumkonzept und modernes Arbeiten‹ übertragen«. Es grüßt die Werbetrommel. Hm. Es bedarf bei jedem Projekt einer genauen Definition von Rollen, Kompetenzen und Verantwortlichkeiten, denn sonst wird ein keckes Wortspiel mit uns getrieben. Oft ist das, was als Projektmanagement bezeichnet wird, in Wahrheit die Projektassistenz. Das ist auch okay und bereits eine Qualifikation, für die man Fortbildungen belegen kann – die sich vertiefen lassen. Projektassistentinnen arbeiten häufig in Stabsstellen direkt der Geschäftsleitung zu, vor allem bei Vorhaben, die die Unternehmensstrategie betreffen. Sie erstellen Analysen, arbeiten Budgets, Vorlagen und Berichte aus, koordinieren das Team und füttern die Projektmanagement-Software mit Daten. Vielleicht wird irgendwann auch daraus das Projektmanagement. Man muss es nur wissen. Es könnte Folgen für die persönliche Entwicklung und Vergütung haben.

2. Laufbahntransparenz inhouse

Die Frage, inwieweit personalpolitische Interessen eines Unternehmens einerseits und Entwicklungsinteressen von Office-Managerinnen andererseits organisatorisch in Einklang gebracht werden können, ist naheliegend und wird doch viel zu selten gestellt. Einige große Unternehmen legen bereits eigene, interne Traineeprogramme mit unterschiedlichen Abschlüssen für Assistentinnen auf – um den Nachwuchs intern zu rekrutieren und gleichzeitig das passende Qualifikationsniveau zu halten. An manchen Universitäten ist ein interner »kleiner Bachelor« für die Hochschulsekretärinnen an den jeweiligen Standorten im Gespräch. Auch ein frühes, von Personalabteilungen begleitetes Laufbahnangebot, mit dem sich Assistentinnen firmenintern entweder für den Schwerpunkt der Projektassistenz beziehungsweise Sachbearbeitung entscheiden können

(Spezialistin) oder aber für die klassische persönliche Chefassistenz oder die Teamassistenz (Generalistin) wäre denkbar. Die unterschiedlichen Schwerpunkte sollten endlich unterschiedlich entwickelt und entlohnt werden.

3. Weiterbildung jenseits des Tellerrands

Warum sollte man die Assistentinnen, also die »Führungskräfte der Führungskräfte«, nicht genauso weiterbilden wie die Führungskräfte oder wie das Team, dessen Bestandteil sie sind? Wir wollen nicht immer unser eigenes Süppchen »für die Assistenz« kochen, sondern hätten auch mal Lust, Seminare, Outdoor-Trainings und Teamentwicklungsmaßnahmen mit Menschen zu machen, die andere Berufe innehaben. Die soll es ja geben.

Oft ist es ja auch nur eine Frage der Benennung: Das Duncan Leadership Institute in den USA hat sich bei Ausbildung und Abschlüssen für die Assistenz an den MBA-Programmen der Führungskräfte orientiert – es ist eine Art Hochschule für PA's und Executive Assistant Managers. Davon träumen wir, wenn wir in Deutschland am »Chefentlastungskongress« teilnehmen. Das bringt mich zur kühnen Frage: Könnte man Assistenz-Aus- und Weiterbildungen nicht ohnehin mehr internationalisieren? »Think global«, sagen die Chefs immer. London ist für ein Seminar womöglich mit weniger Aufwand zu erreichen als München, wenn ich in Hamburg wohne und vielleicht noch dazu in einem internationalen Konzern arbeite, der Zweigstellen genau dort, nämlich in London, unterhält. Das wäre doch, indeed, eine Maßnahme, die nicht unbedingt mit mehr Kosten, aber mit mehr Fremdsprache verbunden wäre. Wann haben Sie zuletzt eine Job-Rotation mir Ihrer Kollegin in Belgien vorgeschlagen?

4. Individualisierung

💬 *»Nein, für 320 Euro plus Reisekosten will ich auch nichts über ›Clever Kontern‹ erfahren. Der rücksichtsvolle Leiter dieses zweistündigen Seminars ahnt schließlich nicht, dass mich mein rücksichtsloser Chef mor-*

gens um 7.30 Uhr ohne Internetverbindung aus dem Intercity anruft, um zu fragen, ob man Akquise mit oder ohne k schreibt. Da kontert man nicht mehr. Da haucht man nur noch fassungslos einen einzigen Buchstaben in den Hörer: ›k‹.«

So oder so ähnlich mag es Assistentinnen gehen, die sich unermüdlich zu optimieren suchen, während ihr Chef einfach so bleibt, wie Gott ihn schuf. Assistenzkräfte erleben eins zu eins die Arbeitsinhalte und den Arbeitsrhythmus ihrer Vorgesetzten mit und arbeiten in einem oft komplexen Beziehungsgeflecht zwischen Kollegen, Vorgesetzten und Kunden. Persönlichkeit und Selbstmanagement sind da genauso wichtige Stellschrauben wie im größeren Büro nebenan. Sie lassen sich am effektivsten stärken, wenn man dies ganz individuell tut und nicht zusammen mit 25 anderen Frauen, die andere Werte, Schwerpunkte und Probleme haben und für andere Chefs mit anderen Werten, Schwerpunkten und Problemen arbeiten. Was früher als Privileg weitestgehend den Managern in den Chefetagen vorbehalten war, sollte Einzug in die Sekretariate halten: Ein Personal Coaching für die Assistenz, das die Themen durch einen neutralen Dritten im Spiel individuell setzt und den Menschen im System sowie das System im Menschen transparent macht und maßgeschneiderte Verhaltensoptionen aufzeigt, die zur individuellen Persönlichkeit der Assistentin und der ihres Chefs passen. Die Personalabteilungen haben heute weder Zeit noch Mitarbeiter zur Verfügung, um sich um diese Aufgabe selbst zu kümmern.

5. Was sich grundsätzlich ändern sollte

Es gibt viel zu selten einen gesteuerten Dialog zwischen Führungskraft, Assistentin und Personalfachkraft, um Arbeit, Inhalte, geschäftliche und realistische persönliche Entwicklungsziele bei Bedarf neu zu justieren und zwar öfter als einmal im Jahr.

Die Sahara ist nicht der einzige Ort, wo alles im Sand verläuft. Weiterentwicklungsmaßnahmen sollten über das Abnicken hinaus gemonitort und optimalerweise mit einer Zielvereinbarung gekoppelt werden. So klein die Schritte zur Optimierung der Teamarbeit Chef und Assistenz auch sein mögen, die mit einem Seminar oder einem Abendlehrgang verbunden sind, sie sollten vor allem eines haben: messbare Kriterien. Und wenn wir noch einen Schritt weitergehen, dann stellen wir – oh Wunder – fest: So manche gut begleitete Weiterqualifizierung und deren Verankerung im Job lässt sich nicht nur in lobenden Worten, sondern auch im Gehalt belohnen.

Das Gehalt ist das eine, die Zeit ist das andere Thema. Kein öffentlicher Vortrag zur Arbeitswelt 4.0 lässt die Begriffe Flexibilisierung, vernetztes Arbeiten und neue Arbeitszeitmodelle aus. »Work ist not a place any more« ist zu hören. Wann hält das, was man sich da auf die Fahnen schreibt, Einzug in den Arbeitsalltag, vor allem in die fremdbestimmten Sekretariate, wo das Wort »Anwesenheit« im analogsten Sinne immer noch integraler Bestandteil des Berufsbilds ist, ohne dass man sie hinterfragt. Bei der Frage nach mehr Arbeit blickten mich meine Chefs oft frag- und hilflos an. Irgendwann habe ich es vor lauter Unausgelastetsein dann mit der Frage nach weniger Arbeit versucht, was denselben Effekt hatte. Alternative Zeitmodelle, Job-Sharing und Home-Office-Tage gelten in den Sekretariaten Deutschlands immer noch als absolute Ausnahme – das ist umso mehr der Fall, je höher man kommt in den Hierarchien. »Eigentlich« finden das alle zeitgemäß, aber selbst damit anfangen möchte kein Chef. Wie viele qualifizierte Assistentinnen, die mit dem Wunsch nach Weiterbildung oder einer freiberuflichen Tätigkeit die Firma vorzeitig verlassen haben, hätte man halten können in einem Job-Sharing-Modell, das ihnen vorerst beides – Weiterentwicklung und Arbeit – ermöglicht hätte? Ganz weit oben, auf Vorstandsebene, also in Büros, wo auch heute noch oft genug eine »24/7«-Erreichbarkeit (24 Stunden an 7 Tagen) und 150 Prozent Leistung angesagt sind, ist Job-Sharing mit zwei 50- bis 80-Prozent-Kräften oder Home-Office die letzte Chance und damit durchaus Usus. Doch viele qualifizierte Weiterbildungen sind erst gar nicht möglich, weil die Zeit dafür nicht zugebilligt wird. Wie sollen wir da »agil« bleiben?

Von der möglichen Unmöglichkeit, »Karriere« zu machen

Unverschämtheit, das Wort »Karriere« überhaupt in den Mund zu nehmen für das Berufsbild der Sekretärin! Also gut, Angebot zur Güte vorab: Vielleicht sollten wir uns lösen von diesem stressigen Wort »Karriere« – die übrigens ja auch nicht jeder machen möchte. Für immer mehr Angestellte sind ein sicherer Arbeitsplatz, eine faire Entlohnung und geregelte Arbeitszeiten ja schon der Hauptgewinn – die Prioritäten verschieben sich weg von den inhaltlichen Dingen mehr in Richtung Arbeitsplatzbedingungen. In so manchem Job kam ich mir als alte Babyboomerin ehrgeiziger und kämpferischer »für die Sache« vor als mein junger Chef, der um 19 Uhr bei seiner Familie sein wollte. Ja, und seien wir ehrlich: Beim Begriff »Karriere« schwingen allgemeinhin neben jede Menge Stress vor allem Renommee, ein gutes Gehalt und öffentliche Wertschätzung mit – alles Früchte, die an einem anderen Baum hängen, aber nicht an unserem. Also bis auf den Stress. Der Beruf der Sekretärin und Assistentin hat traditionell begrenzte Entwicklungsmöglichkeiten. Wir stecken drin im so genannten »Korsett« – und das, was man unter »Karriere« versteht, wird uns auch noch tagtäglich aus nächster Nähe vorgelebt von den Bereichsleitern, Geschäftsführern und Vorständen, für die wir arbeiten. Ja, indirekt befördern wir die Karriere anderer, und je höher die dann kommen, desto mehr würden Außenstehende behaupten, auch wir hätten Karriere gemacht, weil wir für jemanden arbeiten, der Karriere gemacht hat. Der Körper bewegt sich nach oben – die rechte Hand mit ihm. Mehr geht nicht, sagt man dann. Doch wenn wir mal ein bisschen mehr Bewegung in die Sache bringen wollen, das Wort »Karriere« also auf unsere Tätigkeit und nicht auf unsere Position beziehen und sie so ganz ohne Definition über den Chef machen möchten, dann haut man uns auf die Finger? Wie souverän im Sinne der Selbstwirksamkeit dürfen wir sein? Brauchen wir dazu einen anderen Beruf? Vielleicht sollten wir den Begriff »Karriere« ummünzen in »sein Ding machen«. Es gibt Empfangssekretärinnen, die machen Karrieren, weil sie sich mit einem mobilen Büroservice in die Selbstständigkeit gewagt haben. Und es gibt Vorstandsassistentinnen, die noch nach zwei Jahrzehnten nach Diktat schreiben, aber da angekommen sind, wo sie immer hinwollten. Und wenn Sie einen Geschenkartikelladen in Südfrankreich aufmachen, ein Reisebüro für den mittleren Amazonas eröffnen, hauptberuflich Events auf 2 000 Höhenmetern managen, Bücher schreiben oder andere verrückte Dinge tun wollen, dann schaffen Sie das nur, indem Sie es tun, »Ihr Ding«.

Heute denken wir zunehmend in »Lebensphasen« und nicht mehr »nur« in »Berufsphasen«. Der durchschnittliche Arbeitnehmer von morgen wechselt nicht nur ab und zu den Arbeitgeber, sondern auch seinen Berufsentwurf – die Zeiten ändern sich und wir uns mit ihnen. Wir kommen nicht herum um die Veränderungsbereitschaft, die die Generationen Y und Z antreibt. Was wir dabei brauchen, sind »gute Geister« auf dem Weg, Mentoren, die uns unterstützen, und ein klares Bild dessen, was wir machen möchten – nicht nur falls uns jemand danach fragt.

Was auch immer Sie für sich erreichen wollen oder eben auch nicht, so gilt: Karriere haben Sie gemacht, wenn Ihr Beruf den Namen der Frau trägt, die in Ihnen steckt, wenn Sie sich sozusagen selbst nicht verpasst haben. Vielleicht haben Sie das schon längst erreicht und sind mit sich als ihr eigenes »Best-Practice-Modell« schon ganz zufrieden! Ansonsten tun Sie einfach den zweitkleinsten Schritt nach dem ersten kleinen Schritt. Nicht immer müssen Sie dafür gleich Ihren Schreibtisch verlassen, sich zum Selbstoptimierungs-Workshop oder zum »Total Workout« im Fitnessstudio anmelden.

Halten Sie die Stellung –
Blick in die Zukunft eines Berufsstands

Neulich habe ich mich mit Peter unterhalten. Peter ist »IT-Technologe« und arbeitet für ein Consulting-Unternehmen, das Systeme anbietet, mit denen jeder Mitarbeiter zu jeder Zeit und von jedem Ort aus uneingeschränkten Zugriff auf maßgeschneidert vernetzte Geräte und Informationen hat, indem Daten und Sprache optimal miteinander verbunden werden. Damit gehört er zu den heiß begehrten »Cloud-Architekten«. Er hat einen Beruf mit Zukunft. Und jetzt sagte er mir: »Wir haben unsere Assistentinnen abgeschafft.«

»Um Gottes willen. Wo habt Ihr sie denn begraben?«, fragte ich.

»Im Ernst«, grinste er, wir arbeiten in virtuellen Teams und haben auch keine Telefonzentrale mehr, denn die würde unserem Unternehmensziel widersprechen. Wir gehen den direkten Weg und verwalten uns über sich selbst regulierende Systeme«.

Er kam erst ins Grübeln, als ich ihn fragte, was denn passiere, wenn zwölf Kollegen gleichzeitig »den direkten Weg« gingen? Was würde das selbstregulierende System dann vorschlagen? Ja, würde dieser »direkte Weg« dann nicht ein bisschen voll und unübersichtlich und insofern systemlos in ohnehin schon unübersichtlichen Zeiten? Ja, unter Umständen verliere der »direkte Weg« dann ein bisschen seine Direktheit. Folge: Stau im Kopf.

Sie ahnen, so ganz einfach habe ich es Peter nicht gemacht. Mit welchen Argumenten lässt sich ein solcher Mensch überzeugen, wenn es um seine nicht mehr vorhandene Assistenz geht? Vielleicht sollten wir uns zuerst die Frage stellen: Welche Assistentinnen möchten wir in Zukunft sein? Sind wir altmodisches Relikt oder cleveres Management? Wie könnte das Jobprofil aussehen, das all den Konstellationen Rechnung trägt, die man als Argument heranzieht, um uns einzusparen? Wir sollten spätestens ab heute den Prozess aktiv mitgestalten. Versuchen wir also, Leute wie Peter mit ihren eigenen Waffen zu schlagen. Denn wir könnten ihre letzte Rettung sein.

Welche Erkenntnis macht uns zukunftsfähig? Die erste: Die Zusammenarbeit zwischen Chef und Assistenz wird ein anderes Gesicht bekommen. Das *Rollenverständnis* hat sich bereits jetzt geändert: Die Führungskräfte haben mehr als je zuvor mit einem Tastendruck Zugang zu allen Informationen, die sie selbst bearbeiten. Wir werden sie nicht gänzlich vom Skypen, Doodeln, Chatten und »One-teamen« abhalten, und je jünger wir selbst sind, umso weniger wird uns das stören. Das Zweifingersystem ist gesellschafsfähig geworden, auch wenn zehn Finger schneller sind. Im Umkehrschluss haben heute viele Assistentinnen ausführende Aufgaben aus dem Zuständigkeitsbereich der Chefs übernommen und arbeiten an Projekten oder an Projektmanagementsystemen. Die zweite Erkenntnis: Es ist zu klären, wo die Schwerpunkte moderner Assistenz liegen, und das sollte jedes Team für sich entscheiden und transparent machen. Erinnern Sie sich an die Generalistinnen und Spezialistinnen aus dem Kapitel Weiterbildung? Hier gab es zwei *Laufbahnszenarien:* Entweder liegt der Fokus auf der persönlichen und analogem 1:1-Entlastung auf Augenhöhe im Sinne eines Sparringspartners und den Kernkompetenzen Kommunikation, Vermittlung und Vertraulichkeit. Das wird viel Einbindung erfordern, und je virtueller das Team miteinander kommuniziert, umso enger werden die Absprachen sein müssen. Da zukünftigen Chefgenerationen nachgesagt wird, weniger hierarchisch, sondern vernetzter und kooperativer zu denken und zu kommunizieren, besteht insofern Hoffnung.

Der andere Weg – der der Spezialistinnen – wird in Richtung der autonomen Sachbearbeitung und Prozesssteuerung für das Team gehen und eher inhaltliche Schwerpunkte setzen. Dieser Weg wird noch mehr fachliche Qualifizierung fordern, denn hier liefern Assistentinnen Ergebnisse, die messbar und in ihrer Wertschöpfung klar einzuordnen sind, und es gilt in diesen Positionen vielerorts mit Akademikerinnen zu konkurrieren.

Schlüsselkompetenzen:
Data, Mobility, People, Processes & Quality, Trust & Reliabilty

»*In unserem Unternehmen ist so viel Bewegung auf allen Ebenen, dass ich morgen vielleicht schon komplett überflüssig bin oder aber die best-ausgelastete Assistenz weit und breit sein werde. Zwischen diesen beiden Extremen spielt sich mein Arbeitsalltag ab, und ich suche mir förmlich immer neue Aufgabenbereiche, die meiner Einschätzung nach ›gebraucht‹ werden, um die Variante auszuschließen, eines Tages tatsächlich überflüs-*

sig zu sein. Das ist der Grund, warum es mir wirklich schwerfällt zu beschreiben, was ich tatsächlich mache.«

Das schreibt eine Assistentin in einem Social-Media-Forum und gibt damit sehr treffend das wieder, was viele ihrer Kolleginnen derzeit beschäftigen dürfte: Wie bringe ich meine Zukunftsfähigkeit auf den Punkt? Muss ich mich sozusagen selbst überholen? Meine Antwort darauf sind die »Big Five fürs Office«, wie ich sie nenne: Schlüsselkompetenzen wie sie in Zukunft mehr denn je im Assistenzbereich angesiedelt sein sollten, hier allerdings im »neuen Kleid« für den globalen Gebrauch – im Sinne von »Simplify your Business«:

1. Data: Wissens- und Datenmanagement

Mit dem Einzug von Internet und E-Mail-Programmen haben sich nicht nur die Geschwindigkeit der Informationen, sondern auch die Menge der Informationen geändert. Wir haben nicht mehr das Problem der fehlenden, sondern der überbordenden Information. Führungskräfte erhalten heute im Schnitt 30 000 E-Mails pro Jahr. Sie werden »zugeschissen« mit Daten. Selbst zum Löschen bleibt oft keine Zeit. Setzt sich der Trend fort, wird eine Führungskraft ohne Assistenz in Zukunft einen Arbeitstag pro Woche mit elektronischer Kommunikation aufwenden. Sie wird tippen statt denken, statt Strategien zu entwerfen, statt Mitarbeiter zu führen. Heute ist eine der wichtigsten Aufgaben im Assistenzbereich, diese unzähligen Informationen zu sichten, zu bewerten, zu priorisieren, vor allem zu reduzieren und an die richtigen Stellen weiterzugeben. Ohne vertrauensbasierte Datenreduktion und die Möglichkeit der Abgrenzung und Fokussierung werden zukünftige Führungskräfte das machen, was man in analogen Zeiten »verzetteln« nannte. Eine der Kernkompetenzen der Zukunft wird die Medienkompetenz sein: das Wissen über neue Kommunikationstools, Austausch-Plattformen, Datenbanken, neue Techniken und Software für das Filtern, Prüfen und Abrufen von Datensätzen. Teams, Prozesse und Strategien werden schon jetzt ständig neu angepasst. Struktur und Status-Ermittlung gehören dabei in die Hand des Backoffice, der Ort, an dem die berühmten Fäden zusammenlaufen. Diese Kompetenz muss über die reine Daten-Einpflege hinausgehen, wir wollen nicht wieder auf »Schreibkräfte« reduziert werden. Und was auch immer mit digitalisiertem Wissen geschieht, wir sollten zwei Augen und zehn Finger darüber schauen lassen. Führungskräfte haben dazu keine Zeit. Und einem System das Überwachen eines Systems zu überlassen, wäre so, als würde man einem Orang-Utan den Schlüssel zum Orang-Utan-Gehege geben, um es »abzuschließen.« Die Kontrolle wäre somit vollends dahin. Mensch und System brauchen ein menschliches Schnittstellenmanagement.

2. Zeit und Raum: Mobility-Management

Sicher, der Traum vieler Führungskräften dürfte ein Raum mit Milchschaumgetränken und Keksen sein, in dem man sich trifft, weil gute Geister zahlreiche Outlook-Kalender perfekt synchronisiert haben und vier Wände bereitstellten, damit Termindaten Wirklichkeit werden. Das wird immer seltener so laufen, zumindest was die vier Wände angeht. Was viel wichtiger ist: Terminmanagement ist Lebenszeitmanagement. Egal wo. Das sollte man in bewährte Hände legen und die Selbstorganisation delegieren, bevor man »den direkten Weg« geht und sich selbst verorganisiert beziehungsweise verzettelt. Die Technik streikt ja auch ständig, sobald Chef sie bedient: Kalender werden nicht synchronisiert (»Unfassbar«!), Kontakte lassen sich »plötzlich« nicht mehr finden (»Wie soll ich da arbeiten?«), Telkos funktionieren nicht (»Hallo? Hallo?«). Auch reisetechnisch kennt eine Assistenz im Zweifel besser als der Reisende die Wege- und Umstiegszeiten, sie hat vor allem mehr Zeit oder doch zumindest den passenderen Stundenlohn zum schnellen Umbuchen und Canceln. Die Manager der Zeiten und Verfügbarkeiten werden in Zukunft wichtiger denn je werden, denn das kostbarste Gut der Zukunft ist: eingeplante Zeit, Freiraum, Spielraum, Quality-Work-Time. Das wertvollste Nischenprodukt wird das Zeitmanagement sein, das den Tag nicht auffrisst – ganz einfach, weil da jemand ist, der alle Folgetermine darum herum koordiniert hat und anpasst, der plant, puffert und präsent ist – ganz ohne Algorithmus.

3. Beziehungen: People-Management

»Connecting People« – das ist nicht nur für Nokia seit Jahren das Motto, sondern auch für die Office-Manager. Da können wir uns »Remote Working« noch so oft auf die Fahne schreiben: Es menschelt gewaltig auf allen Unternehmensetagen, und je höher man kommt in den Stockwerken, umso entscheidender und folgenreicher wird es. Führung ist Beziehungsarbeit. Menschen wollen mit Menschen sprechen. Jede wichtige digitale Beziehung erfordert eine analoge Grundlage, ein »Interface«. Die virtuelle ist ohne eine reale Welt kaum auszuhalten. Wie oft würde man lieber kurz anrufen, als wieder einmal eine eventuell missverständliche Mail zu schreiben. Eine informierte menschliche Stimme am Telefon ist und bleibt das beste Entrée, wie ein Gesicht, das man erkennt, wenn man als Besucher durch die Tür kommt.

Eine gelebte Vertrauens- und Kommunikationskultur ist gerade für Unternehmen mit klassischem Kundenkontakt sehr wichtig. Die Chefs nennen das »Relationship-Marketing«. Man könnte auch sagen Unternehmenskultur. Wenn der Chef samt iPad gerade in Thailand in der Hängematte liegt und seine Partner im Intercity unterwegs sind oder im Sinne des Work-Life-Blendings den Junior in die Schule fahren, dann ist es nicht förderlich, in diesen Situationen direkt Kundentelefonate entgegenzunehmen, und auch die Umleitung auf eine Alexa- oder Siri-Stimme würde nicht die erwünschte Bindung ergeben. Neulich musste ich mich an einem Automaten im Hotel online einchecken und bekam einen Code ausgedruckt statt eines Zimmerschlüssels. Keine Kontaktmöglichkeit, kein Lächeln, kein Gesicht. Keine Möglichkeit, Fragen zu stellen und Antworten zu bekommen. Eine Welt ohne Vermittler ist seelenlos.

Auch firmenintern müssen Menschen zusammengebracht werden, über alle Hierarchieebenen hinweg. Wenn der berühmte »Kummerkasten«, als den sich heutige Assistentinnen immer noch sehen, nur noch einen Briefschlitz an der Vorderseite zum Einwerfen trägt, wird der Kummer lieber heruntergeschluckt und staut sich an. Hinzukommt, dass durch die Globalisierung viele Chefs und Teams immer mehr zu virtuellen Mitarbeitern werden und ortsunabhängig arbeiten. All die Arbeitsnomaden, die im Flieger, im Zug, im Coffee-shop oder im Home-Office »multilokal« mit ihren iPads hocken, se-hen ihre Vorgesetzten oder ihre Teams oft über mehrere Tage nicht. Der Abstimmungsbedarf nimmt zu. Manche Führungskräfte ver-bringen ganze Tage in einer vollkommen virtualisierten »Conference-Call-Welt«, weil irgendwelche virtuellen Autoritäten sie permanent zu irgendwelchen Telkos »einladen«. Der Aufbau von virtuellen Kom-munikationswegen in Echtzeit, aber vor allem das Organisieren und Steuern von sozialen Interaktionen fernab aller Apps – vom vertrau-lichen Gespräch bis hin zum Firmenevent – werden wichtiger denn je. Zuletzt hat IBM den Wert der »Realpräsenz« seiner Mitarbeiter erkannt und führt jetzt wieder vermehrt »Präsenz- und Kontaktpha-sen« in Büros mit vier Wänden ein. Sollte man gar wieder kurz vor der Einführung des Vorzimmers sein?

4. Prozesse: Qualitätsmanagement

Den Wandel schreibt sich ja jedes Unternehmen gern auf die Fahne, doch oft halten Systeme, Prozesse und die Menschen selbst gar nicht Schritt mit den ambitionierten Zielen, die da auf den Websites und in den Unternehmensberichten stehen. Projekte, wohin man auch schaut. Dafür müssen Zuständigkeiten, Abläufe, Prozesse und Fort-bildungen geklärt, auf Anwendbarkeit und Optimierung hin unter-sucht und organisiert werden, damit die Mitarbeiter dann auch zum System passen und das System zu den Mitarbeitern. Die Führungs-kräfte selbst haben mit Glück den Überblick, aber definitiv nicht die Zeit, um die Implementierung von neuen Prozessen in allen Einzel-heiten zu begleiten. Ein Fall fürs Backoffice auch hier. Überhaupt mögen sich bei vielen voreiligen Maßnahmen des Prozessmanage-ments die Frauen im Office oft bereits gesagt haben: Hätten die mal vorher uns gefragt! Oder, wie ein »IT'ler« es einmal etwas ungeniert, auf den Punkt brachte: »*Wenn du scheiß Prozesse digitalisierst, hast du einen digitalen Prozess-Scheiß.*« Kaum einer zapft das Gedächtnis und den Wissens-Tank einer Assistentin an, die seit Jahren in der Firma arbeitet, Abläufe und Strukturen inhaliert und implantiert hat, inklu-sive aller zuletzt praktizierten »Change-Management-Ansätze«. Oft ist sie die Einzige, die bleibt – das Wollknäuel mit dem roten Faden in der Hand –, während die Chefs samt Karawane weiterziehen zum nächsten »Change«.

Man kann die Notwendigkeit einer prüfenden Instanz herunterbrechen auf den Versand einer einzigen Mail: Ohne Qualitätsmanagement und Prozesssteuerung im Kleinen, schickt ein atemloser Chef im »Sendewahn« geradezu impulsgesteuert und mit dem kompletten CC-Verteilerkreis einen Text in die Welt, der gelinde gesagt nicht pisa-tauglich ist. Delegieren Fehlanzeige. Wir checken Berichte quer, recherchieren Zahlen, »gucken nochmal drüber«, redigieren und lektorieren in Zeiten, wo komplexe Entscheidung innerhalb kürzester Zeit getroffen werden müssen. Schnelligkeit darf nicht auf Kosten der Qualität gehen. Die Chefs mögen ein Auge für das große Ganze haben, für das sie bezahlt werden. Wir haben ein Auge aufs Detail. Und bekanntlich besteht das große Ganze aus vielen kleinen, richtig zusammengesetzten Einzelheiten.

5. Sicherheit und Vertrauen

Wir sind »Geheimschreiber« per Definition, wenn wir den Begriff »Sekretär/-in« wortwörtlich nehmen – ausspähsicher dank mündlicher Kommunikation, die nicht in Bits und Bytes abgespeichert wird. Wir sind immun gegen Hacker-Attacken. Die Vertraulichkeit und Verschwiegenheit sind nicht programmierbar und werden in Zeiten von Big Data und der drohenden totalen Transparenz immer kostbarer. Da hat »Watson« echt noch ein Problem. Er kann ja fast alles, aber sonst eben nichts. Gut, er ist vielleicht nicht so geschwätzig wie WhatsApp, aber das war es auch schon. Vorgänge und Kontakte, die nicht für die Blicke oder für die Ohren Dritter bestimmt sind, werden durch Sekretärinnen gepflegt, vermittelt und abgelegt. Wir werden für Diskretion und Loyalität ganz offiziell bezahlt. Wir können darüber hinaus völlig unprogrammiert wechselnde Fragen stellen. Manchmal erlauben wir uns sogar Kritik. Wir sind »Digital Detox« – praktisch die analoge Entgiftungskur. Und was die Ausspähsicherheit angeht: Zur Not stenografieren wir, das kann sowieso kein Mensch mehr »hacken« heutzutage ... Egal was wir tun, wir tun es auf höchst individuelle Art und Weise. Jede von uns ist einzigartig. Vielfalt dürfte das Feature sein, das am schwersten programmierbar ist. Da hat die menschliche Natur dem Algorithmus so einiges voraus.

EINE ANSTIFTUNG*

Vor einiger Zeit starb meine Freundin Susanne. Überfahren auf einem Zebrastreifen. An einem milden Samstagabend um 19.00 Uhr war von einer Sekunde auf die nächste alles anders. Sie war die »Mildred« in meinem ersten Buch, Vorstandssekretärin und langjährige Ex-Kollegin. Sie war mein offenes Ohr und ich ihres. Sie war meine schonungsloseste, also kostbarste Kritikerin, die Frau fürs Kino, fürs Lachen und fürs Weinen. Sie hat in einem großen Unternehmen gearbeitet, und wir haben Stunden – ach was, Nächte – über unsere Jobs gesprochen, versucht, die Gegenwart und die Zukunft halbwegs in den Griff zu kriegen. Konnten wir wirklich glauben, dass uns das gelingt? Wir haben es immerhin versucht. Sie konnte sich so herrlich aufregen. Stumme Gleichgültigkeit war ihr fremd, auch oder gerade, wenn sie das Gegenteil behauptete. Kennen Sie auch so eine Susanne – in sich selbst oder bei anderen?

Ihr Herzschlag sitzt in diesen Zeilen. Aber warum erzähle ich Ihnen das? Ganz einfach: Wenn eines von ihr geblieben ist, wenn eines das Thema der Trauerfeier war, wenn eines so viele Menschen, Freunde, Kollegen und Chefs, unisono erwähnten, dann war es neben ihrer Lebensfreude ihre Persönlichkeit, ihre ungeschönte Authentizität. Das scheint das zu sein, was bleibt in den Köpfen und im Herzen. Sie war diszipliniert und absolut loyal, und eines hat sie sich dabei erlaubt: eine Meinung. Einfach nur geschwiegen hat sie nie. »Sei einzig. Nicht artig« war ihr Credo. Wo das doch mit der Mei-

*Aus der Kolumne »Mit Leib und Seele« für *working@office*

nung so eine Sache ist – gerade in unserem Job. Ja, die Meinung ist mancherorts geradezu vom Aussterben bedroht. Mit ihr riskiert man, das sichere Terrain der Unauffälligkeit und allseitiger Beliebtheit zu verlassen, denn so ganz umsonst ist sie nicht zu haben, die Meinung. Eine ziemlich eckige Angelegenheit also. Dabei menschelt es durchaus auf unseren Führungsetagen, daran wird auch die Arbeitswelt 4.0 nichts ändern.

Richtig bewegen können Sie Dinge nur da, wo es um den Menschen geht. Und wenn dieser Mensch nun rein zufällig ein Geschäftsführer oder ein Vorstandsvorsitzender ist, dann wird er mitunter genau das zu schätzen wissen, was heutzutage auch in der Sekretärinnenszene aus der Mode gekommen zu sein scheint wie Hosen mit Schlag unten: Stil, Charisma und Mut – furchtbar altmodische Worte, nicht? Und wenn die Ihnen nicht nur zu altmodisch, sondern gar zu gefährlich erscheinen, versuchen Sie es einfach mit Aufrichtigkeit, kommt ja schon phonetisch viel subtiler. Wie sagte der Schriftsteller William Somerset Maugham? »Aufrichtigkeit ist höchstwahrscheinlich die verwegenste Form der Tapferkeit.« Es könnte eine weitere Erkenntnis, wenn nicht sogar DIE Erkenntnis sein, wenn es um unsere Zukunftsfähigkeit geht.